1 　因崖成室、构木为巢、挖土为穴、搭棚成舍，中国古人"因势赋形"，对自然的改造是有限的。上图：山西浑源悬空寺；下图：云南西北部吊脚棚屋。

2　儒道互补主干文化浸淫中的中国古人乐而不怨。上图：清末徽州窗栏板木雕《琴棋娱乐》；下图：清初窗板木雕《百忍图》。

3　乾父(天)坤母(地),"天地之大德曰生",兹事体大,
人与大地和谐共处。上图:元代王蒙《溪山高逸
图》;下图:明仇英《人物故事图册》之二。

4　在大自然的生气与生机中，从植物的春华秋实、橘桑陈谢中，成就了"地者，万物之本源，诸生之根菀也"的大地母亲般的尊崇和依恋之情。上图：徽州黟县宏村；中图：徽州农村；左下图：徽州民居；右下图：浙江湖州南浔镇。

5　中国古代石作大多用于
　　牌坊、石灯、石架、地优
　　等构件上，石作并未形
　　成完整独立的体系。

6　左上图：江南民居中石柱础、石凳、
　　石磨碾；左下图：衢州民居中石栏
　　杆、石井栏、石柱础；右下图：河北
　　井陉于家村石构楼阁、拱券、通道。

7　中国古代建筑的辨等功能是首要的。上图：明代福建泰宁"尚书第"；下图：清代北京四合院垂花门。

8　上图：浙江浦江"江南第一家"郑氏仪门；下图：徽州宏村民居。

9　上图：耕读（郑氏仪门两侧）；左下图：曲阜孔府大成殿龙柱；右下图：景德镇"大夫第"门头。

10 中国古代的人居环境可以认为是人神共居同处的天地。下图：江南农村土地庙；上图、左下图：民居中的猫狗通道。

11　上图：徽州黟县南屏村祠堂门神；
　　下图：福建连城培田"久公祠"门神。

12　上图：徽州黟县西递村"绣楼"石敢当；
　　下图：浙江衢州民居石门楣下侧八卦图。

15　上图：浙江松阳民居马头墙；下图：徽州黟县民居马头墙。

16 上图：山西灵石王家大院硬山大屋顶；下图：山西平遥硬山顶、卷棚顶和一面坡顶民居。

17　上图：徽州民居飞檐门楼；左下图：浙江兰溪诸葛村
民居翘檐；下右图：福建连城培田民居狮子桃檐。

18 上左图：山西平遥一面坡顶；右上图：山西平遥卷棚顶；下左图：山西祁县乔家大院鸱吻脊饰；下右图：山西平遥硬山屋顶。

19　上图：山西平遥民居兽头瓦当；下左图：浙江衢州瓦顶；下右图：浙江衢州民居悬山山墙悬鱼。

20　上图：江南水镇民居飞檐；中图：广西桂林兴坪民居马头墙；下图：徽州民居马头山墙及飞檐。

21　上左图：江南民居木质板壁墙体；上中图：徽州民居砖墙；上右图：
　　景德镇民居砖墙；下左图：浙江民居石墙；下中图：河北井陉石墙；
　　下右图：衢州民居砖墙。

22　上图：明代徽州休宁汪金桥民居砖墙；
中图：浙南民居砖墙；下图：浙江松阳
乐善堂砖墙门楼。

23　中国传统民居四封闭、内通透，院落内具有室内意味，层次深邃，墙面退缩。上图：景德镇瑶里村程氏宗祠内景；下图：浙江浦江县白河镇精义堂内景。

24   上图：山西平遥民居院内；下图：平遥民居院内。

25　上左图：徽州黟县屏山村祠堂砖墙门楼；上右、下左、下右图：徽州民居砖墙。

26　左上图：明代宰相王鏊苏州东山镇旧居梁架；左中图
　　（两幅）：浙江衢州民居梁架；左下图：衢州民居月梁；
　　右上、下图：衢州民居梁架。

27　上图：浙江武义县俞源村下万春堂月梁、梭柱；下图：浙江衢州民居梁架。

28　传统民居明间上栏板、檐下等往往成为雕斫的重点。上图(共三幅)：浙江衢州民居；下图：福建永安"安贞堡"。

29　徽州黟县承志堂商字描金月梁。

30　左图：徽州黟县民居梁撑木雕；右下图：浙江衢州民
　　居梁架。

31　浙江武义县俞源村梁架托(替木)。

32　浙江兰溪县诸葛村祠堂梁架牛腿。

33　浙江兰溪县诸葛村祠堂梁架牛腿。

34　山西民居石柱础。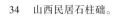

35　上图：上海豫园玉华堂平梁；中图：上海豫园静观·园柱平梁；下图：上海嘉定孔庙大成殿梁架（彻上露明造）。

　　上左图：山西襄汾丁村丁先登南楼院门；上右图：丁村民居板扉；下左图：福建武夷山砖雕门楼；下右图：武夷山"仓山书院"。

37　上图：山西襄汾丁村民居院落；中图：丁村民
　　居台明廊轩；下图：金代山西朔州崇福寺弥陀
　　殿门扇。

38　上左图：北京四合院如意大门；上右图：北京贵省
　　府邸垂花门；下左图：垂花门垂莲柱。

39　徽州黟县西递村膺福堂八字门楼。

40 苏州木渎民居砖雕门楼。

41　传统民居将大门往往处理成门屋形式。山西
　　平遥民居大门及院内。

42　景德镇立贴式门楼。

43　浙江兰溪诸葛村仕绅府邸大门及装饰。

44　上图：上海豫园月洞门；下图：苏州狮子林月洞门。

45　上图：浙江武义俞源村高座楼槅扇；下图：浙江衢州民居槅扇。

46　福州"三坊七巷"门扉上书卷形透风栅。

47　上左图：徽州瞻琪民居侧门；上右图：江西婺源民居槅扇；下左图：徽州民居厢门；下右图：徽州黟县宏村承志堂描金厢门。

48　上图：苏州东山雕刻梅铸铁栏杆；
　　下图：浙江武义县俞源村民居门环。

49 福州文儒巷陈承裘故居厢门槅扇木雕。

50　上图：陕北窑洞民居门窗棂格；下左图：浙江武义县俞源村文字窗棂；下右图：浙江松阳县民居文字窗棂。

51　浙江武义县俞源村浴后堂圆窗。

52　上图：山西襄汾丁村民居直棂窗；中、下图：苏州园林厅堂窗棂。

53 上左图：浙江民居格扇；上右图：西藏拉萨民居窗户；下图：山西平遥民居支摘窗。

54　　上图：浙江湖州南浔张石铭宅芭蕉形窗；下图：上海豫园树形窗。

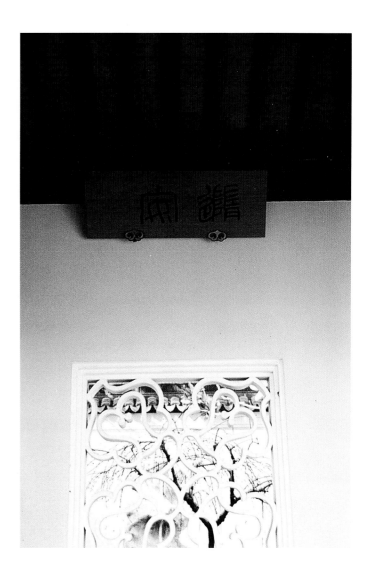

56　上图：苏州园林漏窗；下图：福建民居石枸寿字漏窗。

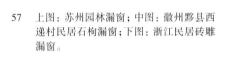

57　上图：苏州园林漏窗；中图：徽州黟县西
　　递村民居石枸漏窗；下图：浙江民居砖雕
　　漏窗。

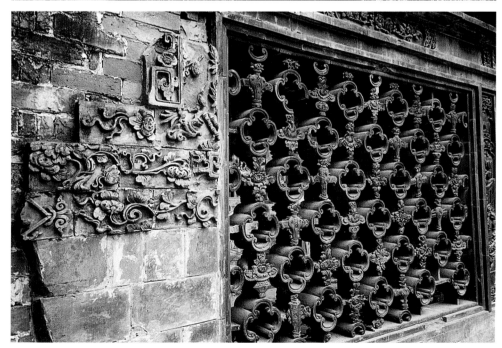

58　上图：大理州菩州镇杨宅墙壁；左图：景德镇民居砖墙；中图：湖南岳阳张谷英宅砖墙；下图：浙江徽州二十八都民居砖墙。

59　上左图：浙江永嘉县苍坡村西式门楼门罩；上右图：景德镇浮梁县瑶里村西
式门楼门罩；下左图：浙江衢州廿八都民居门罩；下右图：徽州民居门罩。

60　上图：山东曲阜孔府匾额；下左图：上海豫园三穗堂匾额；中右图：徽州民居门匾。

61　左上图：苏州木渎严家花园墙匾；左中图：浙江兰溪县诸葛村大公堂匾额；左下图：徽州呈坎宝纶阁匾额；右上图：广西桂林兴坪民居门匾；右下图：福建民居匾额楹联。

62　浙江浦江县"郑氏仪门"匾额。

63　上左图：山西乔家大院"光前裕后"匾；上右图：浙江蓬溪谢灵运故居匾额楹联；下左图：长沙岳麓书院；下右图：上海豫园点春堂匾额。

64　上左图：母节子孝、天宁古刹匾和云南昆明大观楼匾；下左图：浙江武义县俞源村民居匾额；上右图：唐颜真卿书匾；下右图：苏州留园花步小筑墙图。

65　上左图：浙江湖州南浔镇小莲庄匾额楹联；上右图：南浔张石铭宅门匾；下左图：牌楼匾额；下中图：徽州屯溪商铺匾招；下右图：景德镇八字门墙匾。

66　上图：浙江兰溪县诸葛村砖雕门楼匾；下图：上海沪西钱业公所（银行）砖雕门楼匾。

67　苏州东山雕刻楼门圃。

68　浙江湖州南浔小莲庄刘氏祠堂八字照墙。

69　上左图：山西平遥民居照壁及土地祠；上右图：山西襄汾
丁村木屏照壁；下右图：山西襄汾丁村民居石柱础。

70　上图：苏州狮子林燕誉堂太师壁；下图：上海沉香阁屏风壁。

71　上图：隔而不断的传统室内空间；
　　下图：刘松年绘人物册页。

72　徽州黟县宏村承志堂太师壁。

73 上图：浙江松阳县民居屏壁及神龛香
堂；下图：上海豫园和熙堂屏壁。

74　上左图：江苏扬州瘦西湖月观
　　棋室屏壁；下左图：新疆喀什
　　奥大西克礼拜寺内殿壁龛；上
　　右图：福州林觉民故居屏壁；
　　下右图：屏壁背面。

75　浙江武义县俞源村高座楼垂花门罩。

76　上图：山西民居大门帘架；下左图：浙江衢州民居门罩；下右图：徽州澹淇民居八仙雕花雀替和冰裂纹梅花罩。

77 上图：北京四合院抄手游廊栏杆；下左图：浙江衢州长廊栏杆；下右图：福建永安县安贞堡栏杆。

78　上图：苏州同里镇退思园厅堂建筑栏杆；下左图：北京四合院栏杆；右图：徽州黟县宏村承志堂回廊栏杆。

79　　浙江永嘉县芙蓉村戏台平闇（藻井）。

80 上图：江苏常熟翁同龢故居彩衣堂彻上露明造（顶棚）；下图：徽州绩溪县胡氏宗祠彻上露明造。

81　上图：浙江松阳县民居细石铺地；
　　下图：上海豫园"三羊开泰"铺地图案。

82　河南社旗县山陕会馆"悬鉴楼"檐
　　额、额枋与雀替彩绘木雕。

83 　上图：浙南丽水民居梁架牛腿、雀替木雕；中图：浙江衢州民居雀
　　　替木雕；下图：河南社旗县山陕会馆大拜殿北檐西次间额枋与雀
　　　替木雕。

84　上左图：浙江衢州民居梁架牛腿、雀替木雕；上右图：衢州民居梁架木雕；下左图：
浙江民居梁架与门窗木雕；下右图：浙江武义县俞源村月梁替木木雕。

85　上图：清代徽州民居雀替彩色木雕"张果老倒骑驴"；
　　下图：清代徽州民居裙板彩色木雕"老子过函谷关"。

86　上图：清代徽州民居槁扇木雕；
　　下图：清代徽州民居窗板木雕"王子图"。

87 上图：清代徽州民居木雕"羲之爱鹅"；
下图：清代徽州民居厢门木雕。

88 上图：清代徽州民居槅扇木雕"陶公醉酒"；
下图：民国徽州民居窗板木雕"来阳县令醉庞统"。

89　上图：清代徽州民居窗板木雕《封爵图》；
　　下图：民国徽州窗板木雕《张生逾墙》。

90　上图：清代徽州民居窗板木雕《闹八仙福地重新》；
下图：民国徽州民居窗板彩色木雕《关公单刀赴会》。

91　上图：浙江松阳县民居檐廊月梁、替木木雕；
下图：清代山西襄汾丁村民居额枋木雕。

92　清初山西襄汾丁村民居木雕"凤戏牡丹"。

93　　上图：清代徽州黟县宏村承志堂梁枋描金木雕"百子闹元宵"（局部）；
　　　　下图：清代徽州祠堂彻上露明造梁架及木雕。

94   清代徽州黟县宏村承志堂石雕"喜鹊登梅"漏窗。

95　清代徽州黟县西递村西园石雕"岁寒三友"漏窗。

96　上图：天坛祈年殿门窗木雕；左下图：抱鼓石雕；
右下图：浙江武义县俞源村旗杆台座石雕。

97　上左图：浙江徽州民居柱础石雕；中图：徽州民居柱础石雕；上右图：衢州民居门框础石雕；下左图：河南社旗县山陕会馆大拜殿明间柱础石雕；下右图：山西襄汾丁村民居柱础石雕。

98 上图：广州陈氏书院栏杆踏垛石雕；下图：福建民居月洞门石雕。

99　上图：上海浦东川沙镇"内史第"黄炎培故居砖雕门楼；下图：苏州网师园砖雕门楼。

100　上图：上海豫园砖雕狮身墙垣；左中图：北京四合院砖雕梅花；下左图：徽州民居门头砖雕；下右图：浙江衢州民居砖雕门楼。

101　徽州民居砖雕门楼大样（局部）。

102   上图：徽州瞻淇门楼砖雕"九世同堂"；下图：徽州民居砖雕门楼构件。

103　隋唐时期，河南安阳修定寺塔嵌砌模制雕砖。左上、左下图：徽州祠堂勾栏板石雕"鲤鱼叶水"；右图：福建泉州杨阿苗宅砖雕、石雕。

104　上图：徽州民居砖雕门楼（局部）；
　　　下图：甘肃临夏民居廊心墙砖雕。

105 上图：新疆维吾尔族民居石膏纹饰及壁龛装饰；
下左图：福建永安县安贞堡彩绘木雕窗户；
下右图：河南社旗县山陕会馆琉璃照壁。

106　上图：江南水镇民居灶头画；
　　　下图：福建永安县安贞堡墙楣彩绘。

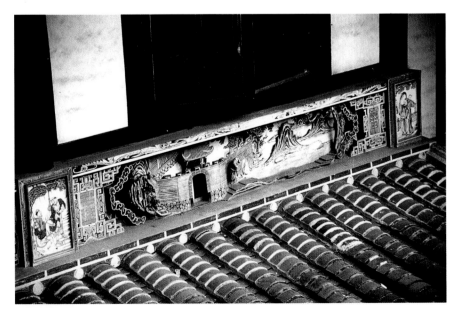

107　上图：浙江武义县俞源村门头彩绘；中左图：浙江衢州民居月梁彩绘；中右图：陕西三原县民居槅扇裙板彩绘；下左图：广西侗族风雨桥彩绘。

108　明代徽州呈坎罗氏宗祠宝纶阁梁架彩绘。

109   上图：苏州狮子林花篮厅木雕；下图：浙江衢州文昌阁顶棚壁画。

110　浙江衢州文昌阁顶棚壁画。

111　西藏民居灶房画。

112 上图：浙江楠溪江水云村赤水亭彩绘、壁画；下左图：西藏民居门扉壁画；下右图：徽州民居门神壁画。

中华装饰

传统民居装饰意匠

刘森林 著

Chinese Decoration
Traditional House Design

上海大学出版社

图书在版编目(CIP)数据

中华装饰：传统民居装饰意境/刘森林著.—上海：
上海大学出版社,2004.5
 ISBN 7-81058-712-9

Ⅰ.中... Ⅱ.刘... Ⅲ.民居-建筑装饰-研究-中
国 Ⅳ.TU241.5

中国版本图书馆 CIP 数据核字(2004)第 039208 号

责任编辑 傅玉芳 封面设计 刘森林
 整体设计 森林室内设计工作室

中华装饰
传统民居装饰意匠
刘森林 著

上海大学出版社出版发行
(上海市上大路 99 号 邮政编码 200436)
(E-mail:sdcbs@citiz.net 发行热线 66135110)
出版人：姚铁军

*

南京展望文化发展有限公司排版
上海华业装璜印刷厂印刷 各地新华书店经销
开本 787×1092 1/16 插页 56 印张 24.5 字数 207 000
2004 年 5 月第 1 版 2004 年 5 月第 1 次印刷
印数：1~3 100
ISBN 7-81058-712-9/J·057 定价：180.00 元

序

建筑学中的装饰艺术，既与建筑物的结构构造、材质特性和制作工艺等物质技术因素直接关连，又是历史文化、建筑风格和社会民俗民风等文化艺术因素的物化载体。纵观我国数千年来的建筑发展和建筑装饰的演变，可以认定建筑装饰实际上是精心镂刻着我国技术工艺和文化艺术发展的一部"无字史书"。清华大学教授吴良镛院士在他的"论中国建筑文化的研究与创造"一文中写道："失去建筑的一些基本准则，漠视中国文化，无视历史文脉的继承和发展，放弃对中国历史文化内涵的探索，显然是一种误解与迷茫"，"为了较为自觉地把研究推向更高的境界，要注意追溯原型，探讨范式，找出原型及发展变化就易于理出其发展规律"。

上海大学美术学院副教授刘森林先生，正是出于对中国建筑文化的热衷和尊重，选定以中华装饰为题"追溯原型、探讨范式"，更为可贵的是，刘先生以传统民居（这一中华建筑文化的瑰宝）的装饰为内容，历经多年寒暑，精心耕耘，对我国传统民居装饰进行颇为系统深入的探讨和研究。作者并不仅仅停留在翔实的资料图片的收集，而是引经据典，刻意从深层次的文化内涵来解读我国传统民居的各类装饰。

"格故而韵新"，相信本书的问世，着意从传统民居装饰的原型和范式中力求找出其发展规律，引人思索，给人启迪，将对业内人士的创作，提供具有中华文化内涵的构思新意。

来增祥

二〇〇四年四月于同济

目　录

绪论·格古韵新

中华民族是一个具有悠久历史、灿烂文化的文明古国。数千年来保持着多样、统一和持续发展的包括物质文明和精神文明的文化形态，举世罕见。从历史变革嬗递的宏观尺度看，中华文化不同于其他古老文化的一个重要特点就是，虽跌宕起伏，汪洋恣肆，却一直绵延不断，始终向前发展。中华传统民居装饰艺术，正是附丽于源远流长、博大深厚的历史基础上生成和发展起来的，其历经数千年的变幻和积累，终成丰富、精细、烂熟和完整之态，形成了具有中国特色的民居传统和装饰意匠。

一、中国传统民居装饰研究的对象和范域

本书以"中华装饰"为名,"传统民居装饰意匠"作副题,旨在整理、探索和研究中国古代民居庐舍装饰的基本形制、范式、特征、工艺、方法、技巧及其蕴含的艺术与人文思想、精神和观念。因此,有必要对书名及其内容、范畴暨传统民居装饰研究的对象进行界定和阐释。

中华之名,实因华夏先民建都黄河流域,四裔环绕,故自谓之,专指华夏族及后来的汉族。"是故华云、夏云、汉云,随举一名,互摄三义。"①中,意为居四方之中;复含"以己为中"的意思。华,寓意有文化的民族。对此,《唐律名例疏议释义》曾明确地讲到:

> 中华者,中国也。亲被王教,自属中国,衣冠威仪,习
> 俗孝悌,居身礼义,故谓之中华。

如果说《唐律名例疏议释义》有关中华的疏释在于文化内涵的话,那么,清代晚期国内民族共同体各类要素的完备、西方列强的入侵,遂使中国各民族在政治、经济、文化上的整体意识获得空前增强、民族观念递进自觉,则进一步完善了中华民族的总体意义。迨至 20 世纪初,中华民族逐渐演化成全体中国各族的总体称谓。正如梁启超所说的那样:

> 凡遇一他族而立刻有"我中国人"之一观念浮于脑际
> 者,此人即中华民族一员也。②

中华民族虽然是晚近的概念,形成迄今不过百年。但人们已经惯常泛指自远古以来在中国境内生养繁衍的 56 个民族。作者正是基于上述意义理解和使用"中华"这一概念的。

装饰,历来有广义和狭义之分。广义上的装饰表示整体意义上的装饰和装潢。比如建筑装饰、室内装饰等;狭义范围中的装饰,一般专指具体品类或个别装饰物以及具体的图案、纹样和图形,如陶瓷装饰纹样、丝绸装饰纹样等。就词性上看,名词的装饰性是指装饰区别于审美和艺术其他表现形式的特殊性质。它既指装饰表现的特征和艺术手法,又有装饰表现形式的趣味与格调的意思;而作为动词使用的装饰,大率为使用一定的装饰材料进行和展开的装饰活动的指代。此外,装饰一词也作为一种工艺的方法和技术。如木雕装饰工艺、彩绘装饰工艺、髹漆镶嵌装饰工艺,等等。

显而易见,装饰一词具有多向度的包容含义:作为一种艺术方式,装饰"以秩序化、规律化、程式化、理想化为要求,改变和美化事

物，形成合乎人类需要、与人类审美理想相统一相和谐的美的形态"③；作为一种艺术手段，装饰又是"一种制作技巧，一种工艺方式，一种成型手段，是一个动态的装饰过程"④；作为一种艺术图式，装饰也是"一种纹样，一个标志，一个美的符号，它有显见的固定规范和尺度"⑤；作为一种文化，装饰又是文化的产物和文化的一种存在方式，成为人类文明进步的标志。这是因为"装饰作为人类行为方式和造物方式所具备的文化性和文化意义，又作为装饰品类而存在所具备的文化意义"⑥。显然，装饰既是文化的衍生物，又是文化的物化形态，它以自身的存在和社会功能的完整性而成为文化的符号。同时，它又应是人类文化行为的产物，受制于一定的文化的价值观及其关系而表达和构建。难怪沃林格将装饰艺术的本质特征视为一个民族艺术意志的直根外化：

> 一个民族的艺术意志在装饰艺术中得到了最纯真的
> 表现。装饰艺术仿佛是一个图表，在这个图表中，人们可
> 以清楚地见出绝对艺术意志独特的和固有的东西。因此，
> 人们充分强调了装饰艺术对艺术发展的重要性。⑦

本书中的装饰，既指广义上的装饰行为、装饰现象，包括装饰行为的结果，同时也指代、涉及和涵括构成民居专门的工艺装饰技巧、技法和手段。

在海内外有关中国传统民居建筑的著述中，对民居一词的生成均含糊其辞。梳理典籍，三代时就有记载：《礼记·王制》：

> 地邑民居，必参相得也。⑧

> 辨十有二土之名物，以相民宅，而知其利害，以阜人
> 民，以蕃鸟兽，以毓草木，以任土事。⑨

历代典籍中均有关于民居的记载，如：

> 《水经注·泗水》"左右民居，识具将满"⑩

> 《新唐书·五行志》："徐州火延绕民居三百余家。"

> 凡埏泥造砖，亦掘地验辨土色，或蓝，或白，或红，或
> 黄，皆以粘而不散、粉而不沙者为上，汲水滋土，人逐数
> 牛错趾踏成稠泥，然后填满木匡之中，铁线弓戛，平其面
> 而成坯形，凡郡邑、城雉、民居垣墙，所用者有眠砖侧砖
> 两色……

> 凡埏泥造瓦，掘地二尺余，择取无沙粘土而为之。百
> 里之内必产合用土色，供人居室之用。凡民居瓦形，皆四
> 合分片。先以圆桶为模骨，外画四条界，调践熟泥，叠成高
> 长方条……⑪

文中的民宅与民居应同义。只是三代时宫室混用，没有确切类分而已："中国在先秦时代，'帝居'或'民舍'都称为'宫室'；从秦汉起，'宫室'才专指帝王居所，而'第宅'专指贵族的住宅。汉代规定列侯公卿食禄万户以上、门当大道的住宅称'第'，食禄不满万户、出入里门的称'舍'。"迨至今日，人们习惯于"将宫殿、官署以外的居住建筑统称为民居"⑫。

《辞海》中对"意匠"一词的解释是"谓作文、绘画等事的精心构思；匠，工匠"。匠的解释，除了指有专门技术的工人或在某一方面造诣很深的人之外，尚有"计划制作"和"意图"、"旨趣"⑬的含义。总起来看，意匠可以理解为意念、意图、构画、设计和制作的意思。

书名正副标题联系起来，就是中国古代民间居住建筑装饰行

为、装饰特征、装饰工艺技术的意念和设计。

本书将民居装饰归纳类分于三章十六节中，即第二章——构件装饰，由屋顶脊饰、瓦当悬鱼、墙体立面、梁柱斗拱、院门房门、铺首门环、窗牖窗格和匾额楹联等八个部分组成；第三章——隔断装修，由照壁影壁、屏门屏壁、隔断栏杆、顶棚铺地共四节构成；以及第四章——天工意匠，包括装饰工艺、技法和材料构成，计有木雕石刻、砖雕陶塑、灰塑金属、彩绘壁画四个板块。

笔者既以传统民居装饰的意念和设计为讨论对象，也就势必对中国古代民居，包括民居建筑的成因，如地理环境、自然条件、社会经济、文化传统、艺术精神、哲学伦理、心理特征、价值观念以及装饰的普遍现象、从业队伍人员的构成与合作模式等，进行梳理和阐述。本书撮其要点，遴选了倾土择木、礼制等级、整体意匠、厌胜祈福和士匠联姻等五个方面，作为第一章——"观念精神"篇中的核心内容。这些贯穿、裹卷、渗透着民居装饰内与外、始与终、精神与物质、艺术与技术、生理与心理、人与物以及民情民俗、喜恶好尚等方方面面的话语母题，是探讨、研究民居装饰艺术绕不开的前提、基础和背景。

二、中国传统民居装饰研究的视角与手法

大体上而言，传统民居装饰的研究从纵、横两个方面展开或侧重。所谓纵向，就是顺沿历史的变革与发展，研究、梳理中国古代民居装饰的起源、生成、发展和模式，探讨不同时期的特征和特点。追溯原型，探究范式，是纵向研究的基本格局和要义；所谓横向，通常是截取遴选若干典型的历史阶段，对传统民居装饰进行空间全面、论述深入的研究。两者一纵一横，一个偏重时间，有点类似编年史之类的专业史的研究；一个侧重于某年代时段中，空间上或局部或整体的横断式的论述和探究。当然，两者并非是绝对和一成不变的，也可以互摄互涵和相互转换的。

然而，就中国传统民居装饰艺术这样一个研究对象而言，循规蹈矩地纵向递进、横向拓展都具有太多的难点盲点：比如元代之前的民居遗构已无真迹可寻；古代民居装饰的演进、嬗变和发展与中国通史中历史分期是否同步对应？民居装饰的嬗递即自身的发展特点和规定性该如何确立和建构？虽然相信传统民居装饰本体的发展与朝代更迭并非一致。例如明中期以前徽州民居内的厅堂等在楼上而不是今日所见的模式，这种变化与当地商贾出现、生活方式的变化休戚相关而与朝代更迭并无直接联系；清乾嘉时期勃兴"尚黑不尚黄"潮尚，在室内空间、色彩糅饰及装饰造型上与明末、清初顺、康、雍时期的装饰特征区别颇为明显。著名的中国明式家具就是指明至清雍正时期的家具，等等。这种以自身发展和规定性（如风格）来界定历史虽不鲜见，但难度也是客观存在的；古代有关的建筑及装饰典籍文献大多也是片言只语，并无整体意义上的理论体系。相比照绘画等艺术门类，中国历史上确乎没有层次较高的系统完善的理论，但对于建筑本质的实践和认识以及人文方面的理解，倒也并不缺乏深刻和高明的卓越之处。

基于此，本著并不按照编年体顺序方式进行，而是将研究对象化整为零，逐一聚焦。其间穿插安排历史沿革、变化嬗递，着眼于房屋装饰自身发展的特征、风格、材料、工艺及其设计原理和范式，进行探讨与研究。

在阐述中，努力将之"还原"置放于历史、考古、考证、文献、实物等多学科向度的平台和场景中，从形式规范、礼仪形制、宗教、艺术、工艺技术、文化风格等不同层面和角度，对传统装饰进行多方位的系统整合观照。当然，这种整合观照也还是极其有限的。由于体例的制约，即第二章的构件装饰、第三章的屏壁装修，到第四章的天工意匠诸内容的分类安排，在这种分类及其形制和特征的描

述中,但愿不会使人造成局部或初级的印象而难窥整体,或比较全面的认识。

20世纪40年代,英国著名历史学家汤因比在《历史研究》一书中,反对以国家作为历史研究的基本单元,强调历史的研究应从人类不同文明、不同角度切入。汤氏的理由也是充足和令人信服的。只是本著并非纯粹的历史研究的著作,况且中华文化滋生地并非依凭一个江河流域,而是同时拥有黄河、长江等两个甚至两个以上(如珠江)气候、土壤等自然环境差异明显的大区域;这片"东渐于海,西被于流沙。朔南暨声教,讫于四海"⑭近1千万平方公里的广阔疆域,东南濒海临洋,北部、西北部、西南部深入亚欧大陆腹地,是典型的负陆面海的国度。虽然自古以来,华夏志士仁人从未停止过突破地理隔绝状态的努力:丝绸之路、茶马古道等的辟通,使中华文化融入了外来,尤其是吸取了南亚佛教文化的浸润和滋养。

数千年的君主专制和宗法意识,以农为本,自给自足的经济方式以及大陆式民族地理结构及特征,遂使秦晋文化、中原文化等为代表的大陆——河谷文化在漫长的历史进程中成为中华文化的主流,并鲜明地区别于其他古老文化。

就中国传统民居装饰研究而言,一切还处在摸索阶段,采取不同的研究视角、运用不同的理论和方法进行,当并无大碍。

三、中国传统民居装饰研究的历史与现状

中国传统民居装饰研究滥觞于20世纪上半叶。贵州开州（今开阳）人朱启钤先生于1925年成立了"营造学会"，1932年2月，朱"僦居北平，组织中国营造学社，得中华文化教育基金会之补助，纠集同志从事研究"[15]。组建了中国历史上第一个专门从事古代建筑研究的团体。他指出要用现代科技方法与手段对建筑实物进行调查、文献与实地考察相互印证的研究方法，使中国建筑史学研究无论在研究方法上，还是在学科创建等方面，都开辟了一个崭新的局面。20世纪中叶前后，老一辈建筑学家们的描述性、纪实性和分类性的工作阶段成果陆续出版发表，尤以《中国住宅概说》、《中国古代建筑史》较为突出。核心人物有刘敦桢、梁思成、刘致平诸先生。上述研究和论证为以后的研究提供了有价值的图文基础。

与此同时或稍后，部分海外学者和其他学科领域的专家在各自不同的专业角度对中国传统人居文化提出了颇有见地的论述和观点。如英国的李约瑟博士、中国香港地区的李允鉌先生以及美学家李泽厚先生等。

自20世纪80年代以来，传统民居建筑研究渐入佳境。但若是细分之，有关传统建筑装饰方面的成果仍然寥若晨星。总起来看，到写这些文字的时候为止，国内就建筑装饰（民居装饰）方面的著述，共有三部。依出版顺序分别是：华南工学院建筑系陆元鼎教授的《中国传统民居装饰装修艺术》（1992年）、清华大学建筑学院楼庆西教授的《中国传统建筑装饰》（1999年）和同济大学建筑城市规划学院沈福煦教授的《中国建筑装饰艺术文化源流》（2002年）。三位著述者咸为执鞭生涯几十年的资深教授。其中陆著为图像集，影像精美，前附万字长文，总结概述了传统民居装饰装修的特征和风格；楼著文字十万，一路写来，驾轻就熟，叙述清晰，图文并茂；沈著试图纵向梳理中国古代建筑装饰的历史源流、沿革和发展概况。筚路蓝缕，实属不易。当然，专业史的探讨还可以建构在考古学、历史学、文献学、古文字学及古建筑测绘等相关学科基础上展开研究。

相比前辈学者们而言，一方面，现在的学术环境和条件要优裕得多，可足以规避前人所遭遇的被动窘境，从而有可能展示自身的真实意愿、研究思路、方法和水平。另一方面，国内传统民居快速地消弭似乎又增强了研究的新"难点"。

整体上看，传统建筑和艺术设计方面的文献研究不容乐观。众所周知，美术文献的研究已经取得令人瞩目的成就。建筑文献，尤其是艺术设计文献尚处于起步阶段。以我国现存最大类书《古今图

书集成》为例,这部清康熙四十年至四十五年(1701~1706)由陈梦雷主持辑编、雍正四年至六年(1726~1728)蒋廷锡重辑的煌煌巨书,其中的《经济汇编·考工典》中收集辑录的众多文献,与中国古代设计艺术密切相关。仅与装饰有关的就有工巧部名流列传(第5卷)、木工部、土工部(第7卷)、金工部、石工部、陶工部(第8卷)、第宅部(第75~80卷)、门户部(第134卷)、梁柱部(第135卷)、窗牖部(第136卷)、墙壁部(第137卷)、阶砌部(第138卷)、砖部(第139卷)、瓦部(第139卷)、屏幛部(第234卷)等。辑录宏富,几乎涵盖中国古代建筑各门类行业知识。英国著名学者李约瑟称其为"康熙百科全书",在撰写《中国科技史》时,查阅最多的就是《古今图书集成》。

诚然,身处当下以经济为圭臬、商业文化泛滥而后现代主义语境又无从遮蔽的开放时期,探索、追究包括典籍文献在内的传统民居装饰意匠、传统人居文化的本质、原型、特征和规律,会比以往显得更为不易和艰巨。而这,又依赖于研究者们高度的自律和自觉,并超越于主体的非功利的关切。

四、中国传统民居装饰研究的价值和意义

身处日新月异、急速变幻的21世纪而侈谈传统，一不小心便会有复古之嫌。何况传统装饰艺术中确有不少陈腐、保守、愚昧和迷信之处。它与当下经济与社会发展是如此的不协调。但是，传统的力量与魅力又是如此的强大和恒久。伴随着生态恶化、人类居住质量的下滑，科学技术与人文环境的对立、工具理性与艺术文化的相悖、人与物关系的进一步异化，尤其是中国传统建筑装饰亚文化的急剧衰弱式微，已经引起了国内高位专家的密切关注。著名人居大师、两院院士、清华大学吴良镛教授尖锐地指出：

面临席卷而来的"强势"文化，处于"弱势"的地域文化如果缺乏内在的活力，没有明确的发展方向和自强意识，不自觉地保护与发展，就会显得被动，有可能丧失自我的创造力与竞争力，淹没在世界文化趋同的大潮中。[16]

吴氏的话语并非危言耸听。从积极的方面看，随着世界经济一体化步伐的日益加速，设计艺术领域也充实、引进了许多新的启示、理念、方法和内容，为人们带来了福祉。总之，地域或民族文化在与世界文化的沟通交流中，确实可以做到对整个人类文明有所推动和促进。但是，我们也必须意识到，在"拿来主义"舶来现象的背后，渗透和藏匿着的普遍主义心态，极大地影响了建筑、设计等领域，暴露出盲目引进、滥用外来文化的困惑和虚无。正如国家艺术学科评议组成员、东南大学张道一教授所说的那样："现在有些人喜欢拿西方的观念来套自己，匡正自己，往往便得出否定自己的结论……"[17]这种现象的出现和蔓延，其中一个重要原因就是"漠视中国文化，无视历史文脉的继承和发展，放弃对中国历史文化内涵的探索，显然是一种误解与迷茫"。同时，这些人"对自己本土文化又往往缺乏深厚的功力，甚至存在不正确的偏见，因此尽管中国文化源远流长、博大精深，面对全球强势文化，我们一时仍然显得'头重脚轻'，无所适从"[18]。

设计领域中的普遍主义和民族虚无倾向，使得人们进一步从设计本体的深度探索上展开思考，广大负有历史感和责任心的建筑设计师、室内设计师们的寻根意识、冀能摸索一条具有中国特色的现代建筑和室内设计的通道。并增添和强化了设计师对建筑设计、室内设计思考的理性成分。在这一点上，老一辈设计家们的寄语可谓切中肯綮、情深意长：

我倒不愁他们对当前国际建筑成就吸收的能力。当然需要有正确的观点和方向，辨别精华和糟粕，但同时更

希望善为引导他们在"中学"上要打好基础,在科学上要有整体理解,在艺术修养上要达到高境界,在思想感情上要对吾土吾民有发自内心的挚爱。⑲

历史的步伐未曾停歇。一方面,在日新月异的信息时代中,作为工具理性得以充分表现张扬的设计领域,越来越追求一种无目的性的、不可预料的和无法准确测定的抒情价值和能引起诗意反应的物品,讲求生态化和人文关怀,……"设计与艺术之间似乎已经没有明显的边界,有的只是两者的'边缘',……设计师作为一个'边缘领域',正在突破传统科学的框架,与'非物质'的东西打交道,向主要与精神领域打交道的'艺术领域'接近"⑳。另一方面,博大精深、历史悠久的中国传统人居文化,具有特色的民居装饰艺术,仍然鲜活地渗透在现代设计实践中,其间的合理性和适宜性正引起越来越多的人士的关注。

简而言之,没有真切把握传统,何来瞻望未来、自立于世界设计之林的创新和超越?明乎此,对中国传统民居装饰意匠的整理和探讨,既是追溯过去,又是指向未来。因为,解释世界,当是为了最终更好地为改造世界提供探索、发展的范式和规律。

注　释

① 《中华民国解》，《民报》第十五期，1907 年 7 月。引自冯天瑜、何晓明、周积明著：《中华文化史》，上海人民出版社 1990 年版，第 1 页。

② 梁启超著：《中国历史上民族之研究》，《饮冰室文集》专集第十一册。引自冯天瑜、何晓明、周积明著：《中华文化史》，上海人民出版社 1990 年版，第 1 页。

③④⑤⑥ 李砚祖著：《工艺美术概论》，中国轻工业出版社 1999 年版，第 95、97 页。

⑦ 沃林格著：《抽象与移情》，王才勇译，辽宁人民出版社 1987 年版，第 51 页。

⑧ 《礼记·王制》

⑨ 引自陈从周、潘洪萱、路秉杰著《中国民居》，学林出版社 1993 年版，第 8 页。

⑩ 《水经注·泗水》

⑪ 明·宋应星著：《天工开物·陶埏》，引自清·陈梦雷辑编《古今图书集成·经济汇编·考工典》砖部、瓦部（第 139 卷），中华书局、巴蜀书社 1986 年版，第 96553、96558 页。

⑫ 《中国大百科全书·〈建筑·园林·城市规划〉》，中国大百科全书出版社 1988 年版，第 327 页。

⑬ 辞海编辑委员会：《辞海（语词分册）》，上海辞书出版社 1982 年版。

⑭ 《尚书·禹贡》

⑮ 《朱启钤自撰年谱》，《蠖公纪事》，中国文史出版社 1991 年版。

⑯ 吴良镛：《论中国建筑文化的研究与创造》，载《中国建筑文化研究文库》，湖北教育出版社 2002 年版。

⑰ 张道一：《中华传统艺术论》，载《装饰》1998 年第 5 期，第 54 页。

⑱⑲ 吴良镛：《论中国建筑文化的研究与创造》，载《中国建筑文化研究文库》，湖北教育出版社 2002 年版。

⑳ （美）马克·第亚尼：《非物质社会——后工业世界的设计、文化与技术》，滕守尧译，四川人民出版社 1998 年版，第 5、6 页。

第一章 观念精神

中国传统民居装饰嬗递发展的漫长历程中，凸现着中华民族的生产方式、生活方式、地理环境、自然条件、文化传统和哲学伦理以及长期积淀凝冻而成的民族心理素质、民风民俗，包括由此而综合构成的审美理想、审美经验、审美形态在内的价值系统的互相作用和影响的民族特征。影响、支配着中国古代历史文化的艺术精神及其特有的观念体系。因为，一切艺术，包括传统民居建筑装饰艺术在内，"都是一定的社会生活在人类头脑中的反映的产物"，当然，这种"产物"的普遍规律，又都是经过审美主体即"头脑"再铸造、再创作的精神现象，兼之各地区、各民族不同的主客观条件的相互作用，自然地形成了各民族和地域间装饰艺术鲜明的特质。

中国古代建筑在世界建筑发展史中具有独特鲜明的特点而自成一统，民居建筑装饰在这些特点的形成中具有无可替代的地位和影响。本章围绕着倾土择木、礼制等级、整体意匠、厌胜祈福和士

1-1 "一分耕耘一分收获"是中国人坚确不移的信条。清代徽州槅扇门木雕图形。

匠联姻等议题，撮其要点，就古代人民在民居建筑装饰这种体验世界、认识世界、表现世界的多样的创造活动中，包括传统民居建筑装饰艺术发展中形成的审美价值、表现形态以及从业队伍的构成及其特点等，进行探讨和阐释。

1-2 游牧民族与农耕民族在装饰艺术文化中同中存异。内蒙古毡包彩绘图案。

1-3 圆满、喜庆是中华民族心理结构深处所希冀和期待的。清代徽州宏村承志堂——"百子闹元宵"木雕(局部)。

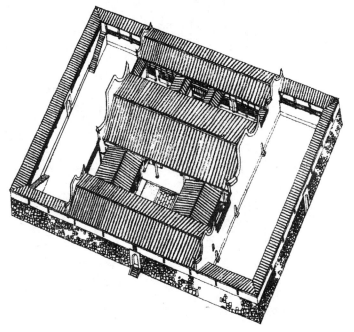

1-4 外封闭、内通透的建筑格局在山高林密之地尤为突显。清代福建"歧庐"土堡轴测图。

1-5 "夜郎国"贵州布依族村寨人民就地取材，石块、石片均为构房良材。

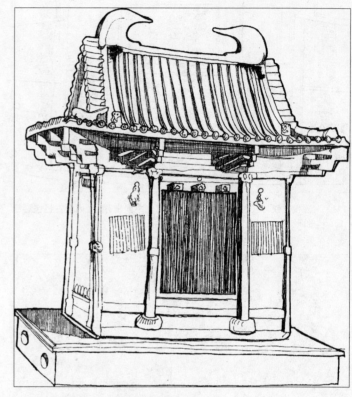

1-6 隋代陶屋。昔时建筑形象的真实纪录。

一、倾土择木

中国古代建筑中材料的选择、利用与创造，历来是海内外不同学科门类研究者们关注的焦点之一。美学家李泽厚谈到：

> 从新石器时代的半坡遗址等处来看，方形或长方形的土木建筑体制便已开始，它终于成为中国后世主要建筑形式。与世界许多古文明不同，不是石建筑而是木建筑成为中国一大特色，为甚么？似乎至今并无解答。在《诗经》等古代文献中，有"如翚斯飞"、"作庙翼翼"之类的描写，可见当时木建筑已颇具规模，并且具有审美功能。从"翼翼"、"斯飞"来看，大概已有舒展如翼、四宇飞张的艺术效果。……中国建筑最大限度地利用了木结构的可能和特点，一开始就不是以单一的独立个别建筑物为目标，而是以空间规模巨大、平面铺开、相互连接的配合的群体建筑为特征的。①

正如上述李文中的问句，不是石建筑而是木建筑成为中国古代建筑鲜明的特色。就一般意义而言，木结构的优长，正是石结构的软肋；反之，石结构的优点，也恰为木结构的弊端。是什么原因促使华夏祖先们在因崖成室、构木为巢、挖土为穴、搭棚成舍，直至烧砖砌房，构筑较为完整、舒适的居住空间这一漫长的社会、生产实践历程嬗递变革中，选择木材而非石材，作为华夏大地营造建筑的基本建材、主干建材及工艺技术呢？对此，建筑学家梁思成先生曾经阐释道：

> 从中国传统沿用的"土木之功"这一词句作为一切建筑工程的概括名称可以看出，土和木是中国建筑自古以来所采用的主要材料。这是由于中国文化的发祥地黄河流域，在古代有茂密的森林，有取之不尽的木材，而黄土的本质又是适宜于用多种方法（包括经过挖掘的天然土质、晒坯、版筑以及后来烧制的砖、瓦等）建造房屋。这两种材料之掺用运用对于中国建筑在材料、技术、形式传统之形成是有重要影响的。②

梁氏的推测、结论建立在合乎事物变化的规律上和体现出正常的因果关系之上，因此，颇能得到认同：

> 中原等黄土地区，多木材而少佳石，所以石建筑甚少……因为人民的生计基本上依靠农业，经济水平很低。③

将原始建筑意义上倾土择木的成因与地理环境、古代社会与经济的特质联系起来作为依据之一，确实存在着合理的因素。徐敬

1-7 春播、夏耘、秋获、冬藏，构成了中华农耕民族的生态节律。清代徽州民居厢房门扇木雕图形（局部）。

1-8 渔樵耕读是中国古代农业社会中最根本、最广泛的生产、生活模式和内容。清代徽州民居槅扇木雕图形。

1-9 中国古代建筑并非没有石材。贵阳花溪布依族石板寨。

1-10 因地制宜、就地取材是中国古代建构房屋的指导思想和实践行为。贵州安顺云山屯。

直先生也有类似的观点：

> 因为人民的生计基本上依靠农业，经济水平很低，因此尽管木结构房屋很易燃烧，二十多个世纪来仍然极力保留作为普遍使用的建筑方法。④

《华夏意匠》一书作者在论证英国著名学者李约瑟关于史前华夏木石抉择时，否定了与中国奴隶社会的制度的关联，暨并非"缺乏大量奴隶劳动"以至于"在中国文化上绝对没有类如亚述或者埃及的巨大的雕刻'模式'，它们反映出驱使大量的劳动力来运输巨大的石块作为建筑和雕刻之用"⑤的解释，提出："中国建筑发展木结构的体系主要的原因就是在技术上突破了木结构不足以构成重大建筑物要求的局限，在设计思想上确认这种建筑结构形式是最合理和最完善的形式。"⑥同时认为，其他一切客观条件影响之说"大半都经不起认真的分析，都不能成立为真正成因的理由"⑦。

……

上述各家从地理环境、社会经济、工艺技术等方面探讨、推断中国古代建筑择木弃石的成因、缘由，虽聚讼不一，但解释合理，依据也颇为充分，结论也就自然具有一定的权威性和可信度。然而反复推敲，仔细斟酌，疑惑并未消弭，或言意犹未尽。概略而言，大约存在以下几点困惑：

首先，将史前中国原始建筑的成因直接归于地理环境、自然条件，虽不乏合理性，但令人难以完全信服。这是因为：森林是人类诞生的摇篮，人类祖先们曾长时期在大森林中生活和劳作。大约在一万年以前，人类祖先逐渐从森林中走出来，发展原始农业渔猎。在漫长的历史进化中，运用自身的体力是人类的主要能源方式，而体力的制约以及生产方式的原始性、低级化，使由人类活动引发的生存环境变化异常缓慢和微渺。事实上，当时地球上并非仅仅黄河流域"有茂密的森林，有取之不尽的木材"，恩格斯曾经指出："美索不达米亚、希腊和小亚细亚以及其他各地居民，为了想得到耕地，把森林都砍光了……"⑧古希腊哲学家柏拉图以及理论家施里达斯·拉夫尔等都有近似的观点⑨。简而言之，万余年前远古人类的谋生手段是基本一致的，亦即采集和狩猎——直接利用自然界的植物和动物，以谋求自身的生存和发展。此外，世界上许多地区初始的原始建筑也是采用木结构的，因何发展至一定阶段后弃木择石了呢？如此看来，将中国原始建筑的成因全部归结于有茂密的森林一说，似乎不够全面。

其次，仅从社会经济的层面推断木结构的成因，似亦存商榷之地。

新石器时代，暨距今万余年的人类经济水平和生产力，基本上是差可仿佛，中国原始农业生产力并不比其他地区（如欧洲、北非、西亚）显得低下或落后，此时各地区的经济水平应是大致相当的。当北非和欧洲出现石结构建筑时，华夏氏族稍后也已有了行石棺葬的习俗。从考古方面看，在岷江上游及杂谷脑流域发掘的新石器时代的遗址中，发现有羌族以石砌垒筑的房屋和石棺遗迹；从西安半坡、姜寨以及仰韶文化与龙山文化之间的豫西地区建筑遗据中看，中华民族的祖先们已经初步掌握了垫灰、夯土、垒砌等适合于石构建筑的基本技能；石构建筑技术的关键之一——拱券技术业已开始运用于秦汉时期的墓室陵寝中；从文献上看，已有先秦楚灵王"阙为石郭"的记载。北宋李诫的"五材并用，百堵皆兴"⑩，从字面上看五材系指金、木、水、火、土，实则泛指一切可用之材，才能达到"百堵皆兴"。也就是说，中国古代并非绝对没有石材或其他材料构筑的建筑。正如李约瑟先生所言：

> 肯定地不能说中国没有石头适合建造类似欧洲和西亚那样子的巨大建筑物，而只不过是将它们用之于陵墓结构、华表和纪念碑，并且用来修筑道路中的行人道、院子和小径。⑪

古代房屋材料的抉择和运用不能脱离一定的社会经济基础，但也不是直接和决定性的因素。更不存在经济强盛发展石构、生产力低下专注木结构建筑的对应关系。

再次，《华夏意匠》一书提出的"不同的历史和社会条件产生不同的价值观念，由此产生不同的建筑态度，不同的对技术方案选择的标准"，"中国建筑发展木结构的体系主要的原因就是在技术上突破了木结构不足以构成重大建筑物要求的局限"等结论⑫，确乎有振聋发聩的新意，可谓高见卓识。但将上述归结为唯一和直根因素，却又不能完全苟同。

史前洪荒时期，人智未启。人类祖先对构筑材料的选择相信应是处于一种被动的、原始的、随机的混沌状态。这种"自由程度"很高的选择行为折射出当时的生产特征和生存方式。古希腊历史学家希罗多德认为，地理环境因素为一定时代、种族的文化提供了一个无可揖让的自然背景。亚里士多德的环境地理学说中，也指出包括建筑在内的人类文化多少决定于人类所处的地理环境⑬。法国学者让·博丹更是开宗明义："某个民族的心理特点决定于这个民族赖以发展的自然条件的总和。"⑭虽然上述观点片面强调了地理环境和心理特点的绝对性，但是，一定的地理环境、自然条件、社会经济、生活方式、价值观念，成为不同民族、地区、时代的人们构筑、营造建筑及抉择建材时无可回避的背景因素，应是客观存在的。

此外，有人将中国古代建筑材料的抉择归结于五行说，认为金、木、水、火、土五行里面唯独缺石，而西方"四元素说"中没有木这一要素，据此引申为东、西方古代建筑材料两大（木、石）体系的依据。稍加梳理分析，便不难发现此说的望文生义、方凿圆枘、牵强附会。其一，滥觞于周代、发轫于战国邹衍的阴阳五行学说之前，华夏大地的木构之制业已形成，比如新石器后期浙江河姆渡原始巢居暨干阑式木构遗址就是例证；其二，阴阳五行说其实涵括了"石"的成分。《易经》曰，八卦中坤（☷）为土，为地；艮（☶）为山，为石。"土者，五行之一。坤象征大地，大地是包括山、石在内的。艮卦卦符只是乾卦（☰）中的一个阳爻来交于坤卦而成，艮是坤的第三个阴爻变异为阳爻，所以艮卦的母体是坤，它只是表示艮卦所象征的山石原是大地的一部分而比平原大地更富于刚性罢了。"⑮此外，传统的许多文献典籍中也有土石一家的论述。杨泉《物理论》载：

> "土精为石，石，气之核也；气之生石，犹人筋络而生爪牙也。"⑯

显然，中华古代建筑以木构形式为主干而鲜用石材，与阴阳五行学说并不存在必然联系。

综上所述，我们以为，中国古代建筑倾土择木的成因是由多方面因素组合而成的。归纳梳理，约略有以下两方面：

（一）长期的农业社会经济深化了大地情结和生命意识

中华民族的祖先，世代繁衍生息于广袤的亚洲北温带区域，这

1-11　男耕女织构成了中国古代社会经济中最典型、最普泛的结构与模式。《耕织图》清·康熙年间。

1-12　中国古代先民将石质材料广泛运用于建筑以外的构筑物上。清代福建平和庐溪"厥宁楼"水井及大夫第旗杆。

1-13　乐而不怨，土地是中国古代士农工商四民中农民最主要的命脉。清代徽州民居槅扇木雕。

1-14　三纲五常，宋明理学熏陶下的中国古人恪守儒家训条。明代徽州民居额枋石雕。

是一方气候湿润、土地肥沃、植被丰富的宜土吉地。从距今约7 000余年的浙江余姚河姆渡文化遗址中发掘的稻谷、木构榫卯遗存证明，我国祖先早在新石器时代，便已逐渐实现从原始渔猎向农耕定居的生产与生活方式的转型。

从人类文化史发展的普遍规律而言，人类的生产方式决定并制约着生活方式，两者既同步，又互相映射着对方的基本特征和本质。住宅作为人类栖居、休憩的载体和生活方式的集中体现，也必然受到当时的生产方式的制约。河姆渡遗址中以稻谷文化为代表的农业文明、生产方式，与原始巢居暨后来干阑式建筑为典型的居住形态、生活方式，两者之间显示了关联性、一致性，昭示着原始意义上（新石器时代逐渐清晰）的华夏物质文明和人居文化，已明显倾向于大地与植物的同构对应。

漫长绵邈的农业文明，成就了中华民族的祖先偏重于大地与植物的采集和选择等特征的形式。《易经》所谓"地势坤"，将大地比喻母亲，"含吐万物"，"应地无疆"。《管子·水地篇》称"地者，万物之本源，诸生之根菀也"，大地"厚德载物"。人，是大自然的一部分，因此，人离不开自然。人类忠于自然就如同忠于母亲一样，以致中国的文化思想里面，充盈着对大地母亲的依恋、眷念甚至崇拜情结。主张人与自然的和谐统一，是中国文化在精神层面上，思想观念上的一个显著特征。徐复观先生说："在世界古代各文化系统中，没有任何系统的文化，人与自然，曾发生对象中国古代一样地亲和关系。"这种人与自然的亲和关系，已经升华到哲学高度，建构成"天人合一"的思想观念体系。"天人合一"的思想观念，突出地彰显出中国文化的精神特质。而这种对大地与植物的意绪和情结，以及长期以农为本的生产生活方式，无疑加重了倾土择木夺定的倾向性。

《周礼》称"大宰之职"："以九职任万民，一曰三农，生九谷；二曰园圃，毓草木；三曰虞衡，作山泽之材；四曰薮牧，养蕃鸟兽……"⑰从周代农官司职的排列顺序中，折射出农业文明的选择和考虑的视角。

大自然与生命的紧密维系，亦即《易经》"天地之大德曰生"，"生生之谓易"，使中华民族的祖先在长期的采集、选择和储存等生产实践中，深切地感受到大自然的生气与生机。梁代梁武帝萧衍的给事郎、文士周兴嗣在《千字文》中如此写道：

> 天地玄黄，宇宙洪荒，日月盈昃，辰宿列张。寒来暑往，秋收冬藏，闰余成岁，律吕调阳。⑱

短短32个汉字，将日月星辰、天高地广，春夏秋冬的生长规律的物质世界，作了精要正确的叙述。从植物的春华秋实、岁岁枯荣、生死更替、绵延不绝的不断变化中，体悟到人类自身生命过程的新陈代谢、生老病死，这种"人生一世，草木一秋"式的生命感喟，传递了中华民族悠久文化传统凝聚的精神和观念：追求代代更替、生生不息，而并不看重（确切地说应是无可奈何）凝定的永恒。这在以后历代有关"人生苦短"、"人木一致"的诗文中表现得淋漓尽致：

> 对酒当歌，人生几何，譬如朝露，去日苦多。（曹操）
>
> 越王勾践破吴归，义士还家尽锦衣；宫女如花春满殿，如今只有鹧鸪飞。（李白）
>
> 离离原上草，一岁一枯荣，野火烧不尽，春风吹又生。（白居易）
>
> 人生到处知何似，应似飞鸿踏雪泥。泥上偶然留指爪，鸿飞那复计东西……（苏轼）

……多情应笑我，早生华发。人间如梦，一樽还酹江月。（苏轼）
……

李白诗句中的"繁华短促，自然永存；宫殿废墟，江山长在。为中国无数诗人作家所咏叹不已的，不正是这种人世与自然、有限与永恒的鲜明对照从而选择和归依后者么？"⑲"千秋永在的自然山水高于转瞬即逝的人世豪华，顺应自然胜过人工造作，丘园景台长久于院落笙歌"⑳，连巨大磅礴的人世功业尚且如此短暂，作为个体生命的平民或英雄就更不足论了；白居易诗句中大自然中草木的生生不息，死而复生；苏轼的"人间如梦"、"古今如梦"、"世路无穷，劳生有限"的深刻叹喟，泄露了希冀超越生生死死的"轮回"以及对人生终极意义探究的强烈意愿。真可谓"木犹如此，人何以堪"！

倾土择木明确体现了中华民族祖先重视和偏倚人与木的共处同构关系的意愿，倾向木（广义上的植物）对先民们自身的感觉和从中体悟出的生命意识，并从植物的枯荣、生死、更替中感悟到对人的陶化作用。《易经》中"木道乃行"，将木性上升至理性观念与传统文化中尊仰推崇的品格道德有众多共通之处；老子曰："万物莫善于木"，认为木于人有诸般益处；公元前2000多年前夏朝的《禹禁》中公布古训："早春三月，山林不登斧斤，以成早木之长"㉑；公元前6世纪，齐国宰相管仲说，敬山泽林薮积草，夫财之所出，以时禁发焉；公元前3世纪战国思想家荀子认为：草木荣华滋硕之时，则斧斤不入山林，不夭其生，不绝其长，明确地把保护林木列为"圣王之制"。孔子则将保护林木提到伦理道德的高度："伐一木，杀一兽，不以其时，非孝也。"㉒

鉴于木材的"人性化"远远高于相对"静止"状的石材，在大地情结、生命意识、文化观念和审美特征上又高度契合于讲采集、究选择、重储存的漫长农业社会经济的特征，在这里，生命与植物、死亡与石材隐寓着无可揣让的同构对应的关联性。既然万物皆有灵性，人们将植物（树木）的生死枯荣视为一种生命的象征，以木构为营造的基本材料，庶几使建筑也具有了生命。如此，则中华古代建筑自古基本以土木为主干用材，应是合乎情理之中的选择和倾向理由。

（二）实用主义和不求甚解的技术态度

公元前中国的建筑规模可能数秦始皇统一六国后倾力修建的阿房宫为最：

始皇以为咸阳人多，先王之宫廷小……乃营作朝宫渭南上林苑中。先作前殿阿房，东西五百步，南北五十丈，上可以坐万人，下可以建五丈旗。周驰为阁道，自殿下南抵南山。表南山之巅以为阙。为复道，自阿房度渭，属之咸阳，以象天极，阁道绝汉抵营室也。㉓

规模庞大惊人的木构宫殿阿房宫付之一炬。文艺理论家余秋雨在谈到这类事例时认为：

中国自古以来习惯于把攻击对象整个儿毁坏，非烧即拆，斩草除根，不让它阴魂盘绕，死灰复燃……中国较为像样的生态，总是被看成是权力结构的直接延伸，因此

1-15　文昌阁下文风鼎盛。清代徽州民居槅扇木雕。

1-16　木材易于加工、处理。晚清民初湖北省咸丰刘家大院。

1-17　"文人聚会、名士雅集"，中国古代木构技艺表现臻于炉火纯青。清代徽州歙县圣僧庵窗栏木雕。

1-18 穿斗式构架是南方最普遍的房屋结构模式。湖南永顺县七河村。

1-19 西方建筑重柱头,中国建筑究柱础。木柱石柱成为中国古建筑中最普泛的组合形式。清代景德镇民居石础。

1-20 中国古代石构工艺技术并未完全形成独立完整的技术体系,建筑构架、榫卯、纹饰等成为仿木构形式与工艺。清代陕西米脂县姜耀祖宅月洞门。

*每每与权力结构共存亡。*㉔

这当然是中国没有多少保存完好的古建筑的直接原因之一。这种政局更迭下的摧毁,即使石构建筑也不在话下,遑论木构?然而,中国文化传统中的生生不息、代代更新的观念精神,又驱使他们周而复始地、不断地在坍塌、毁坏、破旧的宅基上大兴土木,这种"不求原物长存"㉕的建筑文化观念,梁思成认为这便是为什么中国人忽视古建筑的保护、而热衷于建筑物被摧毁后重建的缘故。

中国传统文化中"淡宗教、重伦理"的基本品格,使中国人普遍地缺乏西方古代那种宗教神圣的文化信念,"西方人在建筑上重视创造一个长久性的环境","在建筑态度上是不惜经年累月、甚至一代接一代地去完成在思想上认为是不朽的功业"㉖。因此,西方著名的古代建筑花费数十上百年的事例不胜枚举;反之,"中国人却着眼于建立当代的天地"㉗,对于建筑古迹之类的毁坏、消失似乎并不十分痛惜,而是热衷于重建,以至于我们今日所能见到的古建筑很少不是重建的。

生的短暂使人们确信死的永驻,千年风云变幻使古人们坚信,所谓千秋功业、万代永恒是并不存在的。因此,地面建筑中也并无永存的虚妄,而仅仅是求生的玩味:在木构庐舍中反映道的永恒。长期农业经济社会结构中形成的实用主义促成人们在抉择构筑建筑的材料和工艺技术时,多、快、好、省便成了他们选择的态度和技术标准。《礼记·檀弓》记载了孔子的评论:昔者夫子居于宋,见桓司马自为石椁,三年而不成。夫子曰:"若是其靡也,死不如速朽之愈也。"孔子当然是从反对奢靡的层面来反对开石椁的。而木材及其工艺技术,基本符合要求,能够做到建房的数量要多、速度要快、质量要好、人力物力要俭省的诸般要求,因此,以木构形式成为房屋的主要建材并形成主流,也就不足为奇,此为其一。

其二,从新石器时期的浙江余姚河姆渡遗址看,其时木构技术已趋成熟,榫卯技术运用已经十分精熟。也就是说,中华民族祖先很早就"在技术上突破了木结构的不足以构成重大建筑物要求的局限"㉘。古代中国建筑的体量、规模在本质上是由量的组合、积累而成的,空间巨大、平面展开、相互联系而成的群体巨构,只要在结构上采取类似标准化和定型化的手段,建设工程即可全方位地铺展开来。由此可见,当技术不存在障碍时,探索的步伐便会逐渐放慢:发展技术的终极目标是为了实现人的需求,因而技术具有明确的目的性,这种目的性是社会的。目的性作为技术的起点,形成一个流程,直至技术实现自己的目的㉙。既然技术已经能够满足建设工程的需求,何必再上下摸索、苦苦探求和执意变革、"冒险"呢?况且,这种摸索、探求、变革和"冒险",是以消耗人的生命为前提，又往往大都以挫折、失败的结局而告终收场。反而不如精进于木构，于人、于物均有百利而无一弊。质而言之，"实用的、入世的、理智的、历史的因素在这里占着明显的优势"㉚。

循此而论，则中国古代石构建筑，无论是地层下石棺、陵寝、墓葬，还是地表上石阙、石柱、石牌坊、石桥、石华表、石栏杆、石塔和石井栏等，其构架、榫卯、纹饰及其工艺技术处理手法，与木构建筑及其工艺如出一辙，并无二致。换言之，这种仿木结构和特征的石构建筑及其构件，其工艺技术并未完全形成独立完整的技术体系。全部奥秘一言以蔽之曰：非不能也，是不为也。

1-22 飘逸舒展的结构彰显出经验和纯熟的技艺。湖北民居挑枋——支承两步出檐。

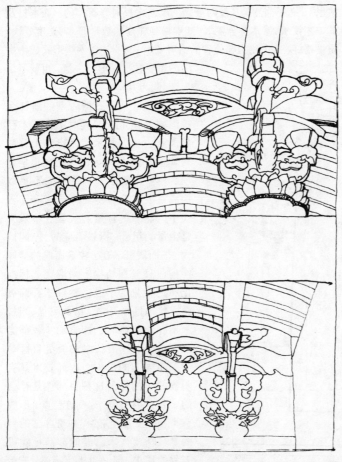

1-21 建筑梁架洵为百工艺匠施展才艺的载体。清代福建古田县峦苍村民居梁架雕饰。

1-23 富有诗意的悬山式大屋顶、穿斗架构与直棂构件，直中见曲，亦庄亦谐。湖南永顺县保平民居。

1－24　龙纹在龙的传人故里具有特殊的寓意。清代河南社旗县山陕会馆琉璃照壁图案。

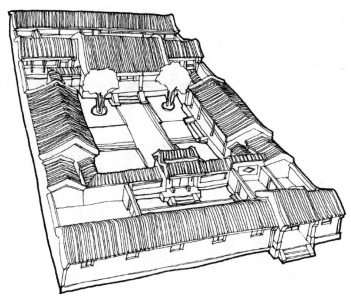

1－25　彰显尊卑、男女、上下、长幼、内外的清代北京三进式四合院。

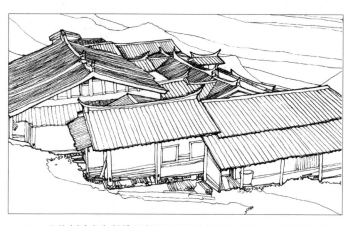

1－26　北尊(高)南卑(低)的房屋格局是礼制的物化形式。晚清民初福建省永安县青水畲族乡民居。

二、礼 制 等 级

中国素以"诗书礼乐之邦"闻名寰宇，其出处大约来自《论语》中的"兴于诗，立于礼，成于乐"③。按照儒家思想的意思，维护、管理国家社会机器的正常运行，关键在于礼与乐。

从中国古代社会结构来看，几千年的社会发展，虽然也经历了原始、奴隶、封建的各个社会阶段，但是，从氏族公社的解体向奴隶社会、封建社会的转型，并没有割断浓郁的血缘纽带和意识，而且藏匿于历代的四权（政权、族权、神权和夫权）的统治中，渗透浸淫着中华文化依托的血脉之中。而在中国思想文化史上占有主导和支配地位的孔子同以其学说开创的儒家学派，就是以礼为行为规范、以仁为思想核心、以义为价值准绳、以智为认识手段，重现世事功，重道德伦理和实用理性，对中华文化传统，包括建筑传统产生了巨大深远的影响。孔子在《论语》中多处论及"兴于诗，立于礼，成于乐"，认为唯此才能造就出真正的君子。孔子自称是"先王之礼"的阐述者，他提倡的"礼"与"仁"实质就含蕴着氏族社会理想的遗存。

礼，就是社会规章制度；乐，表面是音乐，深层内涵是情感。"礼义立，则贵贱分矣，乐文同，则上下和矣。"②这就是说，用制度规范各类等级，同时以人的情感协调各类等级。这既是古代中国封建社会得以维系、运行千年的治国之道，也是由长久的社会观念、文化现象、意识形态与价值观念沉淀而成的思维定势和心理习惯，复由心理习惯沉淀成了群体人格。确实，儒家学说的长期统治和广泛普及，寓教化于人们的伦理纲常与行为规范之中，为中华民族锻铸自身的性格、文化心理以及精神的美的追求等方面，功莫大焉；然而，作为正统思想的儒家学说，在历史的长河中的间断或一定时期，以其僵化了的教条阻碍过历史前进的步伐。美学家李泽厚曾经指出：

儒家把传统礼制归结和建立在亲子之爱这种普遍而又日常基础和原则之上。把一种本来没有多少道理可讲的礼仪制度予以实践理性的心理学解释，从而也就把原来是外在的强制性的规范，改变而为主动性的内在欲求，把礼乐服务和服从于神，变而为服务和服从于人。③

古代儒家思想为代表的中国传统文化以礼为基本框架和结构。《荀子·礼论篇》曰："礼者，以财物为用，以贵贱为文，以多少为异，以隆杀为要。""故为之雕琢刻镂、黼黻文章、使足以辨贵贱而已，不求其观。"④由此可见，一切雕琢刻镂、黼黻文章、建筑等的处理和设置,主要目的都是为了"辨贵贱",而不仅仅是为了"求其观",即为了维系社会等级秩序,大率因为:"礼之可以为国也久矣,与天地并。君令、臣共、父慈、子孝、兄爱、弟敬、夫和、妻柔、姑慈、妇听、礼也"[35]。"礼者,贵贱有等,长幼有差,贫富轻重皆有称者也"[36]。都应该彰显:"故贵贱有等,衣服有别,朝廷有位,则民有所让"[37]。等儒家思想学说中上下有别"礼"的社会秩序以及古代礼制文化所涵泳的典章、制度、规矩和礼节。

儒家学说作为封建社会上层建筑的正统思想,并被认为是不得违背的"圣人之道",也很自然地渗透在建筑与装饰艺术的营构与创造之中,并成为包括建筑在内的原则和标准。
郭沫若先生认为礼滥觞于祀神:

故其字后来从示,其后扩展为对人,更其后扩展为吉、凶、军、宾、嘉各种礼制。[38]

经演变衍化,礼逐渐幻成整个中国古代社会的行为、心理、法规、典章等的泛名词。约略于周,渐趋嬗变为一种社会化秩序和具体的行为规范。以至于"天下无一物无礼乐,且置两只椅子,不正便是无序,无序便乖,乖便不和"。[39]

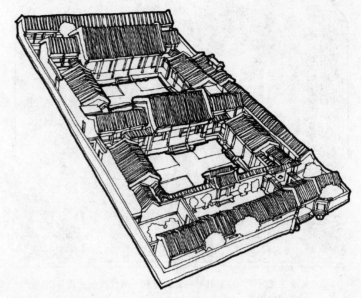

1-27 前殿后寝演绎而成前外后内的住居格局。清代北京一主一次四合院轴测图。

中国古代儒家思想中,乐的作用在于使广大民众至乐无怨,乐而不淫:

暴民不作,诸侯宾服,兵革不试,五刑不用,百姓无患,天子不怒,如此则乐达矣。[40]

乐者,天地之和也;礼者,天地之序也。和故万物皆化,序则群物皆别。乐由天作,礼以地制。过制则乱,过作则暴。明于天地,然后能兴礼乐也。[41]

在这里,强调礼乐都要顺应自然,符合自然的和谐和秩序。只有和自然规律相符合的礼和乐才是好的,美的,否则便会给社会带来动荡和不安。

如果说礼和理主要隶属和突显于政治伦理规范,具有强制性和表层性的话,那么,乐和情则归属和彰显于审美情感的意绪趋味中,体现出自愿性、深层性和皈依性。这种源于深入人心的审美心理激发鼓荡而出的自愿性的皈依情感。表现在建筑与装饰上,就是渗入、裹卷和弥漫着中国古代建筑及装饰高度和谐的美,从而调动了人的心理功能,辄以动人的艺术形象赋予人以或崇高、或庄重、或严肃、或朴实的和视觉的多维感受,使"天道永恒"的等级制度与观念非但没有弱化,反而在它的辅助、衬托下获得强化和坚确不移。是否可以这样说,中国古代统治阶层透过或借助建筑这一物化载体,将人们的审美趣味和皈依情感调动起来,以高超的艺术化的手法——礼乐相辅相成地将之融化至维系国家和社会的政治伦理的纽带链条之中。

1-28 北京四合院民居的垂花门与明间厅堂成中轴直线状。

确实,由于礼乐理性精神的影响,使得三代以后历代统治者都十分注重礼的功用。尤其对于集中凸现礼的带有鲜明等级秩序的建筑体量,予以极大的重视:

礼有以多为贵者:天子七庙,诸侯五,大夫三,士一……有以大为贵者:宫室之量,器皿之度,棺椁之厚,丘封之大……有以高为贵者:天子之堂九尺,诸侯七尺,大夫五尺,士三尺;天子,诸侯台门。[42]

王有五门,外曰皋门,二曰雉门,三曰库门,四曰应门,五曰路门。[43]

1-29 坐北面南的北屋是最尊贵的住居单元。清代陕西省米脂县姜耀祖宅上层院落全景。

1-30 有身份地位的户主才有可能使用如此华贵的装饰。清代山西襄汾县丁村民居穿枋枋华头细部。

凡乎诸侯三门,有皋、应、路。㊹

文中的"大"、"高"以及"量",均与体量和数量有关。上古时期,人们对于天高地厚、昼明夜晦、星辰日月、旱荒洪涝、风雨雷电等等自然现象,表现出极度的尊崇、敬畏与崇拜。他们从大自然中的这些客观事物现象中,感受到了超人的神秘力量和巨大体量的震慑,并演衍于建筑营造的行动之中,化体量为尊严与崇高。所以,体量便成为古代建筑尤其是宫殿建筑艺术中一个至关重要的情感传递形式。因为,"人类的一切社会行为都不能违背天地大法,都必须遵循天道运行的规律行事"㊺。

对于统治者而言,将建筑本身的结构与形象与政治及伦常规范联系起来,并且认为这种形象、体量是源于天道的,要求从建筑形象到建筑的总体布局,都能够在确定一个贵贱有等、长幼有别的社会秩序上起作用,而宫殿,为至尊、至高、至大、至多、至贵,自然也就合乎规范,"遵循天道运行的规律行事"。马克思曾经指出过:巨大的形象震撼人心,使人吃惊。……精神在物质的重压下感到压抑,而压抑之感正是崇拜的起点。因此,建筑中尊卑有序、贵贱有别的礼,首先就反映在建筑的有等级的量上,即所谓的"非壮丽无以重威"。同时，也反映在建筑的类型、形式、色彩和施用的加工方式上，等等。由此可见，中国古代建筑等级制度也就不是可有可无的东西，它是国家根本法典的重要组成部分。

与衣冠而治的舆服制度一样，中国古代的民居建筑等级制度，是历代统治阶层试图创设理想社会、政治、伦理秩序的物化形态。它建立在远古人类对构筑物暨物质属性认识的基础上，采纳儒家思想文化的价值取向为坐标，修撰制定居住建筑的典章制度、法律条款，限定、约束人们必须按照自己在社会生活、政治生活和氏族血缘家族家庭生活中的地位，从而确定适合于自己栖居的宫室庐舍的形式、规模和级别。

作为物质形态和文化现象的民居建筑，理所当然地成为维护社会秩序的有效工具之一。统治阶层将建筑本体的结构、形象与伦理、礼仪规范融为一体，至若建筑之间的相互关系，除却实际使用功能之外，应受"礼乐秩序"社会现实所规定和制约。"在一个家庭里，以家长为核心与其他人等按照亲疏关系构成了一个平面展开的人际关系网络；在一个建筑群内部，建筑也因其服务对象不同，按照这个人际关系网络展开，相应建筑的大小、方位和装饰也不相同，使得建筑群体成为理想的政治秩序和伦理规范的具体表现。在这样一个系统中，不可避免地，单一方向的秩序感会得到特别的强调。"⑩通过所居宫室庐舍的形式、规格和档次，户主的社会地位、权势高下，即刻判明，表露无遗，从而达到舆服制度中"见其服而知其贵贱，望其章而知其势"⑪同样的功效。对于居者而言，则如《易·象传》所言的那样，君子非礼勿履，要时刻注意、检点自己的言行与身份地位保持一致。

中国古代民居建筑等级制度，早在新石器时代就渐露端倪。夏、商、周时期，等级制度的规定大多围绕宗教和战争等展开，遂至唐宋元明清时期，民居建筑等级制度趋于缜密、明朗、世俗和装饰化。《明史》中详尽地记叙了百官第宅的各类"注意事项"，提醒众人要谨守制度要义。例如禁止官民房屋雕刻古帝后、圣贤人物、日月、龙凤、狻猊、麒麟、犀、象等形象，不准歇山转角，重檐重拱及藻井，但楼居重檐不在所禁之列。对各级官员宅第的等级有详细规定：

亲王府制，洪武四年定。城高二丈九尺，正殿基高六尺九寸；正门、前后殿、四门城楼，饰以青绿点金，廊房饰以青黛。四城正门，以丹涂，金涂铜钉。宫殿窠拱攒顶，中画蟠螭，饰以金，边画八吉祥花。前后殿座用红漆金蟠螭，帐用红销金蟠螭，座后壁则画蟠螭彩云，后改为龙。立山川、社稷、宗庙于王城内。七年定亲王所居殿，前曰承运，中曰圜殿，后曰存心。四城门，南曰端礼，北曰广智，东曰体仁，西曰遵义。太祖曰："使诸王睹名思义，以藩屏帝室。"九年定亲王宫殿，门庑及城门楼，皆覆以青色琉璃瓦。又命中书省臣，惟亲王宫得饰朱红，大青绿，其他居室止饰丹碧。十二年，诸王府告成。其制，中曰承运殿十一间，后为圜殿，次曰存心殿各九间。承运殿两庑为左右二殿。自存心、承运，周回两庑，至承运门，为屋百三十八间。殿后为前、中、后三宫，各九间。宫门两厢等室九十九间。王城之外，周垣、四门、堂库等室在其间。凡为宫殿室屋八百间有奇。弘治八年更定王府之制，颇有所增损。

郡王府制，天顺四年定。门楼、厅厢、厨库、米仓共数十间而已。

公主府第，洪武五年，礼部言："唐宋公主视正一品，府

1-31 "高门出贵人"。侯门深院高第咸为高门槛。清代山西祁县乔家大院正院主楼透视。

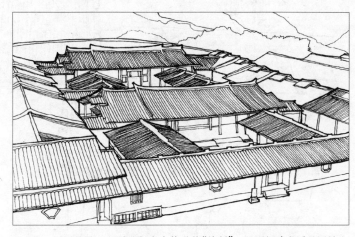

1-32 层层叠叠、环环相围，内中传递着"礼制"。民国福建尤溪县团结乡民居。

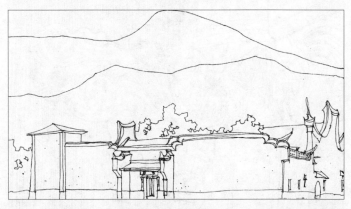

1-33 高垣深院，门第显现，建筑的辨等功能突显。清代福建闽清坂东民居。

1-34 在官本位的封建社会中,由士而仕意味着拥有"一切"。清代福建龙岩县"瑞云楼"门扇装饰。

1-35 斗拱层叠是身份地位的象征。清代山西沁水县柳宗元后裔住居。

1-36 田字形的四合院俯视。四边由长廊形的五脊平房连接组成,左下端有屋门,进门后为前院,上为后院。两侧东西厢房,上面一座有台阶的五脊房屋。檐下二柱,方柱础。右边一高楼,下有楼梯,上有斗拱、椽木等。充分表明汉代建筑技术的进步。成都市郊出土。汉画像砖拓片。

第并用正一品制度。今拟公主第,厅堂九间,十一架,施花样兽脊、梁栋、斗拱、檐桷彩色绘饰,惟不用金。正门五间,七架。大门绿油,铜环。石础、墙砖、镂凿玲珑花样。"从之。

百官第宅,明初,禁官民房屋,不许雕刻古帝后、圣贤人物及日月、龙凤、狻猊、麒麟、犀、象之形。凡官员任满致仕,与见任同。其父祖有官,身殁,子孙许居父祖房舍。洪武二十六年定制,官员营造房屋,不准歇山转角,重檐重拱及绘藻井,惟楼居重檐不禁。公侯,前厅七间,两厦,九架;中堂七间九架;后堂七间七架;门三间五架;用金漆及兽面锡环;家庙三间五架;覆以黑板瓦;脊用花样瓦兽,梁栋、斗拱、檐桷彩绘饰;门窗、枋柱金漆饰;廊庑、庖库、从屋,不得过五间七架。一品、二品,厅堂五间九架,屋脊用瓦兽;梁栋、斗拱、檐桷青碧绘饰;门三间五架,绿油,兽面锡环。三品至五品,厅堂五间七架,屋脊用瓦兽;梁栋、檐桷青碧绘饰;门三间三架,黑油,锡环。六品至九品,厅堂三间七架,梁栋饰以土黄;门一间三架,黑门,铁环。品官房舍,门窗户牖不得用丹漆。功臣宅舍之后,留空地十丈,右右皆五丈,不许挪移军民居止,更不许于宅前后左右多占地,构亭馆开池塘以资游眺。三十五年,申明禁制,一品、三品厅堂各七间,六品至九品厅堂梁栋只用粉青饰之。

庶民庐舍,洪武二十六年定制,不过三间五架,不许用斗拱,饰彩色。三十五年复申禁饬,不许造九五间数,房屋虽至一二十所,随其物力,但不许过三间。正统十二年令稍变通之,庶民房舍架多而间少者,不在禁限。[48]

清代的民居建筑等级制度大体上承袭明代,以清顺治年间所颁条例看,清代建筑等级制度趋于细密和"宽松"的趋向:

亲王府,基高十尺,外周围墙,正门广五间,启门三。正殿广七间,前墀周围石栏,左右翼楼各广九间,后殿广五间,寝室二重,各广五间,后楼一重,上下各广七间,自后殿至楼,左右均列广庑。正门殿寝均绿色琉璃瓦,后楼翼楼均本色筒瓦,正殿上安螭吻,压脊仙人以次凡七种,余屋用五种。凡有正屋正楼,门柱均红青油饰,每门金钉六十有三,梁栋则金,绘画五爪云龙及各色花草。正殿中设座,高八尺,广十有一尺,修九尺,座其高尺有五寸,朱髹彩绘五色云龙,座后屏三开,上绘金云龙均五爪,雕刻龙首有禁。凡旁庑楼屋,均丹楹朱户,其府库仓廪厨厩及祗候各执事房屋,随宜建置于左右,门柱黑油,屋均板瓦。

世子府制,基高八尺,正门一重,正屋四重,正楼一重,其间广数、修广及正门金钉、正屋压脊均减亲王七分之二,梁栋贴金,绘画四爪云蟒各色花卉,正屋不设座,余与亲王同。

贝勒府制,基高六尺,正门三间,启门一;堂屋五重,各广五间,均用筒瓦,压脊二,狮子,海马;门柱红青油饰,梁栋贴金,彩画花草;余与郡王府同。

贝子府制,基高二尺,正房三间;启门一,堂屋四重,各广五间,脊安望兽;余与贝勒府同。

镇国公,辅国公府制,均与贝子府同。

又定公侯以下官民房屋,台阶高一尺,梁栋许画五彩杂花,柱为素油,门用黑饰。官员住屋,中梁贴金,二品以上官,正房得立望兽,余不得擅用。

十八年题准,公侯以下,三品官以下房屋,台阶高二尺,四品官以下至士民房屋,台阶高一尺。[49]

从上述文献记载中得知,明清建筑等级制度一直处在修订、完善过程之中。明代等级制度虽然在唐宋等前代基础上日趋谨严苛求,官邸府宅类分更加细致,条款规定进一步细密,但建筑的象征性已逐渐幻化为世俗化,宗教的崇高与神秘性已逐渐衍化为艺术的装饰性。一则表明了中国封建社会晚期封建专制的深化,二则也折射出近古时期人们对居住形态、形式、庐舍形制的认识上升至一个深入细致阶段的表征。

合院式民居庐舍是分布最广泛、数量最多的居住形态与样式。其中北京四合院平面布置界分前后两院,之间由中门(垂花门、仪门)相通,前院以作门房、客房和仆佣之房,后院为主人自家使用,非请勿入。位于住宅中轴线上后端的堂屋(明间),坐北面南,不仅层层抬高(晋中大型民居堂屋多为楼房,高于两侧厢房;徽州大中型民居则结合地势等高线逐步升高),而且开间阔大,规格高级,形式华美,成为全宅突出醒目之处,住宅群体的高潮部分,视线聚焦之处。堂之左右为祖辈、长者居住,两侧厢房为子女晚辈居住。严格遵循"男治外事,女治内事,男子昼无故不处私室,妇人无故不窥中门,有故出中门必拥蔽其面"[50]的原则和规矩。庶几可视之为传统伦理纲常的住宅平面网络图形,天道人伦的立体画卷在"尊卑有分、上下有等"的礼制等级制度规范中,房屋建筑从群体到单体、由形制到装饰,从聚落环境到室内陈设布置,无不充满秩序感。严格恪守昭穆制度,左为昭,右为穆,若祖父,则立左边,父亲站右边。进一步区别父子、长幼、远近、亲疏的家庭家族暨血缘关系。正所谓"寻常之室无奥突之位,则父子不别;六尺之舆无左右之义,则君臣不明;寻常之室,六尺之舆处无礼,则上下蹭逆,父子悖乱,而况其大者乎?"[51]

山西晋中市祁县民居中,东厢房的屋脊高于西厢房,尺度也略大于西厢房。传统等级中"文左武右"、"男左女右"以及地理方位中以东为左、为上的意识,衍化成男性晚辈多住东厢房,女性晚辈居西厢房(有学者认为发生于晋南的"西厢记"故事是可信的)[52],两者在尺度上的微渺变化对建筑均衡对称的整体格局并无影响,但却从根柢中满足了人们尊崇祖制、礼仪规范的心理需求,诠释了"礼者,天地之序也"[53]的精蕴要义。

地处边陲的众多少数民族,由于交通、经济、战争、自然等因素,整体上社会发展落后于汉民族。到20世纪中叶,许多少数民族才发展到封建领主制阶段,有的还停留在奴隶占有制和原始社会末期阶段。居住建筑的等级分化显得更加原始、朴素和粗疏,其间掺杂宗教和神秘气息,具有一定的象征意义。

云南基诺族世居竹木结构的干栏式大房子、小房子中,民居等级可从装饰于竹楼屋脊两端的草编装饰物区别开来。在处于原始社会末期的父系家长制的组织管理模式中,长老们享有至高的权威并受到地缘氏族成员的尊敬和拥戴,其住所前后脊端装饰数量多于普通人四个,而成为管理者的标志和象征。无独有偶,云南阿佤山区的佤族村寨住所的等级形式也在脊端装饰中有所体现。作为政治、宗教领袖人物大窝朗在佤族公众中享有威望。大窝朗的"大房子"在造型、布局、体量、材料等方面与一般村民基本一致,差异在于大房子的屋脊两端均装饰两只交叉状的木雕燕子,前端屋脊两只交叉的木雕燕子之间,设置一个木雕的手持长刀、一手举标

1-37 清代山西襄汾县丁村十一号院牌坊。清乾隆十年(1745)建。牌坊上部中央镶有乾隆皇帝于清六十年(1795)赐予的"敕令"匾额。

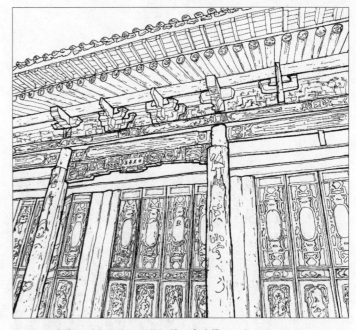

1-38 清代山西太谷县上观巷一号正房斗拱。

1-39 清代陕西旬邑县唐氏庄园屋脊花卉纹砖雕。

枪的裸男；室内四壁，绘有人形、牛头、麂子头等图案作装饰，门扇上也雕刻裸体，弥漫着浓郁的宗教迷信气息。[54]

20世纪中叶以前云南德宏景颇族山官，是辖区群体对外交往的合法代表，拥有战争、保卫、组织、管理等领导权限和责任，其住宅，竹楼构架木柱特别粗大，前山中柱悬挂用草捆结而成的一对牛角和象征太阳神和月亮神的日月形木雕，室内木梁上，以木炭锅烟、红石粉和石灰为颜料，以竹枝作画笔，画有红、黑、白三色螺旋形花纹图案。悬挂于前山高大中柱的草捆牛角、日月木雕和绘于室内木梁上的螺旋花纹图案，既是山官住宅的一种装饰，也是日月神灵的日常居所。

此外，丽江塔城乡自称"路鲁"的纳西人，在井干木楞房中保留着高门槛、低门楣，进门须低头弯腰的"见木低头"[55]的古老习俗。

有意思的是，中国古代建筑等级制度从建立、实行开始，违制、僭越的事例也随之出现。个中原委之一是自夏至清的中华历史长河中嬗变衍绪、新旧更迭中，"礼坏乐崩"、"法度堕地"时期颇多，更遑论如战国、魏晋、五代十国、宋金辽元这样一些战祸连连、政权更迭频繁的时代。每当处于这种时期，突破等级制度、制约的违制、僭越事例、现象明显增多。至若违制、僭越事例现象成为普遍的社会现实时，"新的统治者又无力改变它的时候，就不得不在新的建筑等级制约中予以承认。这时，为了保证建筑系统内部的尊卑贵贱的差别秩序，统治者只好通过改变自己的建筑式样来达到目的"[56]。可见，违制、僭越行为在某种意义上成为推动民居建筑形式和规格演变衍绪的源头，导引着人们深化对建筑物进一步的认识。[57]

民居建筑中违制、僭越者或仕或商，多为权重者或商贾，方有实力、资格和兴趣违制僭越。他们或明或暗，极尽变化之能事，惨淡经营。总体上看，明少暗多，直接违制僭越者少，变通炫耀、刻意求贵、求丽、求精、求富者多。前者如山西平遥"日昇昌"清同治年间掌柜侯殿元，仰仗光绪二十六年清室离京避难路经平遥，"日昇昌"为其主要筹款票号之一的功绩，在有财无官的前提下，私自大兴土木，违制僭越，所建正房七开间、正厢房均为层楼的三组院落的大型院落。当时七间七檩宅邸唯有进士以上任职官宦才能兴建。侯殿元上下其手，变通官府，虽说保全了性命，但家道就此走向衰败。

更多的官宦士绅、殷实商贾采取房舍庐舍的精雕细镂、奢华装饰以满足内心欲望的膨胀满盈，其中既有在题材内容上的，也有技艺上的，抑或两者兼备，构成装饰装修的超级豪华或精细繁复，巧夺天工，叹为观止，大有文胜于质的意味。这也是众多明清遗存的大型民居繁复富丽、精雕细镂现象普遍的生成原因之一。另一方面，建筑等级制度的森严，也在相当程度上抑制了民居建筑形式的多样化创生，因循而守旧，建筑由此转趋停滞和僵化，百工艺匠的创造性和灵活处理的积极性受到重大的限制。其负面影响与等级制度创建生成之时即同时并行不悖地存在着。

1—40　清代山西祁县乔家大院"三雕"繁复富丽。

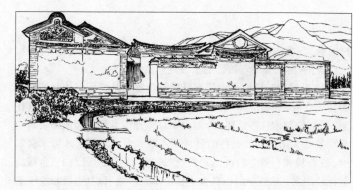

1-41　苍山下、洱海边的白族大理民居具有浑然一体的整体艺术意匠。

三、整体意匠

中国古代民居建筑装饰及人居环境文化的一个重要现象和基本特征，就是具有十分明确的整体意象，浑然一体、和谐协调。其间阐发和表露出来的语义是多层次的：一方面反映着历代能工巧匠、古代先民认识和把握客观事物规律、建筑工程营造的技术和艺术的能力和水平；另一方面也凸显着中华传统文化、人居环境文化艺术独特的精神和观念，讲求系统圆通的思维特征，注重变化与统一的具体表征。涵泳了民族、地域、宗教、伦理、民俗、历史、社会等多方面的文化信息和价值，包含着丰厚宽广的人文观念、精神情感、价值取向和审美理想。

中国古代民居建筑装饰整体意匠，突出地表现在以下两方面：

（一）整体装饰的共生风采

中国古代建筑及其装饰中，结构、构造、构件与造型装饰难分难解，互涵互摄。结构体现造型因素，造型附丽于结构本体之中。也就是说，传统的建筑装饰形态，源于建筑结构、构造和造型的需要，既来自建筑构成对象，又同时成为装饰的对象和载体。这种现象和特征，几乎显隐于古代建筑装饰的各个方面。

拿斗拱来说，斗拱是斗和拱的合称。斗为方形坐斗，拱为弓形肘木。方形斗，弓形拱，位于梁柱之间，承起着十分关键的支撑作用，以及巧妙的中介过渡作用。斗拱中的所有构件，斗、升、拱、翘、昂、

1-42　以柱和斗拱直接支顶屋面。结构与装饰合二为一。成都新都县出土。汉画像砖拓片。

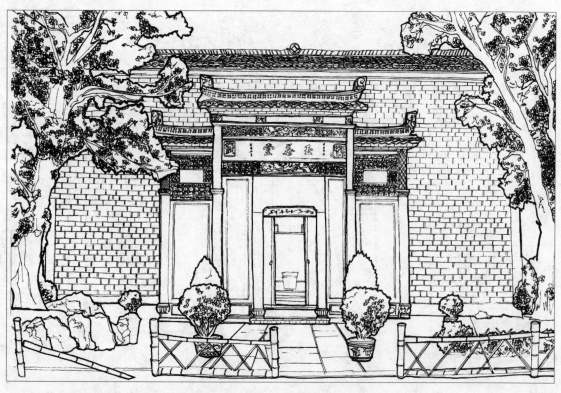

1-43　清代江西景德镇玉华堂立面，20世纪中叶由婺源整体搬迁至此，装饰高贵、大方。

1-44 晚清闽南合院式民居——泉州市江南乡亭店村杨阿苗宅,墙身雕砺图案和诗词。

枋,各就各位,各司其职:以斗为总的支撑点。一方面,斗托拱、翘、昂、枋;另一方面,拱、翘、昂、枋又衬着斗。彼此交叉,相互重叠,形状各异,相得益彰。在此,斗拱首先应是一种结构的力学构件:在建筑结构、构造和形态中,欲使檐廊空间阔大,出檐伸展飘逸,就必须设置斗拱之类的构件,方能承托住向外出挑的檐廊的重量,并衬托和彰显建筑的格局、规格、气势和韵致。

然而,中国古人并不甘心斗拱仅仅以力学的构件面貌呈示。早在《论语·公冶长》中即有"山节藻棁"的记载。节,柱子上的斗拱;山节,指雕成山形的斗拱。棁,大梁上的短柱;藻棁,指饰有花草图案的短柱。可见早在周代就有小型斗拱装饰的现象。另外,从汉赋中也可以看出当时宫殿建筑中斗拱雕刻的繁复:

> 层栌磥垝以岌峨,曲枅要绍而环句,芝栭攒罗以戢
> 香,枝牚杈枒而斜据。⑱

这里的栌、栭,就是斗拱。赋中充分描绘了斗拱的巍峨奇峭、曲折婆娑之美。斗拱在行使结构件功能时,也同时被赋予了装饰性和形式美,彰显着富有韵律感的艺术魅力和风采。

安徽歙县潜口村司谏第宅⑲斗拱,重叠出跳,跌宕多姿。枫拱飞卷升腾,昂首上翘,昂尾跳跃,富有动态美和秩序感;明代徽州休宁县临溪镇枧东村周裕民宅,系二层楼房,檐柱巍然,下抵一楼柱础,其顶端设置斗拱,跳出二跳:出跳第一跳支撑木枋,枋头雕琢为卷叶形,流动感较强。第二跳华拱上,有斗、枋,或菱形,或弧形,其组合关系或并列、或交叉,既呈正面裸示,又间侧斜面结合。纹样或水纹,或海棠纹。富于繁缛斑斓之美,整体上又寓于简净的造型之中。繁冗,盖指其结构复杂,多样而统一;简净,是指部件单纯,组合明朗,线条清晰。辄能以简驭繁,寓繁于简。

除斗拱外,其他如屋顶脊饰、翼角装饰、山墙墙尖灰塑、瓦当滴水、墀头砖雕、烟囱砖雕(如山西祁县乔家大院烟囱)、额枋雀替等等,均体现了民居建筑结构、构造与建筑装饰装修的统一性和整合意象。

在中国传统建筑营造暨民居庐舍中,既很少单独、纯粹意义上的结构与造型,也少见无目的、无结构、构造意义上独立的装饰装修。历代无数身怀绝技的能人巧手、百工艺匠们,在建筑营造工程实践过程中,在对房屋力学结构特质、构造特点、造型特色与形式的直觉掌控和把握中,互渗着独特的对装饰意象、审美形式的感悟。甚至可以认为,

1-45 清代柱础石雕。

1-46 清代福建永定县"永康楼"走马廊。

传统建筑重要的部位、结构和构件，也往往是建筑装饰装修中最见功力、最受重视的环节和区域。

福建省泉州市杨阿苗宅，是闽南典型的晚清合院式民居。大门外墙墙面下部石砌，上部红砖⑩砌筑。红砖面外再以红砖框边，规整砌筑。框心用侧砖砌，斜菱纹。正中为麻石石棂小窗，红砖之间以白灰抹线；凹斗式大门壁面基座部分为麻石浅雕图案，墙身为青石浅雕，楣部透雕，侧面上面及大门两侧俱为叹为观止的浮雕、透雕，兼上梁檐如垂柱、雀替、牛腿等处精雕细镂的木雕，构成美轮美奂的完整的装饰装修艺术作品。

传统民居建筑与装饰装修的统一性，其功能和意义主要在于：

其一，强化、深化建筑结构、造型与形态。例如屋面分界处的屋脊以封盖两坡面间的隙缝为基本点，假借砖雕、泥塑、陶塑或瓦件砖片，组合构成多样的屋脊轮廓、造型与装饰样式。

其二，优化建筑结构、造型与形态，使其更趋合理、高效和科学。传统民间建筑结构体系中，大多运用木柱作为承重的构件，从防止腐烂、损毁的角度出发，基本上采用平板式基础形式。石质柱础物理属性优良，坚固耐久。

首先，柱础承受由柱子传来的屋顶重量，并将其传递至地基上。这就要求柱础应具备抗压性能优越的条件。石材可谓堪当此基底重压之职。又石础的截断面要大于木柱，础下的方石更是础径的两倍左右。如此，有裨于从柱子传递而来的荷载通过它均匀地扩散至地基。无数实例雄辩地证明：这种浅基明础的做法，具有较好的抗震性能。矗立于础石的木柱，不受底端固定，可以移动。地震等自然灾害造成柱子偏离柱础中心，甚至落于地面上，但屋架却鲜受影响，可保无虞。

其次，石柱础可以有效地隔绝地基的湿潮气，防止木柱受潮腐蚀溃烂。历代能工巧匠根据各地区的地理环境、气候温度等自然特征和建筑中柱础位置的差异，因地制宜，采取各不相同的处理手法。例如在湿润多雨的南方和容易受潮湿影响的天井四周，其檐柱柱础就常以高位柱础为多；同理，气候干燥的北方建筑中柱础则以低位为多，甚至与地平面渐趋齐平。并在石础上加"质"以驱湿。⑪

再次，在传统建筑中，除却凌空柱子以外，许多柱子之间需要安装板壁屏障，以分隔划分区域空间。通常柱础在安装板壁的侧端，其础面均加工成平直的长方形，这种处理遂使貌似统一类似的柱础又具备无穷变化的可能。

其三，美化建筑结构、造型与形态，使其更富有艺术文化气息，暨具有精神性和观赏性。比如木构彩绘，第一要务当在于最大可能地保护木构，以免腐烂。因此，传统彩绘用的颜料系以矿物颜料为主，植物颜料为辅，加胶和粉调制而成。因矿物颜料覆盖力强，经久不变色，具有一定的防虫功效。其次，在檩、垫板、枋三类构件上（此处指苏式彩绘）绘制折枝花卉、花果、仙人、动物、鱼虫、博古、福寿字等等，色调雅洁，璀璨富丽，进一步增润着建筑形态和结构的艺术风韵和文化意绪。

（二）雅俗共存、人神相处的共荣景象

传统建筑装饰以及室内环境，彰显着鲜明的雅俗共存、人神相处、互补共生的格局景象和特征。

1-47　木柱石础。云南西双版纳傣族民居。

1-48　是结构，也为装饰。明代徽州潜口民居楼沿细部。

1-49　清代江苏常熟"两代帝师"翁同龢故居"彩衣堂"梁架装饰。

1-50　清代徽州民居梁驼砖雕。

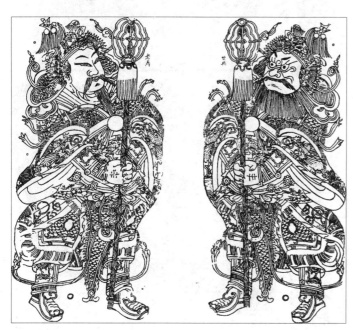

1-51　清代陕西凤翔木版年画《门神》。

中国历代文人学士居处环境、装饰装修艺术崇尚"雅"的艺术格调，源远而流长。孔子的"质胜文则野，文胜质则史。文质彬彬，然后君子"的美学观深刻地影响了文士们对生活和艺术，包括人居文化、建筑装饰的态度，并将之咀嚼、消化于个人品性的修养中，渗透、融化于装饰艺术的创造活动之中。他们的工艺创造观"一方面是超越了生活之上的把玩、欣赏的用途，以陈设、赏玩为目的而非直接用于生活。另一方面又以文人的理性精神灌注其中，以人的社会品格比附工艺器具，是文人士大夫人格精神的象征和体现，追求的也是超脱高雅的审美趣味，这与民艺造物生活的实用性和质朴清新的审美标准也有着本质的不同"[22]。但是，文人学士尚"雅"的装饰意匠与黎庶阶层以"俗"为表征的民间装饰装修，又并非绝然对立、彼此缺乏联系的，而是互相借鉴、吸收，不断充实和丰富自身。一般而言，民间装饰装修艺术暨"俗"文化始终是处于基础层次，文士阶层居处环境暨"雅"文化则立于高端上位。文士阶层的人居环境讲求文与质的统一，既重视装饰艺术的脱俗，又力图将自己理想的人格、品德、情趣物化、外化至装饰中，使庇护场所成为他们善美模式的载体。从发生学角度审视，两者同源，且民间"俗"文化当处于源、文士"雅"文化则为"流"的关系。民间黎庶百姓、农工阶层居处环境、建筑装饰装修作为人居环境艺术的主流和基础，不断地为文人学士暨"雅"的建筑装饰格调提供素材、肌理和营养。

在安徽南部、黄山脚下的古徽州众多村落的民居室内，许多陈设规制严谨，端肃庄重。如黟县西递村惇仁堂，格局大方，形制规整，陈设古朴典雅。厅堂轩敞，楹柱上悬挂木刻金字对联："事无不可对心意，人生处世儒谦言"，屏壁（太师壁）上高悬清乾隆年间休宁籍吏部尚书汪由敦之子汪承儒手书"惇仁堂"匾额。厅堂上八仙桌、罗汉椅、四方茶几俱全，壁前长条案上设有东瓶西镜正钟，取谐音"终身平静"之意。敞厅外天井宽大，置有石几、鱼池、假山、花卉等。这幢建于清康熙末年、五间二楼结构的宅居，无论从建筑上，还是在装饰装修上，抑或室内陈设方面，与村中官宦文士居处（膺福堂）等并无多大区别。

如果说徽州商贾的"亦商亦儒"、"商儒互补"的深层心理结构和特征导致了建筑装饰和室内装修具有较高艺术水准和儒雅格调的话，那么，浙江东阳县明清住宅装饰和室内陈设的规整形制、合理结构、多变空间、良好功能、精细工艺和高雅格调，从又一侧面体现了雅俗共存的传统人居环境景象。

东阳明清住宅平面布局和空间序列严谨规整，逻辑理性和感性表征恰到好处；造型上方正端肃，均衡简朗，主从分明。室内陈设配套齐全，各就其位。厅堂中匾额楹联、长案大桌、椅几成组，书画工艺品点缀，显得对称而稳重，一切均依境置物，具有高度的程式化。折射出传统儒学礼乐秩序、等级制度的印痕；相对而言，独具异彩神韵、鬼斧神工的雕镂装饰装修艺术（尤其是清水木雕），凸显出浓烈的地方色彩和民间艺术中质朴、多变、精致、奇巧的质素，流泻出亲切、平易的世俗气息。[23]

总之，文人学士"雅"的装饰格调在不断影响、导引着黎庶百姓的居处倾向；另一方面，农、工、商等社会阶层的居处环境、装饰艺术也对文士阶层的居处形成，起到了不容忽视的作用，两者互摄互涵，畛域不清，构成了传统人居文化雅俗共存的特征和景象。当然，两者在装饰装修中追求的倾向、审美向度和实际功能中的差异，也是客观和鲜明地存在的。

农工阶层、黎庶百姓居处环境、装饰装修与文士人居环境最明显的区别之一，就是传统民族民俗文化对民间装饰装修的制约和影响远甚于文士居处环境。它从独特的角度，映衬、揭示出民间人居环境五彩缤纷的生动内涵和鲜活表征，彰显出浓郁民俗影响、支配下的本源特质。

作为门户的入口，各地民居都十分重视门面的装扮。闽、粤、赣等地的客家民居，一般设置一块抹灰墙面，上画饰以土红色的图案装饰，书以颜体黑色门榜和楹联，格外醒目提神；门榜字数不定，如"三省传家"、"校书世第"等等，呈现出客家人慎终追怀、光前裕后的传统思想。

每年端午时节，全国许多地区在门上饰以朱索（由米色丝线或彩帛结扎成索）、桃印，宋代后则以彩缯（一种丝织品）代替桃符。门画上大都是神荼、郁垒、张天师、姜太公、钟馗、公雄、尉迟恭、秦琼、五毒虫（蛇、蝎、蜈蚣、壁虎、蟾蜍）等，也采集艾叶，悬挂于门首，或种植艾叶、菖蒲等，盆中缀以五色纸钱，祭祀食品、水果、粽子等，以寄寓禳毒避邪、祛病祭祀之意。

一俟春节光景，家家户户贴春联，挂年画，换桃符，书福字，洒扫除，放爆竹，祝吉祥，正是：

> 爆竹声中一岁除，春风送暖入屠苏。千门万户曈曈日，总把新桃换旧符。⑭

在一片吉庆喜红的欢庆时刻，人们憧憬着丰衣足食、万千气象的美好明天的来临。

蒙古族也和其他民族一样，在喜庆欢乐的春节中，除尘扫屋贴春联。除夕之夜，门前悬挂禄马风旗。蒙古人称禄马为"赫义毛日"，在蒙古族人的心目中，禄马是神力无比的时运之马，相信禄马能给人带来福祉和吉祥。悬挂禄马旗的仪式十分庄严，一家之主先从旗杆上请下旧旗，然后，在院子里燃上旺火，神台上摆满各种供品，将喇嘛给念过经的崭新的蓝色禄马旗悬挂在旗杆上，再面对神台跪下，咏诵经文。最后，用诗般的颂词嘉语表达出全家人的祝福心愿之后，旋吹响螺号、燃放鞭炮，宣告新的一年的开始。

据《阳宅十书》载：

> 修宅造门，非甚有力之家难以卒办。纵有力者，非延迟岁月亦难遂成。若宅兆既凶又岁月难待，惟符镇一法可保平安。⑮

由于风水术在民间传播、信仰十分普遍，于是各种镇符，如石敢当、山海镇、太极、八卦、吞口、对狮、门神等被相继承纳运用。

除了大门入口的装扮外，住宅中的厅堂也是格外重视。无论住宅大小，质量优劣，住户贫富，厅堂均是一家最重要的场所。宋人编的《事物纪原》载："堂，当也，当正阳之屋；堂，明也，言明礼义之所。"又据宋代司马光在《涑水家仪》中说道："凡为宫室，必辨内外，深宫固门。"由中门（或称二门、垂花门等）界分内外，一般闲杂人等如男仆等不得入内，女子也轻易不迈出二门。后逐渐衍变成将堂屋的部分接待功能区分出来，以厅的格局展现，比如浙江兰溪诸葛村的前厅后堂楼形制⑯，等等。

民间风俗对厅堂的影响也是显而易见的。据《熙朝乐事》记载，农历五月初五端午节，民间以菖蒲叶、艾叶植于厅堂花盆中，盆上缀以五彩纸笺和灵符等。

与世界上许多国家几乎都曾有过宗教的存在和影响一样，宗

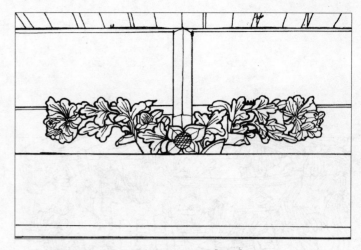

1-52　清代山西襄汾县丁村民居斗拱木雕《牡丹》。

1-53　清代徽州黟县民居门墩石。

1-54　钟馗镇宅。清代河南开封木版年画。

1-55 富贵寿庆与獛吞太阳。清代山西襄汾丁村民居正厅栏额木雕。

1-56 麟凤灵芝。清代山西襄汾丁村民居正厅明间栏板透雕。

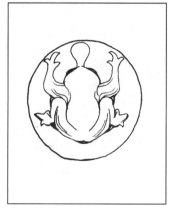

1-57 民居出水口构件上不忘雕斫瑞兽动物。清代贵州安顺云山屯民居。

教在我国的传布流播也是既深且广的,儒、道、释、伊斯兰、基督教等宗教都有不同程度、范围的传播。此外,由原始宗教演衍而来的各种信仰、崇拜,比如圣物崇拜、图腾崇拜、生殖崇拜、自然崇拜、祖先崇拜、鬼神崇拜、神明崇拜、驱邪厌胜以及各种禁忌,同其他风俗习惯一样,广泛流传于神州大地。作为一种独立的意识形态,特殊的社会现象,宗教信仰以虚幻的乃至颠倒的形式反映了人们对自然和社会的认识。正如马克思所说的那样:"宗教里的苦难既是现实的苦难的表现,又是对这种现实的苦难的抗议。宗教是被压迫生灵的叹息,是无情世界的感情,正像它是没有精神的制度的精神一样。"[⑦]当然,宗教在某种意义上也是抚慰心灵、教化人类的工具。

中国的儒、道、释等宗教,并不具有真正意义上的教义、教规,而是充盈着世俗性、功利性甚至随意性的特点,这种缺乏崇高宗教精神的信仰,却也因此避免了宗教迷昧的全方位侵害。中国传统文化自古至今"重实际而黜玄想"的姿态逐渐演绎成"信则有,不信则无","敬神如神在,不敬如土块"等对宗教信仰的态度。

与其他风俗习惯一样,宗教信仰也深深影响着人居环境、建筑装饰文化特质的形成和发展。这些崇拜祭祀、乞求超现实的神灵力量,藉以保佑平安、风调雨顺、五谷丰登、人财两旺、禳灾祈福等良好愿望,一方面反映了愚昧、迷信的色彩;另一方面,从深层的心理结构和文化心态上审视,确实体现了华夏各族人民对美好生活、美好事物的憧憬和追求,对吉祥自由、祈福禳病、趋利避害的善良人生的寄托和希望。它既是民族传统精神生活不可缺少的部分,更是传统居住文化特质形成的一个重要内因。

以敬神祭祖为例,平日里厅堂香烟缭绕,每逢节庆祭日,家家举行祭祀活动。通常在主厅堂(堂屋)条案上设有祖宗牌位。各地敬祖风俗不同,晋中一带人家除了中厅设置祭品外,还在楼上专门辟出一室,以作祖宗牌位的祭典或长年供奉陈列之所。平日不让人进出,只在祭祀时开放;云南大理地区则多假借楼梯上部空间做成神龛,内中依序安放五服之内祖宗的牌位,上书祖宗的生辰天干地支年月和墓葬的地点等。呈示出祖先高于一切的社会心理和传统习俗,是敬天法祖、血缘宗族社会观念形象化的表征。

传统民居室内厅堂条案上通常同时供奉祖宗、孔子、太上老君(老子)、关公、观世音、如来佛的场景亦十分普遍,案桌上摆有香炉、烛台、花瓶和果品。除此之外,由三代而兴的"五祀",即祀门、户、灶、中霤、行,以及诸类家宅之神,如城隍、土地、天地、仓神、井神、畜栏神、厕神等等。逢年过节,还有接财神、福禄寿神、喜神、"十方万灵真宰"等等,名目繁多,眼花缭乱。人们在为自己营造、创构庇护之所的同时,也为神灵创造了寄住之处。人神共存,互为依托。因此,传统的护宅神灵显得"兵多将广"之势:大门上有"门神"守护、"神虎镇宅",江西、云南一带门楣上悬置狰狞的"吞口"、云南民间门楣或屋顶正脊飞檐上的"瓦猫"、江浙、福建一带用八卦门楣、晋中地区在院墙上凿筑"土地神位"、在房墙上设立神龛敬"天地神"。狮子本是佛的坐骑,具有护法兽的含义。于是,狮子的形象也来到了千家万户,府邸民居前,外化成了守卫避邪、镇恶慑威的象征。福建泉州一带的主厅堂上部还架设灯梁,传说灯梁可以避邪驱魔,象征家庭的神灵永存,故一般灯梁上都有精美的彩画,彰显神圣端肃。

传统人居环境、装饰装修中的这种人神共处的景象,诠释了以农业生产为主要生活方式的古代社会文化传统中残留的大量原始文化成分,"万物有灵"的思维模式导致唯有祈求神灵庇护而祭之祀之,方能安居乐业的观念,从而构成了传统民居中"人神相处"的居处特质和装饰风貌。

1－58　在房屋内凿斫猫狗出入的通道是十分普遍的。宁德县城关镇民居。

1－59　建筑牛腿构件上雕饰瑞兽动物。清代浙江东阳民居。

1－60　西藏地区牛头用于避邪,也用于牲祭。晚清拉萨堆龙德庆县民居。

1－61　清代民居槅扇木雕图案:祥云、蝙蝠、拐子
龙等组接综合,祈福要义洋溢其间。

四、厌胜祈福

厌胜辟邪。祈福纳祥是中国古代民居装饰装修艺术中挥之不去的现象和特质,占据、笼罩、镶嵌和附丽于民居庐舍中的重要部位和视线范围。如门户入口、照壁影壁、山墙、屋脊、窗牖、屏壁、转角墙基、梁架构件以及各种陈设摆设、器用装饰上,裸呈、涵泳着古代各阶层先民的利害心理、祸福意识、人居思想、思维方式以及视觉感受的方式。

(一)厌胜辟邪

在洪荒岁月中,人们常常将一些超越人类主观意志而发生的灾祸,包括无法解释的自然现象,一概归于于鬼神妖魅的施淫作祟。认为鬼神妖魅来去无踪,人类只能敬而远之,或以供品祭之祀之。而若一旦灾祸袭卷,便束手无策,转而求助于巫师道士施礼作法,贴符念咒,设置避邪举措和物事,以求趋利避害。

这些举措行动自然要有一个适合的地点或场所进行,无疑,人居其间的房屋庐舍是再合适不过了。风水典籍《黄帝内经》中说到:

> 凡人所居,无不在宅……故宅者人之本,人以宅为家。居若安,即家代昌吉;若不安,即门族衰微。⑱

文中将住宅视为"人之本",似可理解。但将家居的安定与否与家族兴旺衰微同义,将之紧密地维系在一起,确乎兹事体大,谁敢等闲视之?于是,为确保家居平安,祈求"家代昌吉",旋衍生、演绎出繁缛、多样而隆重的举措和活动,裹卷、渗透、遍布在房屋营造、装饰装修的重大环节和过程中,使传统民居装饰装修充盈、凝淀着眼花缭乱的仪式和禁忌。

古代的房屋营造活动中,对于相中的宅基,古人一般先以占卜手段进行吉凶、祸福的预测先验,然后再行决定取舍与否。这当然是未成逻辑思维方式在人类生产、生活活动中的一种物化形式,一种包含自发性、虚幻性、拟人性等多种特征的宗教化行为,是物我不分、原始心态的呈示方式。在《鲁班经》的记载中可以看到,民居庐舍的营造活动,如起土、动工、伐木等均应择吉日而行;起造、立柱、上梁、入宅等皆要举行各种仪式,典型地反映了人们对地基、建宅等居住事项的极大重视,充满着惶惑、敬重的情结。正如美国"环境设计者"拉普普说的那样:

这种对地基的崇敬和尊重的态度意味着他们不会对地基(事实上就是自然)胡来和"扫荡",而是有商有量、和和气气的。建筑天衣无缝地加入地景之中,地基、材料和形式的选择也都基于这个态度。这种形式不仅满足文化、象征和功能的要求,而且往往那么适合基地,以至于我们不能想象这地方没有这个住居或聚落或城镇将会是副什么形客![69]

在浓郁的敬畏、神秘、虔诚和惶惑的氛围中,繁冗庞杂的厌胜辟邪行为和物事层出不穷。如镇宅石,系建造房屋时预埋于地基下的石块。因惶惑恐惧而藉其壮胆增威,以镇慑"魑魅魍魉"和"鬼魂",不使作祟。明代高濂称:

> 除日(即卯日)掘宅四角,各埋一大石为镇宅,主灾异
> 不起。[70]

此风俗可谓源远流长,绵延至今。凡重大工程、重要建筑破土动工时,咸以奠基石为依凭和仪式。不过内涵已发生质的变化,全无壮胆增威的蕴义。

与镇宅石近似的是石敢当,又谓泰山石敢当。通常呈矩形石碑状嵌于墙体之中。《鲁班经》载曰:

> 凡凿石敢当,须择冬至日后甲辰、丙辰、戊辰、庚辰、
> 壬辰、甲寅、丙寅、戊寅、庚寅、壬寅,此十日龙虎日,用之
> 吉。至除夕用生肉三片祭之,新正寅时立于门首,莫与外
> 人见,凡有巷道来冲者,用此石敢当。[71]

文中交待了凿制石敢当的时间、方位与功能,即立于街巷丁字路口、正对巷道方向,以石避邪。与阳宅风水术中禁忌"路如丁字损人丁"大致无二。

石敢当在唐代以前素为奠基器物,至南宋末年转变为辟邪器物。所用地点,也由墙角转折处,扩大至城镇巷口、河岸桥头、村落入口等,其功能亦拓展为镇慑百鬼、避压灾祸、消止风邪凶煞等等。在目前保护较为完好的明清村落,如山西襄汾县丁村、安徽黟县西递、宏村等地,石敢当十分普泛,随处可见。这种符号化了的物象表征,面外,正对街巷、径道、庙宇、戏台和转弯处;向内,径指祠堂、府邸,蔚为完备。具有强烈的视觉效应和感受特质。

无论如何,在石敢当裹卷、铺陈的民居及聚落中,相信确乎让古人产生了心理上的庇护感和安全意识,这是无可置疑的事实。

白虎镜,又称照妖镜、倒镜。古人认为,镜是一种天意的象征。《尚书考灵曜》中有"秦失金镜,鱼目入珠"的记载。意思是说失去了镜,就会失去天下。因此,民间视镜为宝也就不足为奇了;也有认为镜可鉴物,"金水之精,内明外暗",有害于人的魑魅魍魉照之立现,无处躲藏,"唯不能于镜中易其真形"。所以古时笃信者入山时背负镜面,"则老魅不敢接近",可"化险为夷"。至于镜之巧智,北宋科学家沈括总结道:

> 古人铸鉴,鉴大则平,鉴小则凸。凡鉴洼则照人面大,
> 凸则照人面小。小鉴不能全观人面,故令微凸,收人面令
> 小,则鉴虽小而能全纳人面。[72]

白虎镜形制多样,大小不一。既有小者仅4厘米,又有大者圆径65厘米以上。考究者镜后还铸有八卦、灵兽、吉祥图案、花卉、花

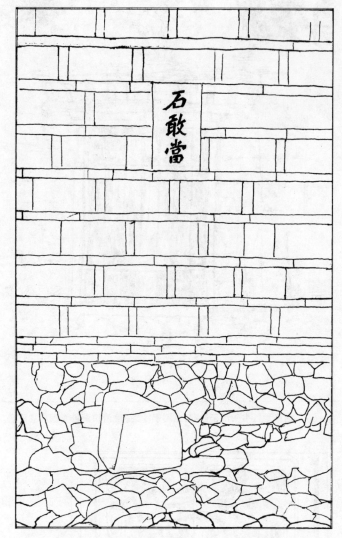

1-62　石敢当。

1-63　门脸前面成对设置雌雄两狮。豫西巩县民居。

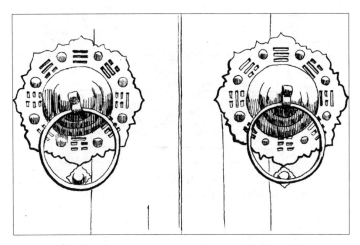

1-64　八卦门环。清代福建龙岩县"瑞云楼"。

1-65　八卦门环。清代福建泉州市鲤城民居。

1-66　门枕石上雕斫铺首衔环。清代徽州民居。

鸟、人物、神话传说、生肖、四神、卐纹、文字铭文等装饰。既有随身携带者，也有悬置在屋角或门楣上，以化解远处屋角、墙角、屋脊等尖峻峥嵘的形态、物事、琳宫、梵宇和旗杆的所谓"煞气"。

既为天意所附，又有克妖之效。人们自然附会于"神"的意念，普通的镜子也就当仁不让地成为"神鉴"和"照妖"镜的外化表征：衙署官府中大率判是非、穷事理、究善恶，当"明镜高悬"以洞察秋毫、厘繁定性，以尽天理、国法人情；民居中悬镜，则可驱魅辟邪，呼应暗合了古人趋利避害的祸福心理需求和意识。

在福建、安徽、江西、湖南等省区乡镇中，至今尚能看见民居庐舍门楣上悬有表面凿刻八卦及太极图样的八角形木牌，也有与镜结合起来，成为八卦镜或八卦门。还有一种梯形外框的兽牌，"上宽八寸，象征八卦；下宽六寸四分，象征六十四卦；高一尺二寸，象征十二时辰，合两边为二尺四寸，象征二十四节气。框内有狮子正面头像，张大的嘴巴中衔一至两把七星宝剑，凶猛无比"[73]，神力无穷。这类兽牌常用于大门院门的门楣或墙体上，其功效与石狮同，在于驱逐、镇慑门前入侵的邪煞。

桃符，也是古代民居中常用的辟邪物之一。汉代王充著《论衡·订鬼》篇引《山海经》曰：

> 沧海之中，有度朔之山……上有二神人，一曰神荼，一曰郁垒，主阅领万鬼；恶害之鬼，执以苇索而以食虎。于是黄帝乃作礼，以时驱之，立大桃人……[74]

又据《岁时广记》载：

> 东海有桃都之山，上有大桃树，蟠曲三千里……上有二神，一曰神荼，二曰郁垒，主阅领众恶之恶，害人者，执以苇索，而用饲虎焉。[75]

此外，南朝梁宗懔在《荆楚岁时记》中撰写有：

> 正月一日，贴画鸡户上，悬苇索于其上，插桃符其旁，百鬼畏之。[76]

古人相信，门户立桃符可驱鬼镇威，辟邪禳灾，迨至隋唐逐渐普泛幻化而成坚确不移的辟邪之物。北宋文学家王安石在《元日》一诗中写道：

> 爆竹声中一岁除，春风送暖入屠苏。
>
> 千门万户曈曈日，总把新桃换旧符。

诗句描绘了当时人们在新年之际张贴新桃符燃放爆竹，藉以辞旧迎新，寄寓了驱邪、禳灾、祈福、纳祥的心理愿望。

至于符箓，风水术书上这样写道：

> 修宅造门，非甚有力之家难以卒办。纵有力者，非迟延岁月亦难遂成。若宅兆既凶又岁月难待，惟符镇一法可保平安。[77]

古人针对具体镇驱对象，据祸害、凶煞、恶魔等的由来，运用一些禳解厌胜相关的文字，如敕、令、日、月、神、虎、鬼、灾、火、煞等字的变体组合而成，融合、屠杂了部分宗教的符咒，以及星象、五行、八卦等图形构成符箓。抉择不同的符箓，或贴于墙上，或埋于门下，或悬于屋上。岁月流逝，凶兆消弭，自然也就平安无事。

符箓内容庞杂，文字艰涩晦拗。普通百姓根本无法甄别和通晓充满、弥漫着牵强附会、神秘莫测的符箓之堂奥根柢。

青面獠牙、狞厉恐怖的傩面吞头,曾经兴盛于众多省区乡镇。通常将傩面吞头悬挂在大门门楣上端,视为家宅的守护物和吉祥尤物。其蕴义与安置于门户前、屋脊等处的狮、猫、虎、兽等镇邪动物同义。

傩面吞头有木雕和泥塑两类。木雕以素木出之,不髹漆;泥塑则多为彩绘,悬置于门楣上煞是醒目突出。

广大少数民族地区的民居中,同样弥漫、裹卷着厌胜、辟邪、禳灾的物事。云南各地民间多以虎为原型的瓦猫置于门楣或屋顶正脊飞檐上。瓦猫造型多样,品类丰富:呈贡县彝族瓦猫,用黄土拿捏而成,胸前设菱形八卦图,涂髹红漆,四肢立于瓦上,长尾巴盘向右腿前,背部饰有龙刺状、鳞纹身,耳朵高竖,双眼大而外凸,面涂油漆"王"字,舌头外吐,狞厉而机巧;大理白族自治州鹤庆县白族瓦猫,以黑土制成,四肢粗硕,横立于脊瓦上,"尾巴直立上翘,身有鳞纹,嘴大开,舌头外伸,上腭出奇大,下腭小,口内有四齿,眼睛鼓暴,耳朵竖立,怒目而视,凶气十足";⑱滇东南文山壮族自治州民居上的瓦猫,则另有一番造型,其特征是"身子类似小陶罐,头呈倒三角连接在身上,耳朵直立,眼睛大睁,眼珠点黑釉,嘴大张,上下牙齿四颗,舌向外伸,脖子系有铜铃,前腿合并,后腿分开,直立在一个三层圆形土坯上",⑲等等,不一而足。

云南各地、各民族的民间瓦猫,大多为陶制,也有少数石制。陶制则有上釉和无釉之别。

严格意义上说,上述这些厌胜辟邪的举措、物事和现象(当然远远不止这些),虽然在一定程度上构成了中国古代民居建筑装饰的局部特征、风貌和现象,但是并不代表传统建筑装饰装修艺术。它是古人居住观念和精神映射的一个侧面,宗教神祇、神秘虚幻、迷信谶纬的内容充斥其间,与古人普遍的利害心理、祸福意识麇集裹卷在一起,畛域难清,呈示着古代先民认识、解释客观世界和自然现象的局限和特点,折射着古人渴求抚慰躁虑、不安的心理现象的倾斜性和急迫性。或许也正由于急迫性和倾斜性,导致各类法术的强大刺激性以及虔诚信神这一思维定势的积淀凝冻成为现实和可能。对此,中国历史上的智者们,早已了然于心,熟谙个中三昧。南宋储泳的《祛疑说》可谓醍醐灌顶、水桶脱底:

> 设土木像(此处可引申为上述一切厌胜辟邪的行为、物象和现象,包括符箓,引者注),敬而事之,显应灵感,此非土木之灵,乃人心之灵耳。⑳

(二)祈福纳祥

中国古代民居建筑装饰装修观念和意识中,祈福纳祥洵为厌胜辟邪的孪生兄弟。

祈福纳祥不仅体现在人的行为和语言中,而且渗透和充盈在器物装饰、纹样图案和建筑装饰中。这些丰繁的图案、纹样和图形,具有适宜的形式感。它传递、表述和阐扬着一定的文化信息和社会属性,作为民间思想、观念及精神的符号或载体而存在,它以自身的存在和社会功能的完整性而成为文化的符号,艺术文化行为的产物。

我国明清时期祈福纳祥题材的图案、纹样和图形,大多是"图

1-67 清代江西乐安县流坑村民居门楣上吞口。

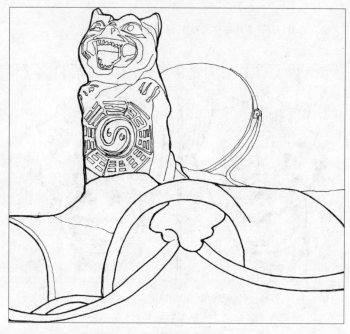

1-68 清代云南昆明民居屋脊瓦猫。

1-69 粘贴于门额上的符箓——狮头。狮头口衔七星宝剑,额头一太极八卦图之狮头,红眉蓝面,巨口獠牙,狞厉异常。清代台南。

1-70 "喜上眉梢"假借谐音锻造构建了富有中国特色的象征世界。晚清北京四合院砖雕。

1-71 如意云头裹卷着中国人的深层心理结构和期冀愿望。清代河北民居槅扇木雕。

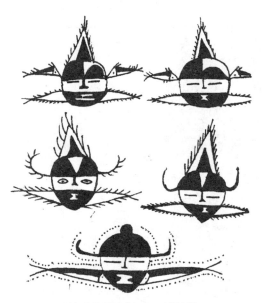

1-72 西安半坡彩陶《人面双鱼》纹样。

必有意,意必吉祥"㉛。题材类别多样,表现手法㉜千变万化,异常丰富。

作为中国传统文化载体之一的传统图案,深受儒道互补中国古代文化主脉的浸淫。思想家孟子的"充实谓之美",充实是饱满旺盛的生命力,是自信、开放、繁荣的映射,是儒家乐观、积极、进取的入世态度,锻造了中华民族"尽善尽美"、"完美无整"的心理期待特征和心理倾向。体现在明清祈福纳祥题材的图案纹样中就是"满"、"全"、"整";老庄哲学对中国古代艺术精神及审美观形成具有更为突出和深刻的影响。道家认为宇宙万物的"无"与"有"、"虚"与"实"的统一,"灵去飞动"、"道不可方,言也非道"等艺术的至高境界,强调运动和合于自然的观点对中国后世历代艺术产生了决定性影响。许多祈福纳祥题材的图案纹样寥寥数笔,粗看信手拈来,细究则疏密相间,神采飞扬;图形空白处看似无物无痕,却与笔走龙蛇处虚实相生,含义深邃,颇有"得意忘形(象)"的空灵之美,折射出庄道哲学中荡漾的浪漫主义的情怀和风韵。

这些图案、纹样、图形的题材和内容,均为民间广泛流播,约定俗成和喜闻乐见的母题,其元素与样式组合,亦存在一定的程式和范式规律㉝。如晋中一带的吉祥图案,大致由以下字句可以概括和总结:

家有梧桐落凤凰;

安居乐业度时光;

马上就把子来抱;

封侯挂印国栋梁;

多子多福又长寿;

平步青云有光明;

高门教育出贵子;

积德积善传家风。

其中蕴含了民间广大人民对美好生活的憧憬和向往,表现了他们内心的理想与希望。也正是因为有了这些理想和希望,才能使之乐而不怨,成为所有的内心最佳状态的先驱,深沉快乐的基础。

解析、梳理这些程式和范式构成,可以明晰地掌握、理解传统图案、纹样、图形丰富的表现手法。这些多样而异彩纷呈、千家万色的表现思路和手法,既有以谐音、寓意、比拟等手法为主,也有从表号、文字领域开掘、拓展,更有以象征手法为优长,暨"以事物的形态、色彩或生态习性,取其近似或相近,以表现一定的含义"㉞。明清祈福纳祥题材的图案、纹样和图形,将自然现象人格化、理想化和社会化,并与人的道德情感进行比美,使天人关系成为伦理、道德、审美的演绎,象形寓意,物以情观,创建了高于现实的幻觉物;以想象弥补现实的种种缺感,超越单纯实体形象,呈示着形意结合、情理交融的特质。

循此而进,象征也藉助事物间或隐或显的联系,用特定的具体事物来表现某种精神品质、事理或意愿;表述人类内心的心理活动与精神世界的话语。换言之,象征意象成为人类表达自身心理与精神上更深层次的直觉反应的载体。对中国传统图案、纹样和图形的象征性,或者说对象征世界语言的读解、探索,也是对人类本性的追踪溯源。

图案、纹样和图形的象征性源远而流长。"在人类社会文字记事不发达或巫术、宗教极为盛行之时,纹样的象征性几乎是纹样的内在属性"⑤。例如被认为是"有意味的形式"的中国上古时期的彩陶纹样，就引发了诸多学者们聚讼不一的探究：卫聚贤先生早在 20 世纪 30 年代时，就明确判断说："在新石器时代的彩陶（Painted Pottery）上多有三角形如'▽'的花纹，即是崇拜女子生殖器的象征。"⑱嗣后闻一多先生援引《诗经》、《周易》、《楚辞》、古诗、民谣以及其他材料，在《说鱼》篇中指出中国人从上古起以鱼象征女性，象征配偶或情侣。认为，鱼的这一象征意义起源于鱼的繁殖力，而且与原始人类的崇拜生殖、重视种族繁衍直接关联⑰。李泽厚先生藉此追溯至仰韶彩陶，指出：

> 像仰韶期半坡彩陶屡见的多种鱼纹和含鱼人面，它们的巫术礼仪含义是否就在对氏族子孙"瓜瓞绵绵"长久不绝的祝福？人类自身的生产和扩大再生产即种的繁殖，是远古原始社会发展的决定性因素，血族关系是当时最为重要的社会结构，中国终于成为世界上人口最多的国家，汉民族终于成为世界第一大民族，能否可以追溯到这几千年前具有祝福意义的巫术符号？⑱

赵国华先生在经过大量研究后也认为，半坡等地原始社会文化遗存中的抽象鱼纹，都带有模拟女阴的性质。这是因为，原始人智未启，由鱼及女阴的相类联想，引发出他们的一种模拟心理。"经过与鱼生殖能力的比照，远古先民尤其是女性，渴望对鱼的崇拜能起到生殖功能的转移作用或者加强作用，即将鱼的旺盛的生殖能力转移给自身，或者能加强自身的生殖能力。用今天的语言来说，初民是渴望通过对鱼的生殖能力的崇拜，产生一种功能的转化效应"⑲。

学者们的卓见高论使我们认识到，象征力量的内涵很多出自于原始社会人智未启的时期。理由也很简单，初时人类生存的最基本需求应当就是食、衣、阳光、雨水、住所、火、温暖和性欲等等。即一切活动围绕着人类自身生存与繁衍的本能，其实他们"也渴求找到这种本能内在的奥秘，并探询与其生存息息相关的一切事物"⑳。这些探究行为总体上相信应是处在一种"模糊性"很强的状态中。这种"模糊性"既指"客观物体存在的形象模糊性"，也代表了远古人类认识物体形象和表现这些形象所体现的原始思维的混沌性和模糊性。因为人类当时的观察及表现特征大率为"一般采取以此物状彼物的方法"㉑。

从历史发展的纵向序列看，不仅仅原始彩陶纹样和后来的青铜器纹样中充盈着象征性，而且在封建社会时期的秦汉瓦当中也充满着象征蕴义。

秦汉瓦当中的青龙、白虎、朱雀、玄武四神纹饰，既表示东、西、南、北四个方位，又指代春、夏、秋、冬四个季节，同时也象征青、白、红、黑四种颜色。迨至明清纳福祈祥的图案、纹样、图形中的"富贵如意"、"凤穿牡丹"、"岁寒三友"、"龙生九子"等等都是以事物的形态或几何形纹构成寓意象征。

由此而言，中国传统的祈福纳祥题材的图案、纹样和图形，暨以象征手法创造的图案、纹样等，不单单是"以事物的形态、色彩或生态习性，取其近似或相似，以表现一定的含义"，而且，同时也表现着一个几乎是抽象的、幻想的天地。在这庞杂繁复的象征世界中，"它们除了常规的明确含义外，还有一定的内涵，甚至包括一些我们尚不得而知的隐喻在内"㉒。这些都使得探究象征图案的内容与形式、象征与装饰、形式与意义等问题倍显艰难和困惑。难怪奥地利美术史论家李格尔生前曾经叹喟几何形纹样根柢中潜寓着

1-73　圆形是完美的形式。明代浙江天台国清寺砖雕花卉门簪（局部）。

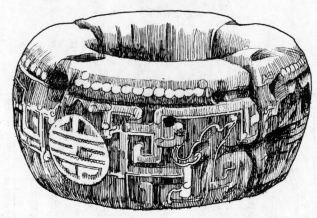

1-74　水井是中华民族生存繁衍、发育、壮大的重要伙伴。背井离乡是不得已而为之的事。"水土不服"只有从华人的嘴里吐出才能明白其精蕴。诗人李白的"床前明月光"中的"床"实为井栏，井中望月，遥思故乡。清代江苏省扬州市石雕井台。

1-75　秦汉云纹瓦当。

1-76　清代山西襄汾县丁村民居柱础石雕。

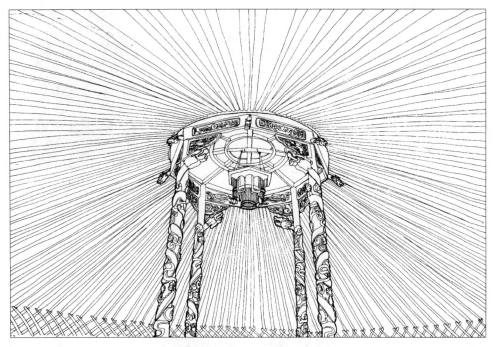

1-77 蒙古民族尚圆的情结在蒙古包内可见一斑。

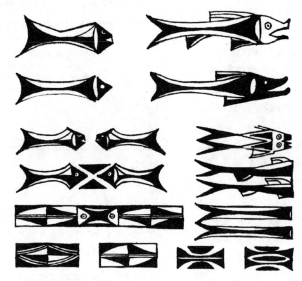

1-78 半坡彩陶上鱼的各种变体纹样。

1-79 河南庙底沟型《凤鸟》纹样。

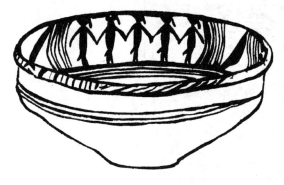

1-80 巫术？祭祀？生殖崇拜？图案造型臻于规律化，成熟而精湛。

的、难于破解的意蕴：

> 划清装饰与象征之间的界限是最难做的事之一。这个问题到目前为止只作过很少的研究，而且就连这些很少的研究也几乎都是由业余爱好者所做的。但是区分装饰与象征之间的界限问题仍为人类发挥智慧提供了极其广阔的领域。虽然培养这种区分能力，使之达到近乎令人满意的程度的可能性在今天看来似乎还很值得怀疑。⑧

虽然明摆着的历史史实是，不胜枚举的附丽于中国古代民居建筑装饰装修中以象征手法完成的祈福纳祥题材的图案、纹样和图形，相当部分是具体而微的、自然和写实的，大多系通过撷取形声、假借形意等方法、手段获取的象征意蕴，很难说深刻、深邃或者有巨大的内涵，但是确乎广泛而典型地反映了传统农业经济结构社会中广大人民渴求幸福、美满、吉祥、富贵的美好愿望，世俗化了的题材和表现手法契合了后世大多数阶层群体对现实生活的挚爱和未来憧憬的内在的精神需求而渐趋约定俗成、泛滥发展成具有浓郁生活气息和深厚群众及社会基础的图像范式，以至于蕴孕、附丽于庐舍民居各类构件、装饰、装修上的抽象性、几何形图案、纹样、图形的原始内涵和寓意反而显得云遮雾罩、混浊含糊。

从中国明清时期民居庐舍的门窗棂格、漏明墙、栏杆等抽象性、几何化的图案、纹样、图形等聚集构件看，例如一码三箭、卍字、盘长、井口字、联瓣葵花式等结构与特征上，其形象与结构承续着历史的衍变，在不断变造中持续而不平衡地发展，传递、渲泄、流播着不同历史时期民族的信仰、审美观念、人文精神和价值取向。

一般意义上说，超逸于具体对象性的抽象性图案在图形意义上当具有更深邃的含义：

1-81 西安半坡出土《鱼纹彩陶盆》。

1-82 山东莒县大汶口文化陶尊上的《日、月、山》符号。

当其中每一加工对象都是由其自然环境相互关系中抽取出来，并按照这种观念置于一种艺术的联系中时，反映纹样的本质的这一特点就更加突出。因此纯粹纹样形象的精神内容只是一种寓意，与具体的感性现象形式相比这种意义完全是一种超验的东西……正是在这种抽象性中，对客观现实认识通常所无法达到的精确性与感性鲜明的易于把握的视觉直观性结合了起来。⑨

抽象的生命力，还在于这一表现手法本身所具有的高度的概括力，表现时的简练明快，以及内容的含蓄和神秘。远古时期许多抽象表现和几何图形具有深入人类无意识状态的力量。这些抽象的、几何化的图形直到今天为止，依然存在着一股唤起人们内心冲动的强大力量。赵国华先生认为，远古人类利用"对物体形象模糊性的发现，进一步认识到了物体形象之间的相似性。他们正是利用物体形象的模糊性和物体之间的相似性，创造出了抽象表现的方法"⑨。

1-83 清代槅扇门裙板上的瑞兽图案。

赵氏的议论建立在大量实证研究基础之上，洵能切中肯綮。不仅如此，研究者相继提出，从马家窑时期的彩陶纹饰起，已经开始逐步脱离写实风格而趋于高度图案化了，这里的图案化与前述抽象表现的方法基本上是同一个意思。当然，它们也是处于一个不断变化的过程中。从半坡期、庙底沟期直至马家窑期纹样的纵向衍变发展看：

很清楚地存在着因袭相承、依次演化的脉络。开始是写实的、生动的、形象多样化的。后来却逐步走向图案化、格律化、规范化，而蛙、鸟两种母题并出这一点则是始终如一的。⑨

彩陶纹饰的变化发展，既有抽象意念的具象化，又有具象事物的抽象化，其间掺杂、融合了变形、夸张、节奏、比例等元素或抽象性反映形式及表现，以适合客观(规则化、定型化)的需要。阿恩海姆就曾经提出过这样的假说：

当人类为一种创造简单图样的趋向所驱使，创造出远远脱离多样性的自然式样时，也就等于他已经创造了简化的式样，与现实的脱离，是通过艺术形象所表现的现实局限在现实的几个相貌特征而得到实现的。⑨

这种对现实或虚幻事物形态、生态习性特征进行的一系列简化、提炼和概括、变形，其实质底里，就是在抽象化了的基础上灌注和赋予更多的寓意。

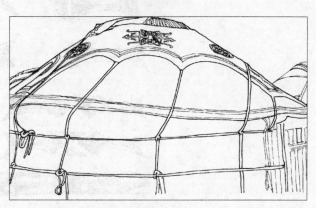

1-84 蒙古包上具有佛教意味的图案。

古代图案、纹样和图形在造型、结构及表现手法上的生成、嬗变、衍绪和发展，不仅折射出不同历史时期人类的社会观念、内心思想的变化，包括精神意志、审美特征和视觉感受方式的变化(这些变化对人群的心理和文化结构、价值观念的影响是巨大的)，而且极大地拓展了更为宽泛、广阔的应用层面及其价值，以至于成为中华民族各阶层、广袤地域中人所共识认同的标识符号系统。例如由于升仙思想的弥漫，阴阳五行说的勃兴，构成了汉代装饰艺术天、地、人三界和四面八方的宇宙模式，装饰艺术也相应随之出现了系统的象征性的图案、纹样和图形，如前述四灵瓦当分别标示东南西北四方，云气纹成为潮尚，此时的星云纹，是汉代比较突出的抽象化纹饰。又如"卍"、"卐"纹样的来源与内涵，曾经被人们误以为源于佛教(如来佛像前胸有此徽记瑞

1-85 一派祥和富贵气息的图案。清代徽州民居砖雕漏窗。

1-86 清代窗格上福字木雕图案。

1-87 清代窗格上蝙蝠造型。

1-88 白石崇拜、牛角、佛家卐字，构成了藏民族区别于其他民族的人居符号。民国初年西藏日喀则市门饰。

相)，唐代制定此字读音为"万"。俗称万字纹样，寓意是"富贵不断头"。一般常见的有单卍字、卍字连续纹样(卍字锦)，迨至后来在卍字锦上添加"福"、"寿"、"如意"等，则成为"万福万寿"、"万事如意"等纳福祈祥图案纹样。

然而，随着近年来考古的新发现，中国新石器时代几处遗址，如青海民和县、乐都柳湾、辽宁翁牛特旗石棚山和广东曲江石峡中层遗址出土的陶器上，都发现刻绘有"卍"、"卐"纹。据考，中国的"卍"、"卐"纹样出现的时间与印度河文明中出现的"卐"纹时间均为4500年以前，两者均为独立产生⑧。中国"卍"、"卐"原是抽象蛙肢纹的变形，具有象征女性生殖器的意义，并有数字"九"的意义。唐代武则天将"卍"读成"万"，确乎也佐证"卍"、"卐"符号当初含有数字意义：远古先民以"九"为极数，后人也曾经以"万"为极数，并加以崇尚，并非偶然。

透过"卍"、"卐"纹样的演变，我们发现，在日趋"精确化"、"世俗化"的历史演进过程中，许多图案、纹样和图形初始阶段深邃而模糊(对后世而言)的深刻内涵和信息码源在不断嬗变、传递、流播中，逐渐淡化和弱化，而转向于更多地注视、聚焦于群体大众所喜闻乐见的、约定俗成的应用层面中的形式化、程式化功效范畴中。在几乎所有的由象征寓意手法进行的初期图案、纹样中，或者说象征语汇系统中所包容的内蕴，迨至后期人们耳熟能详的、喜闻乐见的"常规语言"已很难或无法表达。而只能运用世俗化的观点表述事物、事理的表面表层现象。

明清纳福祈祥题材图案、纹样和图形应用目的性的强化，其形式、图形结构、图底关系等则无例外地受制于所表达的内容。正是表达内容的特殊要求和规范，客观上促使寻觅、探求适合表现形式、工艺技术的行动步伐不断提速和多样化。结果当然是图案、纹样和图形形式构成的日臻丰富和高度成熟，暨内容与形式之间日趋统一。遂使外在于图案、纹样和图形装饰性的思想内容成为其构成整合中内在的东西。

简而言之，具象与写实、抽象与形意的象征寓意的纳福祈祥主题内涵，通过审美形式有机地予以表现，两者即内容形式在不断衍变中契合呼应了社会的审美变化、时代特征和生活情态世相。其价值既存在于装饰、美化、适宜的艺术美、工艺技术的表层外显价值中，也在于隐匿于底里深厚广远的民族文化、历史人文精神内涵的系统中。从而促使我们探微测幽，深入突破装饰的外在范域，开掘、拓展、深入至内在深层，探究祈福图案、纹样、图形对社会结构、形成结果的历程及其意蕴。

1-89 清代北京四合院门头的典型装饰：门簪、门钹、金属包叶"卐"字不到边和石鼓。

五、士匠联姻

中国古代建筑及其装饰的成就，主要由中国古代社会结构中两大主干群体阶层——文人士大夫和百工⑨艺匠共同创造。两者呈示着一种互为倚靠、紧密合作、相得益彰的状态，共同谱写了华夏民族建筑艺术"四千余年，一气呵成"⑩的主体乐章。

自古以来，中国社会结构中士、农、工、商泾渭分明，社会地位截然不同。周代《考工记》记叙了上古社会的分工与司职：

> 国有六职，百工与居一焉。或坐而论道；或作而行之；
> 或审曲面势，以饬五材，以辨民器；或通四方珍异以资之，
> 或饬力以长地财，或治丝麻以成之。⑩

文中清晰而明确地阐明了四民的职责、范围和工作性质：担任一定职位、执行政令的作而行之者，是士大夫阶层；制造、营建器物或宫室，审察金、木、皮、玉、土五材曲直形势者，是所谓百工之人；通四方之珍异，从中取利得润者为商贾；饬力以长地财者，农民；从事丝麻织编者多为农妇所为。

中国古代社会中，"作而行之者"的士阶层一直起着与国家命运攸关的重大作用。"士的起源要追溯到'祀'，祀的任务是主持祭祀，是起到沟通天人之间关系的一个特殊阶层。天地与人之间的复杂关系，外化为具体的'礼'，负责阐发和维护'礼乐'的阶层，就是士的前身……作为'一以贯之'的规律，它可以贯通于各行各业，隐匿在每一门专门学问的最深处"⑩。

毋庸置疑，古代文人士大夫阶层在中国文化史上起着无可替代的主导地位，其间不乏由"大道"贯穿通透于营构建筑这一技艺"小器"层面上的人物。稍加归纳，约略可分为文学家型、画家型和全才型等三种类型。

粗通中国历史文化的人，都不会陌生，中国古代文学素有记述、歌颂建筑的显著特色和现象。在《诗经》、《楚辞》、汉赋、唐诗、宋词、元曲、明清小说中，历代丰繁的"园记"、"楼记"中，尽显宫室、楼阁、园林的壮丽、典雅、精致、峻朗及其营造思想的光辉和风采。其中，《诗经》中的《商颂·殷武》、《鲁颂·闼宫》、《周颂·清庙》、《大雅·绵》、《大雅·皇矣》、《小雅·斯干》，楚辞中的《招魂》、《大招》、《天问》，汉代班固的《两都赋》，张衡的《二京赋》、《南都赋》，三国何晏的《景福殿赋》，唐代王勃的《滕王阁序》，杜牧的《阿房宫赋》，白居易的《庐山草堂记》，刘禹锡的《陋室铭》，宋代欧阳修的《醉翁亭记》、《丰乐亭记》，范仲淹的《岳阳楼记》，李格非的《洛阳

1-90 归隐田间的五柳先生真个闲情逸致、超凡脱俗。出世态度之坚决、行为之彻底，令无数文士既向往又徬徨，在入世、出世之间摇摆。精代徽州民居槅扇木雕"陶公醉酒"。

1-91 "百子闹元宵"。清代徽州黟县宏材"承志堂"梁架木雕。

1-92 古代文士创意的什物颇具"人文关怀"的意味。清代徽州婺源(现归江西省)延村民居书斋旁垃圾口。

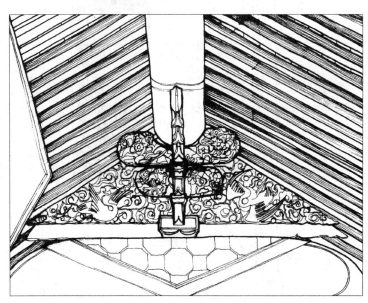

1-93 清名士、两代帝师翁同龢常熟故居"彩衣堂"梁架装饰。

名园记》，苏轼的《喜雨亭记》、《凌虚台记》、《超然台记》、《宝绘堂记》、《三槐堂铭》，明代宋濂的《阅江楼记》，王守仁的《尊经阁记》、《象祠记》，归有光的《沧浪亭记》、《项脊轩志》、《杏花书屋记》，徐渭的《青藤书屋八景图记》，陈继儒的《园史》，袁中道的《杜园记》，祁彪佳的《丰庄》，清代方苞的《将园记》，袁枚的《随园记》、《所好轩记》，钱大昕的《网师园记》，钱泳的《履园丛话》，曹雪芹的《红楼梦》等等，真可谓汗牛充栋、不胜枚举。古代一些学者们认为文学与建筑、园林之间，不仅仅是描写与被描写、歌颂与被歌颂的关系，而是"由于中国建筑技术和艺术之成熟和普及，中国很早就出现了'没有建筑师的建筑'，中国文学家每占风气之先，自己为自己设计建筑，规划园林，往往做出'个性'突出、格调高雅的作品来"。这是因为古时"文学家、泥木工和山子匠常能密切配合，共同完成建筑和园林这类需要多工种合作的事业"[⑩⑩]。此言可谓高论，一语而中的。

明代进士、江西布政参议、文学家黄汝亨谈到江西进贤县住宅(黄曾任进贤县令)时写道：

因出余镪，命工筑小屋一座(点为引者加)，围根窗四周。窗以外，长廊尺许，带以朱阑干，薙草砌石，可步可倚……而总之以竹居胜，即傍竹为径，题之以"小淇园"，颜其居为"玉版"[⑩⑩]。

清代文学家李渔在《闲情偶寄》中也曾经写道：

譬如造屋数进，取其高卑广隘之尺寸不相悬者，授意匠工(点为引者加)，凡作窗棂门扇，皆同其宽窄而异其体裁，以便互相更替[⑩⑩]。

从上述文章中看，古代文学家们从事、参与建筑营造主要着力于构思、意匠，把握方向和格局。如果说尚不够"专业水准"的话，那么，历代擅长屋木、界画楼阁的画家型建筑师则显得更加深入和专业，庶几可登堂入室、一展身手了。

未知从何时起，中国古代逐渐形成了求诸画家绘制建筑画(古时称屋木画、界画，今日谓之建筑透视效果图)，以作营建、施工操作的范本和依据，并成为共识和常规。陈传席先生在《论故宫所藏几幅宫苑图的创作背景、作者和在画史上的重大意义》一文中指出：

隋代至唐初的画坛出现了两种特殊现象：其一是画家本是建筑家；其二是几乎所有的画家都在"宫苑"、"台阁"、"层楼"、"楼台"、"宫阙"、"台苑"等方面擅长。这是其他朝代所无的。[⑩⑩]

画家型建筑师试举隋唐年间阎氏父子和明末计成为例。名闻遐迩的大画家阎立本，其父阎毗，七岁袭爵，"及长，仪貌矜严，颇好经史，受《汉书》于萧该，略通大旨。能篆书，工草隶，尤善画，为当时之妙"。史载阎毗建长城、开漕渠、营建临朔宫，官至"将作少监"。其子阎立德、阎立本，"早传家业"，其中立德在营造职官上历任将作少匠、将作大匠、工部尚书、司空等职，主持构建高祖献陵、太宗昭陵、翠微宫、玉华宫等工程；至于大画家阎立本，为画名所掩，但官却是主管建设的：将作大匠、工部尚书，直至右相、中书令。相信一定传父兄衣钵，在营建方面有过作为，只是无从稽考罢了，否则如何担纲将作"大匠、工部尚书"这类主管建设工程的国家领导岗位呢？[⑩⑩]

明末苏州吴江县同里镇画家、园林建筑家计成，绘画、造园均臻化境，一部不朽的造园名著——《园冶》，成为中国古代造园艺术的圭臬。

其他著名画家兼建筑师的尚有南宋的俞澄、元代的倪瓒和清代的石涛、张涟等等，不胜枚举。

除了画家型建筑师外，在绵邈悠长的中国历史长河中，闪烁着类似文坛上苏轼之类"百科全书式"的全才型建筑师的光彩。北宋的李诚、清初的李渔就是其中光辉的代表。

李诚(?—1110)，郑州管城县(今河南郑州)人。元祐七年(1092年)入将作监[⑩]，历任主簿、监丞、少监、监等职，先后在将作监任职计13年，主持建设或重修的重要工程有五王邸、辟雍、尚书省、龙德官、棣华宫、朱雀门、景龙门、九成殿、开封府廨、太庙、钦慈太后佛寺等。

李诚于宋绍圣四年(1097年)受命编修《营造法式》，至徽宗崇宁二年(1103年)刊印颁行，流传至今。全书共34卷，357篇，3555条。内容涵括壕寨、石、大木、小木、彩画、砖瓦、窑、泥、雕、锭、锯、竹各种制度以及施工工料、定额和各种建筑图样。它总结出以木材为中心的木结构模数制，完善了木结构体系，在彩画、砖、瓦、石、木材的制作、使用方面，提出了颇具科学性的说明。因此，《营造法式》也就当仁不让地成为"中国建筑之两部'文法课本'"[⑩]之一。

就是这样一位类似今日建设部部长、国家建筑工程技术大法规总编纂的高官，除却主持、管理建设工程这一本职工作十分敬业、胜任之外，在经、史、乐、书、画等方面亦颇有成就，博学多能。

李诚著有《续山海经》十卷、《续同姓名录》二卷、《琵琶录》三卷、《马经》三卷、《六博经》三卷，他既是一位书法家，"工篆籀草隶，皆入能品"，又是一位画家，曾绘《五马图》进献皇上。须知宋徽宗可是一位才华出众的大画家，让他"睿鉴称善"，可知李诚之画学之功。

尤为难得之处在于：李诚不耻下问，善于学习。在建筑工程的实践活动中充分吸取百工艺匠的经验、成果，组织匠人讨论解说，进一步明确各项营造制度原则。最终结果是：《营造法式》一书中有308篇的3272条，来自百工艺匠们世代相传而行之有效的实践经验，占全书90%。因此，可以毫不夸张地认为，李诚是中国历史上有数的古代建筑工匠经验总结的集大成者，洵为不折不扣的全才型建筑家。

李渔(1610—1680)，字笠翁，又名笠鸿、谪凡，别署笠道人等。浙江兰溪人。清初著名作家、文艺理论家、戏曲家、园林建筑家、室内装饰与家具设计家。生平著述甚丰，作有传奇《奈何天》、《比目鱼》、《蜃中楼》、《怜香伴》、《风筝误》等十种，小说《十二楼》、《无声戏》等，编辑《芥子园画谱初集》、《资治新书》等；尤其是寄情之作《闲情偶寄》，共分词曲、演习、声容、居室、器玩、饮馔、种植、颐养等多部，其中卷四"居室、器玩"又名《一家言居室器玩部》，主要记述了作者对传统民居建筑、园林、室内装饰、装修、陈设方面的见解，内容涉及房舍构筑、窗栏、墙壁、联匾、山石及床帐、几椅、橱柜等家具样式、陈设和制作，论述详尽，见解独到，具有较高的理论价值和实用价值。

李渔讲求实用、舒适的建筑功能原则，主张俭朴雅致，反对奢靡媚俗：

> 土木之事，最忌奢靡。匪特庶民之家当崇俭朴，即王公大人亦当以此为尚。盖居室之制，贵精不贵丽，贵新奇大雅，不贵纤巧烂漫。[⑪]

1-94　每逢秋收、庙会、立祠、修谱、生子、寿庆、婚嫁、中举等大事节令，许多地区咸奉行庆典，广招艺伶，演出戏曲。民间匠师形象思维发达，席中"判官"在判断。明代徽州民居木雕局部。

1-95　清代绍兴鲁迅故居走廊。

1-96　"父为子纲",尊老是中华民族的传统美德。清代徽州民居中枋木雕（局部）。

1-97　没有文士的筹划、创意,文化意趣自然淡薄。清代山西祁县乔家大院月洞门。

在家具设计上,作者将实用功能放在首位,要"计万全而筹尽适"⑪;在室内设计的审美方面,李渔直抒己见,认为室内陈设"务在纵横得当",要讲究"方圆曲直、齐整参差",并提出了"忌排偶"、"贵活变"⑫的设计美学原则等,从中所体现出来的设计思想和设计精神弥足珍贵。

李渔不但是位博学多艺的理论家,而且还是一名"重在参与"的设计师。他曾亲自设计了为借景而独出机杼的"梅窗"、功能独特的暖椅和凉机等,具有极强的创造力和"市场意识",也是一位不可多得的全才型建筑师。

我们同时也注意到,即使如李诫、李渔之类浸淫于"营造之道"的全才型建筑师,其司职范围大都囿于筹划、构思、绘画、清议、斟酌、辨微管理等"坐而论道"式形而上的状态中,作宏观层面的直觉把握、调整和理论、绘制上的掌控,而很少、不直接参与或不屑于实际的工程操作实践活动。其缘由似可归纳成以下两个方面:

其一,"由于中国建筑技术和艺术之成熟和普及,中国很早就出现了'没有建筑师的建筑'"⑬。中国古代建筑施工一般不用施工图纸,而是采用现场放侧样、定尺寸,称为"点草架"。长期约定俗成的习惯思维定势、经验和成熟的木构技术,尤其是北宋《营造法式》的刊行,它总结了一套统一的模数来衡量构件尺寸。"凡构屋之制,皆以材为祖,材有八等,度屋之大小,因而用之"——将建筑材料分成八个等级,不同等级的材料,使用范围不同。如:一、二、三等材用于大殿,四、五、六等材用于小殿和厅堂,七、八等材用于亭、榭、殿内藻井。如此运用,既保证架构的安全,又合理使用木材,这种严密、严谨的规范、制度,促成了北宋以后传统建筑形体、构件、细部处理的工细与一丝不苟,又使古代建筑群体彰显主次分明、主从有序、大小得体、高低错落的艺术整体效果。也使文人士大夫转而幻化成建筑设计师成为可能。当然,他们主要藉助语言描述、肢体比划、图形呈示来传情达意,表示意愿和思路。

众所周知,一件建筑装饰作品的优劣成败与否,主要因素有两个,一是设计,二是施工制作质量。无论设计或施工,都离不开设计师。故《考工记》中把有创意、有创造才艺的人称为"知者",谓之"知者创物"。明代计成在《园冶》一书中称设计师为"能主之人",在开篇立论的首句就明确指出:

> 世之兴造,专主鸠匠,独不闻三分匠、七分主人之谚乎?非主人也,能主之人也。古公输巧,陆云精艺,非人岂执斧斤者哉?
>
> 第园筑之主,犹须什九,而用匠什一,何也,园林巧于因、借,精在体、宜,愈非匠作可为,亦非主人所能自主者,须求得人。⑭

文中的"三分匠、七分主人"中的主人,非园林府第的业主,而是能"定其间进、量其广狭、随曲合方"的"能主之人"——设计师。计成例举春秋的鲁班、晋代的陆云,认为类如此类设计大师是不必亲自操斧弄斤的,但需"胸有丘壑","能指挥运斤,使顽者巧,滞者通。"以自己的设计意匠,在十分的工程中发挥七分的作用。广衍于园林建筑,设计师甚至要发挥十分之九的功用,而用匠人十分之一的能力。"犹须什九,而用匠什一",原因何在?是故园林"巧于因借,精在体宜,"而这非匠人力所能为。

清代赵翼在《游网师园赠主人瞿远村》一诗中,对园林的设计和创意感叹不已"想当意匠经营时,多少黄金付一掷"。

计成所谓的"巧于因借,精在体宜",实质底里是设计师应当具

备的思想和努力追求的目标。而这些设计师，绝大部分由文人士大
夫们担纲，并通过工匠的具体施工制作来完成和实现。当然，也有
少部分的工匠首领"技进于道"，而承担总设计职责的，如春秋鲁
班、晋代陆云、隋代李春、唐柳宗元《梓人传》中的梓人、宋代喻浩、
明代蒯祥、清代雷氏祖孙等等。

概而言之，文人士大夫们的优长在于：既通晓、谙熟历代有关
营造方面的规矩、制度、条例和禁忌，各类礼制等级制度条款了然
于心，又具有较高的文化水平、浓郁的人文意识、高蹈的精神追求
和高雅的审美意趣，遂使这些形而上的"设计理论家"们登堂入室，
成为营造工程、施工实践的百工艺匠们的指挥者和设计者。

其二，一部中国古代浩瀚壮阔的发展历史，乱世远多于治世。
在客观上促使文人士大夫们专注于"修、齐、治、平"，整体上鲜有投
身于钻研、探索营造工程和技术文化者；千余年的"开科取士"考试
素以儒家经典为圭臬，一般的技术工艺及物质文明从业者被排拒、
摒弃于仕途之外；传统儒学的发展亦日趋于远离"格物致知"方向，
内倾于人文领域、人伦方向衍变。迨至封建社会晚期，由研究自然
事物渐趋于心性之学，愈加脱离外部客观世界和技术文明。这种所
谓"形而上者谓之道，形而下者谓之器"[113]的重道轻器观念，传统"士
农工商"四民的社会地位上下顺序确立，以及文士自身普遍存在的
不求甚解的技术态度、言行不一的行为特征以及强烈的伦常观念，
使文人士大夫们远离营造工程、施工实践的一线前沿，矜持地停留
在高端上位处与百工艺匠"远距离"沟通和交流，始终未能与工程
实践进行亲密接触，遑论浑然一体。

中国古代文化结构中的这种缺陷、传统观念和意识中的陋习、
偏见和弊端，以今天的视野审视，与中国传统文化中一直没有分化
出独立的科学结构具有直接的关联。正如研究者们指出的那样：

> 天文历算、百工技艺不是直接属于"官学"，也是首先
> 为宫廷官府服务。从业者也相应地充当太史令、太医令、
> 尚方令等官职，难以形成知识分子的中间社群及其独立
> 的价值观念和生活方式。"士——大夫"之间没有明确界
> 限，个人修身养性、十年寒窗都是为了"经世致用"、"治国
> 平天下"的政治目标。范仲淹所谓"居庙堂之高，则忧其
> 民，处江湖之远，则忧其君"，进退都不忘政治的庙堂，这
> 表现了知识分子为社会责任所驱使的参与意识和忧患意
> 识，但也带来了这样的后果：这个君主的庙堂原则上不容
> 许另外一个科学的庙堂与之并列，因而也不可能出现爱
> 因斯坦那种类型的独立人格。鲁迅曾说到中国不乏忠
> 君死节的烈士，却很少为自己的学说献身的勇士，可
> 能就是这种文化传统的一种表现。[114]

中国古代建筑营造及人居环境建设领域中另外一支主干
群体——百工艺匠，是中华传统营造工艺技术的主要实施者和创
造者。自古以来，贵族统治阶级一直源源不断地从各地民间征调各
种有技术专长的工匠，从事服务于贵族统治阶级奢侈生活需要的
营造、装饰等工艺技术的创造制作活动。在《考工记》中，周代的六
种工艺就分为三十个工种。如"攻木之攻"的木工就有七类：

  轮人——造车轮和车盖

  舆人——造车厢

  车人——造兵车、乘车和田车

1-98 "因势赋形"是传统农业社会中民间工匠依赖实践经验而成的"模式"，尽量避免对大自然的正面抗衡。

1-99 喜鹊登梅而为喜上眉（梅）梢，邑中工匠身怀绝技，叹为观止。清代徽州民居石雕漏窗。

1-100 明代装饰风格简繁合宜。明代徽州黟县民居大门。

1-101 历代百工艺匠技术传承、研习和训练,在血缘基础上建构,父子相传,子承父业。教者潜心,学者用力。清乾隆《武英殿聚珍版程式》。

1-102 明清时期江南一带沿街面市之房屋,外檐略施雕镂,简朴中显精致。工匠的审美朴素而奇巧。

庐人——造兵器之柄

匠人——造宗庙、明堂

弓人——造弓箭

梓人——造乐器架

"刮摩之工"的雕工分五类:

玉人——作玉器

榔人——刮木工

雕人——雕工

矢人——作矢

磬氏——作磬

……

历代贵族统治阶级暨官办营造、手工业机构为了加强精湛技术和技术质量的追求和控制,对各种工艺技术制定了严格的举措:

> 论百工,审时事,辨功苦,尚完利,便备用,使雕琢文采不敢专造于乡。[117]

在生产过程环节中,为确保质量,设置有严密的监工、稽查、制度等:

> 物勒工名,以考其诚,工有不当,必行其罪,以穷其性。[118]

古代百工艺匠社会地位处于"士、农"之后,总体上偏向低贱卑微:

> 凡执技以事上者,祝、史、射、御、医、卜及百工,凡执技以事上者不贰事,不移官,出乡不与乡齿。仕于家者出乡不与士齿。[119]

> 巫、医、乐师、百工之人,君子不齿。[120]

中国封建社会传统观念中,认为从事技术、工艺实践的手工业人员、百工艺匠,与天理人伦、道德礼乐之类"大学问"无甚关联。工艺技术行为被视为"雕虫小技",地位低至"不与士齿"。

灿烂辉煌的中华古代文明史,垂青于营造业及工艺技术业者寥若晨星,与其他人文科学、艺术文化方面相比较,几乎是天壤之别!无数百工艺匠地位低贱、命运惨淡;众多身怀绝技,在建筑营造业、工艺技术暨人居环境领域的演进、发展作出过重要作用和贡献者,并没有获得相应的地位和荣誉。具有典型性的如唐代张嘉贞在《安济桥桥铭》中所写的那样:

> 赵州浚河石桥,隋匠李春之迹也。制造奇特,人不知其为。[121]

世界级的巨作、一流的工程家,竟沦为时人"不知其所为"。令人扼腕,这不能不说是中国古代文化结构中巨大的缺陷,传统观念和意识中的重大陋习、偏见和弊端,在相当程度上阻碍、限制了古代建筑营造及其他手工业工艺技术发展和前进的步伐。

中国古代百工艺匠技艺的学习、传承和历练,体现出传统农业社会经济狭隘封闭的观念意识和贵族统治阶级的支配力量。马克思、恩格斯指出:

> 统治阶级的思想在每一时代都是占统治地位的思想。这就是说,一个阶级是社会上占统治阶级地位的物质力量,同时也是社会上占统治地位的精神力量。支配着物质生产资料的阶级,同时也支配着精神生产的资料,因此,那些没有精神生产资料的人的思想,一般地是受统治阶级支配的。[122]

建筑营造、装饰艺术及其工艺技术与文化的阶级性在人居环境文化中具有着明显的反映。一切在官之工匠的技艺都是世代相传。《考工记》载曰：

> 知者创物，巧者述之。守之世，谓之工。[122]

《荀子》曰：

> 工匠之子，莫不继事。[124]

《管子·小匡》记载了百工艺匠们训练的途径和方法：

> 今夫工群萃而州处，相良材，审其四时，辨其功苦，权节其用，论比，计，制断器，尚完利。相语以事，相示以功，相陈以巧，相高以知事。旦夕从事于此，以教其子弟。少而习焉，其心安焉，不见异物而迁焉。是故其父兄之教，不肃而成；其弟子之学，不劳而能。夫是故工之子常为工。[125]

文章指出了中国历代百工艺匠技术传承、研习、训练的主要途径。无论在官之工匠，还是民间的艺人，父子相传，子承父业，莫不如此。这种世代相传，陈陈相因，使各有其长期经验积累而成的祖传秘方、绝技，各种百工艺匠都掌握着特殊的技巧，构成自古以来无数的"吴家样"、"样式雷"等个体特征。这种建立、维系在血缘氏族上的庭训传承，以近乎单线传递的形式固定，源于浓郁深厚的小农经济结构下的狭隘性、自闭性、保守性和随意性。同时，也影响了设计和生产的社会化，阻碍了设计与技术的交流和提高。一旦遭遇种种风险，如血缘绝嗣、战争、灾荒、人祸、家破人亡、颠沛流离等，则无数渐趋成熟的技术和工艺，便沦于隔绝、断层！世代辛勤积累、摸索、总结、磨练而来的经验、成果就此失传、消亡！从而导致"而今漫步从头越"式的重新开头起步的重复循环，构成中国建筑历史演进历程中繁复的巨大浪费、过度消耗和变异的"倒退"！

整体上看，历史上百工艺匠由于受自身文化水平的制约，其工艺技术的发展和提高大多囿于技巧的生涩到精熟，自发地沉湎于技精于熟的自足自慰状态。鉴于施工实践、装饰艺术、工艺技术的重要环节或"隐秘"部分常处于封闭状态下进行，在贵族统治阶级的垄断、支配、提倡、需求的刺激下，历代百工艺匠均不由自主地投身于"奇技淫巧"的极度技艺呈示中，并以巧夺天工、鬼斧神工、化腐朽为神奇之技艺趣味作为技术、工艺和艺术实践的至高目标追求，成为炫示铺陈的资本，极大地弱化、淡化了工艺技术的艺术性，导致清代中叶后建筑营造、工艺技术及装饰艺术走向繁琐和庸俗，在工程实践与工艺技术创新的本质上也就很难再有突破性的飞跃了。

概而言之，文人士大夫主思路、意匠，把握方向，掌控格局、格调和风格，百工艺匠从施工实践、重工艺技术，"文武之道，一张一弛"，各行其事，各司其职，共同配合完成建筑营造及人居环境工程。两者呈示着表层上既相互紧密合作又实质本位上相互独立的松散游离状态。中国古代营造状况暨士匠联姻与分工，大抵如此，并绵延千年，恒稳而缓慢地运行。

1-103　大俗中传递着向往大雅的信息。清代徽州民居石桌石凳。凳是由书卷叠垛而成，不忘雕琢兰花和钱纹。"书中自有颜如玉，书中自有黄金屋"可谓深入人心。

1-104　华素适宜的明代景德镇民居门头装饰。

注　释

① 李泽厚著:《美的历程》,中国社会科学出版社 1984 年版,第 75 页。

② 梁思成著:《中国古代建筑史绪论》,百花文艺出版社 1998 年版,第 270 页。

③ 刘致平著:《中国建筑类型与结构》,建筑工程出版社 1957 年版,第 22 页。

④ Gin Djih Su: Chinese Architecture, Past and Comtemporary, 1964, Hong Kong, P203. 转引自李允鉌著:《华夏意匠》,香港广角镜出版社1984 年版,中国建筑工业出版社 1985 年 4 月重印,第 29 页。

⑤ 李允鉌著:《华夏意匠》,香港广角镜出版社 1984 年版,中国建筑工业出版社 1985 年 4 月重印,第 31 页。

⑥⑦ 李允鉌著:《华夏意匠》,香港广角镜出版社 1984 年版,中国建筑工业出版社 1985 年 4 月重印,第 31 页。

⑧《马克思恩格斯全集》第 20 卷,人民出版社 1971 年版,第 591 页。

⑨ 施里达斯·拉夫尔著:《我们的家园:地球》,中国环境科学出版社 1993 年版 ,第 53 页,(美)施里达斯·拉夫尔援引公元前 4 世纪古希腊哲学家柏拉图的论述。同时,拉夫尔在他的著作中转引了美洲印第安传说中的话:"树木撑起了天空。如果森林消失,世界之顶的天空就会塌落,自然和人类就一起灭亡。"

⑩ 北宋·李诫:《营造法式》序。

⑪ (英) 李约瑟著:《中国古代科技史》,转引自李允鉌著:《华夏意匠》,香港广角镜出版社 1984 年版,中国建筑工业出版社 1985 年 4 月重印,第 29 页。

⑫ 李允鉌著:《华夏意匠》,香港广角镜出版社 1984 年版,中国建筑工业出版社 1985 年 4 月重印,第 31 页。

⑬ 引自王振复著:《中国建筑的文化历程》,上海人民出版社 2000 年 12 月版,第 309 页。

⑭ 引自冯天瑜、何晓明、周积明著:《中华文化史》,上海人民出版社,1990 年,第 21 页。

⑮ 王振复著:《中国建筑的文化历程》,上海人民出版社 2000 年 12 月版,第 9 页。

⑯ 魏晋·杨泉:《物理论》。

⑰ 引自王振复著:《中国建筑的文化历程》,上海人民出版社 2000 年 12 月版,第 310 页。

⑱ 梁·周兴嗣:《千字文》。

⑲⑳ 李泽厚著:《走我自己的路》,三联书店 1986 年版,第 349 页。

㉑㉒ 转引自余谋昌著:《创造美好的生态环境》,中国社会科学出版社 1997 年版,第 24 页。

㉓ 司马迁:《史记·秦始皇本纪》。

㉔ 余秋雨著:《行者无疆》,华艺出版社 2001 年版,第 271、272 页。

㉕《梁思成文集(三)》,中国建筑工业出版社 1982 年版,第 11 页。

㉖㉗ 李允鉌著:《华夏意匠》,香港广角镜出版社 1984 年版,中国建筑工业出版社 1985 年 4 月重印,第 24 页。

㉘ 李允鉌著:《华夏意匠》,香港广角镜出版社 1984 年版,中国建筑工业出版社 1985 年 4 月重印,第 31 页。

㉙ 参阅李砚祖著:《工艺美术概论》,中国轻工业出版社 2000 年版,第 79 页。

㉚ 李泽厚著:《美的历程》,中国社会科学出版社 1984 年版,第 77 页。

㉛《论语·泰伯》。

㉜《礼记·乐记》。

㉝ 李泽厚著:《美的历程》,中国社会科学出版社 1984 年 7 月版,第 61 页。

㉞《荀子·富国》。

㉟《左传·昭公二十六年》。

㊱《荀子·富国》。

㊲《礼记·坊记》。

㊳ 郭沫若著:《十批判书·孔墨的批判》,人民文学出版社 1954 年版。

㊴《二程全书·遗书》。

㊵㊶《礼记·乐记》。

㊷《礼记·礼器》。

㊸ 郑玄注:《周礼·天官》。

㊹ 贾公彦疏:《周礼·天官》。

㊺ 乌恩博著:《周易:古代中国的世界图示》,吉林文史出版社 1985 年版,第 2 页。

㊻ 罗汉田著:《庇荫:中国少数民族住居文化》,北京出版社 2000 年版。

㊼ 汉·贾谊:《新书·服疑》。

㊽《明史·舆服志四》。

㊾《大清会典事例》卷八六九。

㊿《事林广记》。

(51) 汉·贾谊:《新书·礼》。

(52) 参见王振复著:《中国建筑的文化历程》,上海人民出版社2000年版,第228页。

(53)《礼记·乐记》。

(54) 大窝朗在佤族村寨中专司管鬼,佤族信“鬼”而无神的概念。

(55) 塔城古属丽江木氏土司管辖,平民每当见到土司,须弯腰低头。上下尊卑,在行为中表露无遗。

(56) 王鲁民著:《中国古典建筑文化探源》,同济大学出版社1997年版,第15页。

(57) 参阅王鲁民著:《中国古典建筑文化探源》,同济大学出版社1997年版,第118、119页。

(58) 汉·王延寿:《鲁灵光殿赋》。

(59) 明代永乐年间吏科给事中(掌稽察、驳正吏部违误职)汪善后代第宅。

(60) 福建东南部莆仙、泉州地区民居墙面红砖系用松枝烧制的红色雁只砖。

(61) 在木柱与石柱础之间放置一块约一寸厚的磨光木板,其花纹丝脉均为水平向,消除了垂直向上的毛细吸管作用,故有一定的隔潮吸湿作用。

(62) 潘鲁生、唐家路著:《民艺学概论》,山东教育出版社2002年版,第194页。

(63) 参阅洪铁城:《论东阳明清住宅的存在特征》,载《中国传统民居与文化》第二辑,中国建筑工业出版社1992年版,第32~35页。

(64) 北宋·王安石:《元日》。

(65)《阳宅十书》“论符镇第十”。

(66) 转引自陈志华等著:《中国乡土建筑·诸葛村》,重庆出版社1999年版,第89~91页。

(67) (德)马克思:《〈黑格尔法哲学批判〉导言》,见《马克思恩格斯选集》第1卷,人民出版社1972年版。

(68)《黄帝内经·序》。

(69) (美)拉普普著:《住屋形式与文化》,台湾境与象出版社1991年版,第92页。

(70) 明·高濂:《遵生八笺》。

(71)《鲁班经》。

(72) 北宋·沈括:《梦溪笔谈》卷十九“器用”,时代文艺出版社2002年版,第169页。

(73) 程建军、孔尚朴著:《风水与建筑》,江西科技出版社2000年版,第162页。

(74)(75)(76) 转引自王树村著:《中国民间美术全集·装饰编·年画卷》,山东教育出版社、山东友谊出版社1995年版,第279页。

(77)《阳宅十书》。

(78)(79)董菊英文:“云南民间镇宅兽艺术”,载《装饰》1998年第四期第15、16页。中央工艺美术学院《装饰》杂志社。

(80) 宋·储泳:《祛疑说》。

(81)《庄子》:“虚室生白,吉祥止止。”成玄英疏:“吉者,福善之事;祥者,嘉庆之征。”

(82) 明清祈福纳祥题材的图案、纹样和图形大体可界分以下十类:表现幸福类,如五福、福到;表现美好类,如凤穿牡丹;表现喜庆类,如喜上眉梢;表现丰盈类,如年年有余;表现平安类,如一帆风顺;表现长寿类,如寿居耄耋、松鹤延年等;表现多子多孙类,如榴开百子、百子图等;表现学而优类,如鲤鱼跃龙门、一路连科;表现升官类,如平升三级等;表现发财富贵类,如连财、元宝等。

(83) 明清时期祈祥纳福题材构成的程式和范式大致有:动物类,有龙、凤、麒麟、龟和四灵纹和狮、虎、象、豹等四兽;植物类,常见的有松、竹、梅、兰、竹、菊、荷、海棠、杏、灵芝等;自然类和诸如日、月、山、川、风云、岩石等;人物类,譬如八仙、门神、寿星、娃娃、四大金刚等;几何类,包括六角、八角、圆、回纹、菱纹、拐字纹等。文字类,常见的有福、禄、寿、喜、人、丁、财、宝、卍等;器物类,如八宝(犀角杯、蕉叶、元宝、书、画、钱、灵芝、珠)、道八宝(芭蕉扇、阴阳板、玉笛、葫芦、宝剑、荷花篮,渔鼓)、佛八宝(法轮、法螺、宝伞、华盖、莲花、宝罐、金鱼、盘长)以及笔、书等等。

(84) 田自秉著:《中国工艺美术史》,知识出版社1985年版,第331页。

(85) 李砚祖著:《工艺美术概论》,中国轻工业出版社1999年版,第110页。

(86) 卫聚贤:《古史研究》第3集,商务印书馆1937年版,第168~169页。

(87) 闻一多著:《说鱼》,载《闻一多全集》第1册,开明书店1948年版。

(88) 李泽厚著:《美的历程》,中国社会科学出版社1984年版,第20页。

(89) 赵国华著:《生殖崇拜文化论》,中国社会科学出版社1990年版,第169页。

(90) (英)戴维·方坦纳著:《象征世界的语言》,何盼盼译,中国青年出版社2001年版,第22页。

(91) 赵国华著:《生殖崇拜文化论》,中国社会科学出版社1990年版,第172页。

(92) (瑞士)荣格,引自(英)戴维·方坦纳著:《象征世界的语言》,何盼盼译,中国青年出版社2001年版,第3页。

(93) (奥)李格尔:《几何学装饰风格》,王伟译,载《美术译丛》1988年第1期。

㉔ 卢卡契著：《审美特征》第一卷，徐恒醇译，中国社会科学出版社1986年版，第275页。

㉕ 赵国华著：《生殖崇拜文化论》，中国社会科学出版社1990年版，第172页。

㉖ 严文明：《甘肃彩陶的源流》，载《文物》1978年第10期。

㉗ （美）阿恩海姆著：《艺术与视知觉》，中国社会科学出版社1984年版，第195页。

㉘ 参阅赵国华著：《生殖崇拜文化论》，中国社会科学出版社1990年版，第197页。

㉙ 百工：古代工官的总称，也指主管营造制造事项的官。西周时对工奴的总称。春秋时沿用，成为各种手工业工人的总称。

⑩⑩ 梁思成著：《我们伟大的建筑传统与遗产》，载《文物参考资料》1953年第10期。

⑩⓵ 《考工记总论》。据考，为春秋末齐人记录手工业技术的官书。今收《周礼》中，为第六篇，故又称《周礼·考工记》。

⑩⓶ 汤哲明著：《东海长风——徐建融的学术与艺术》，上海画报出版社2000年版，第1页。

⑩⓷ 张良皋著：《匠学七说》，中国建筑工业出版社2002年版，第199页。

⑩⓸ 明·黄汝亨：《寓林集·玉版居序》。

⑩⓹ 清·李渔：《闲情偶寄》卷四，时代文艺出版社2002年版，第392页。

⑩⓺ 陈传席著：《论故宫所藏几幅宫苑图的创作背景、作者和在画史上的重大意义》，载《文物》1986年第10期。

⑩⓻ 上述材料引自张良皋著：《匠学七说》，中国建筑工业出版社2002年版，第261页。

⑩⓼ 宋代将作监属工部，掌管宫室、城郭、桥梁等营缮事务。凡属重要工程的规划、设计、施工、预算、验收等都由将作监总管。

⑩⓽ 梁思成著：《中国建筑之两部"文法"课本》，载《凝动的音乐》，百花文艺出版社1998年版，第26页。

⑩⑩ 清·李渔：《闲情偶寄》卷四，时代文艺出版社2002年版，第269页。

⑪⓵ 清·李渔：《闲情偶寄》卷四，时代文艺出版社2002年版，第344页。

⑪⓶ 清·李渔：《闲情偶寄》卷四"位置第二·忌排偶"：当行之法，则与时变化，就地权宜，视形体为纵横曲直，非可预设规模者也。如必欲强拈一二，若三物相俱，宜作品字形，或一前二后，或一后二前，或左一右二，或右一左二，皆谓错综；若以三者并列，则犯排矣。四物相共，宜作"心"字及"火"字格，择一或高或长者为主，余前后左右列之，但宜疏密断连，不得均匀配合，是谓参差；若左右各二，不使单行，则犯偶矣。

"位置第二·贵活变"：幽斋陈设，妙在日新月异。若使骨董生根，终年匏系处，则因物多腐象，遂使人少生机，非善用古玩者也。居家所需之物，惟房舍不可动移，此外皆当活变。何也？眼界关乎心境，人欲活泼其心，先宜活泼其眼。即房舍不可动移，亦有起死回生之法。"（见《闲情偶寄》卷四，时代文艺出版社2002年版，第390、392页。

⑪⓷ 张良皋著：《匠学七说》，中国建筑工业出版社2002年版，第199页。

⑪⓸ 明计成：《园治》。

⑪⓹ 《易经·系辞下》。

⑪⓺ 纪树立：《科学的独立品格·读赵红州〈科学能力学引论〉》，载《读书》，生活·读书·新知三联书店，1986年10期，第29页。

⑪⓻ 《吕氏春秋·十月纪》。

⑪⓼ 《管子·王制》。

⑪⓽ 《礼记·王制》。

⑫⓪ 唐·韩愈《师说》载《古文观止·卷之八》长城出版社1999年版第389页。

⑫⓵ 引自王振铎著：《工巧篇》——"中华文化集粹丛书"，中国青年出版社1991年版，第138页。

⑫⓶ 《马克思恩格斯选集》第1卷，人民出版社1972年版，第52页。

⑫⓷ 《考工记》。

⑫⓸ 《荀子》。

⑫⓹ 《管子·小匡》。

2-1　清代山西晋中民居石雕柱础。

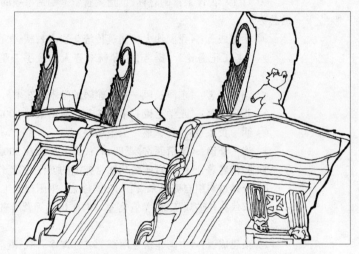

2-2　晚清浙西村落民居山墙头。

2-3　清代砖雕鸱首与脊。

第二章　构件装饰

中国古代民居建筑，从屋顶、屋身、基座到门窗，自梁柱到斗拱、雀替等各部分的构件，最初都是由对建筑构件的加工锻造而出现、产生的。然而，中国传统民居庐舍中的建筑构件，又很少是单一、纯粹的建筑构件及其分部形式，它总是在经过各种由头、思绪或象征意味的再创造中，具有了颇强的装饰意味，以至于成为了一种"建筑装饰构件"或"建筑构件装饰化"的什物、现象和特征。

中国传统民居建筑装饰，首先着眼于实质与实际功能，即源于建筑构成对象，其次才作为装饰对象，这种注重实际效应的思路和偏重与中国古代文化中"重实际而黜玄想"的思想和基本特质是契合的。也可以这样说，中国古代民居装饰是中国文化的外化，也是中国文化精神与艺术观念的物化形态。综合呈示和体现中国古代的哲学伦理、思想文化、审美理想、民俗民情和表现形态。

中国古代民居装饰意匠的嬗递和发展，始终与历史文化、经济

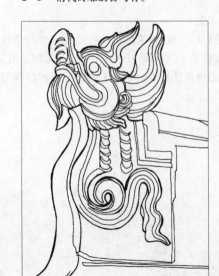

2-4
清代山西襄汾丁村民居屋脊鸱首迎风。

2-5 清代江南水镇临河民居,朴素中蕴含精丽。

2-6 华丽缜密的清代云南大理白族民居大门飞檐装饰。

2-7 屋顶加身,视觉效果为之一变。

和社会发展大体相似,生生不息,绵延不断,具有时间纵向上的一统性,即处于超稳定的结构序列中。这就是梁思成先生所说的:"我们的中华文化则血脉相承,蓬勃地滋长发展,四千余年,一气呵成。"①

英国著名艺术理论家贡布里希在《秩序感——装饰艺术的心理学研究》一书中认为凡装饰得愈浓郁的民族或国家,大体上应是趋于落后的民族和国家。我们认为,装饰是一个貌似简单、实则十分纷繁复杂的现象和特质,装饰与民族或国家的先进落后并不完全存在对应关系。历史上不同时期统治阶层的骄奢无度,促使奇技淫巧之类的生成和向畸形方向发展,匠师竭智尽能发挥技艺之长,争奇斗巧,使工艺技术丧失艺术性,导致装饰工艺技术走向极端和末路,中国清代中后期如此,欧洲洛可可工艺装饰风尚也如此,并无二致。

民居建筑工的过度粉饰雕斫,必然导致建筑本质的弱化和丧失。无论是儒家的"中庸"思想和取向,还是道家"反者道其动"的精蕴要义,强调的都是一对辩证的关系。由周易卦相引出来的"白贲"美学命题②,及其阐发和蕴涵的如"质地美"、"自然美"等美学观,影响了近两千年的传统民居装饰艺术的历程。

值得注意的是,北宋李诫在其主编的《营造法式》的序言中有一段主张节约的文字:"恭惟,皇帝陛下,仁俭生知,睿明天从,渊静而百姓定,纲举而众目张,官得其人事为之制,丹楹刻桷,淫巧既除,菲食卑宫,淳风斯复。"③建筑工程中注重节省,反对浪费,制止靡费,杜绝淫巧之风,自然首先必须简化装饰,淡化装修,弱化铺装。由此可见,传统建筑装饰中奢华与简约应是并列共存、共生共荣的,唯在各取所需。

2-8 清代福建闽清坂东民居"歧庐",山墙大曲率起伏,表情丰富。

一、屋顶脊饰

　　世人习惯于将中国古代建筑称之为大屋顶建筑,可见屋顶在中国建筑造型上的特殊地位。研究者们认为:"中国建筑在'体量'上变化得最多、最丰富的部分就是屋顶。"④梁思成先生曾经充满自豪地讴歌中国古建筑(主要指官式礼制建筑)的屋顶,认为"中国建筑中最显著、最重要、庄严无比美丽无比的部分。但瓦坡的曲面,翼状起翘的檐角,檐前部的'飞椽',和承托出翘的斗拱,给中国建筑以特殊风格,和无可比拟的杰出姿态"。明确地指出了作为中国传统建筑基本特征和重要部位的屋顶在顶部轮廓线、整体造型、防雨和装饰等方面的特殊作用和中国文化中崇尚"生动"、"意蕴"的一种表现。

　　屋顶的曲线,向上微翘的飞檐,使原本在视觉上异常沉重的屋顶一下子显得轻盈起来,颇有随着曲线的态势呈示出飞出飞穹的感觉和意象。建筑中与天最近的当数屋顶,如此向天的曲线形态,宣泄了中国古人崇敬自然,追求"天地人合和"的自然观和宇宙观。

　　就古代建筑屋顶曲线看,它包括建筑的檐口、屋脊和屋面的曲线。中国古代建筑中弯曲的屋脊、檐角及屋面,使得屋顶具有升腾上升的意向。这种反宇飞檐的大屋顶,曾经吸引众多研究者们的关注。著名建筑家刘致平先生认为:

　　　　中国屋面之所以有凹曲线,主要是因为立柱多,不同
　　高的柱头彼此不能划成一直线,所以宁愿逐渐加举做成
　　凹曲线,以免屋面有高低不平之处。⑤

刘先生从建筑技术的角度分析了屋顶反宇曲线的因果关系,确乎合乎逻辑和事物发展的内在规律性。同时,我们是否也应关注这样一个现实,即自从20世纪初现代中国建筑史开展研究以来,众人都十分注重古代建筑屋面举折的发生机理,通常将研究重点和视觉焦点凸聚于屋面举折之类具体形象与工艺技术层面上,这当然是及时和需要的,但是也长期忽略了一个表面上看并无实际关联的"事实",就是在屋面举折工艺发生之前,中国古代建筑屋顶上极有可能曾经广泛地采用屋脊端部上翘的做法。

　　从现有形象资料观察和分析,西周、春秋和战国时期并无反宇曲线的大屋顶建筑样式呈现。但是从《诗经·小雅·斯干》中描写周代宫殿建筑的诗句中,"翼"、"鸟"、"革"、"翚"、"飞"等字,可谓意味深长,耐人寻味:

　　　　如跂斯翼⑥,如矢斯棘,如鸟斯革⑦,如翚斯飞⑧。

很自然地将宫殿建筑与鸟类的形象和特征联系起来,人与鸟凤(图

2-9 清代福建永春县桃城民居,屋脊反宇上翘,赋予建筑以丰富的文化内涵和动势。

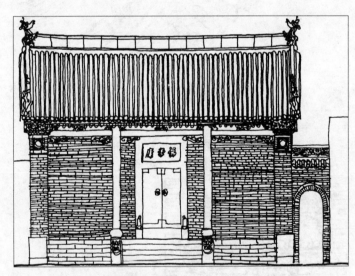

2-10 正面观照,屋脊、屋面弯曲显而易见。

2-11 正脊上砖雕莲花。

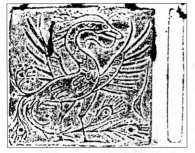

2-12 汉代画像砖上凤鸟图形，两翅展开，羽尾曲折前伸，凤口衔一圆物。成都市出土(拓片)。

2-13 两阙顶有瓦棱，檐下椽柱，阙间连以罘罳，上栖一凤。罘罳，又称"桴思"、"复思"，为附在门阙前建筑。刘熙《释名》："罘罳在门外。罘，复也，罳，思也。臣将入请事于此，复重思之也。"《盐铁论·散不足篇》："今富者积土成山，列树成林，……中者祠望屏阁，垣阙罘罳。"汉代凤阙画像砖，四川大邑县出土(拓片)。

2-14 清代福建泉州与台湾民居屋面屋脊翘曲同出一辙。

2-15 清代福建建鸥徐墩乡五石村民居：墙帽装饰十分考究。

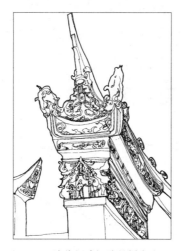

2-16 清代福建闽清县坂东乡民居墙帽翘角几欲飞张。

2-17 拱形角梁伸出支撑，檐柱相势升高，屋檐起翘，曲线升腾。晚清吉林省延边朝鲜族民居瓦顶、歇山角构造。

形)的联系或合一，既强调了该栖身处所特殊的意义，也突显了使用者的地位与权贵。

我们知道，仰韶文化庙底沟型彩陶中凤鸟图形，包括周初父庚觯器腹部凤鸟纹饰等，辐射和影响了周人崇拜凤鸟的习俗。这种习俗会否衍生至住屋的修建中，成为"四宇飞张，屋脊上翘"的滥觞。有研究者们认为："古人之所以能够把建筑与鸟类相类比，其基础就是建立在坡顶建筑形态与这种凤鸟图形在形式的耦合之上的。"⑨又兼民间神话传说、汉代画像砖、画像石、明器中古代建筑上安置凤鸟形象的风尚习俗等，逐渐地汇聚而成古代建筑屋面举折曲线形成的滥觞和契机⑩。

如果说坡顶建筑形态与凤鸟图形在形式上的耦合促成了四宇飞张、屋脊上翘特征滥觞的话，那么，这种选择是否与中华民族独特的观察方式特征和心理结构存在关联。美术史论家陈绶祥先生在谈到古代建筑造型的比例选择时，认为中国古人对屋顶、正面墙面的确立和对门窗的重视，与"中华远古农业文化造成的审美眼光有关"。因为"中华民族原始采集经济为主的生活方式，造就出一种重选择的心理和重比较的视觉习惯。这使中华民族擅长于用双眼注视静止对象，偏重于注意水平视向的变化和环境场中的对比"。陈氏认为中国古代建筑无论在单体形制比例，还是正面装饰上，中国人"都选取接近人的双眼睁开的视场范围所决定的较扁长的矩形，并多取横向连接的群体结构。屋顶与台基的平行并重又将视觉的运动相对控制在易向水平方向扩展的正面墙的范围内"⑪。中国古代大屋顶即四宇飞张、屋脊上翘的形态特征与重视视觉比较的特点联系起来考虑，李允鉌先生在《华夏意匠》一书中也提及过。当然，即便视觉比较习惯在很大程度上促成大屋顶曲面形成之说成立的话，无论如何，屋顶曲线的生成又不仅仅是视觉审美形式上的"图式"，中国古代建筑大屋顶屋面曲线的出现生成，对于诸如雨水排泄、争取更多室内阳光以及优美飘逸的外观具有直接和凸现的功效。至于檐口曲线，是靠着檐椽和飞椽两层椽子压在檐檩上向前出挑而构成。这种出檐到角上势必距檐柱有一段距离，后将两层椽子改成了角梁，如此一来，压在椽上的屋檐延伸至角上自然就高，檐柱也相势升高，屋檐两头起翘形成，曲线也就"升腾"起来了。

从各地民居实例看，传统民居的屋顶具有极强的地域性和民族性。例如明清时期徽州民居均为小青瓦覆盖的坡面屋顶。马头墙高低跌落的墙垣两侧，伸展着长短不一的"斗式"或"雀尾式马头"，雀尾下有薄砖做成"金花板"护墙。当地习用板瓦筑"脊筋"，上面密叠竖瓦作脊或作空花砖脊，上覆蝴蝶瓦以防雨水冲刷墙头。坡面屋顶满覆"压七露三"，一正一反，底瓦凹面朝上组成沟漕，盖瓦凸面向上覆盖于两沟瓦之间。

明清时期苏州民居屋顶以硬山式为主，用蝴蝶瓦压七露三构造装饰，其下铺望砖，近檐口部分用石灰加固。瓦头设花饰，滴水。间有少数用望板，也有用篾箔承挡。简陋普通屋舍或不用望砖径直以承瓦。至于屋面坡度，迨至清代乾隆年间后渐趋高陡。通常主要建筑如厅堂等都出飞檐，楼厅腰檐同样如此而上檐则往往省略。庭园或大型院落住宅中的花厅，其顶若为四坡落水式，屋角均起翘。⑫

中国传统民居建筑屋顶上两向坡顶相交处，而生屋脊。高临横卧于顶部的称为正脊，向四面檐角缓缓下垂的成为垂脊。屋脊既为整个建筑最高的轮廓线，又为几个坡面接合的节点。从屋顶两向的瓦件相交处的安全、牢固、妥帖、防水等因素考虑出发，通常在屋脊的位置上以砖瓦等材料构件"封杀"，也需要用一些瓦钉将盖瓦固定。既然它的形态总要高出屋面。于是，在脊上也就有了千家万色的装饰。常见的有在屋脊上设砖质瓶状，上面插三把戟，名为"瓶盛三戟"（平升三级）；屋脊上的吻兽，以螭吻的形象（龙之子，传说能生水灭火）装饰。有的屋顶脊饰，构图繁缛，题材多样，形象众多，工艺复杂。例如广州陈家书院，大量运用陶塑，表现《三国演义》中的"群英会"、"桃园结义"及"二十四孝"故事等等，釉色鲜艳，琳琅满目。涵括了民俗性的文化含义。

古代民居屋脊装饰从侧面映射出宗教形态的浸染和影响。许多民居建筑脊饰上设置有方胜、如意、植物、神仙等图案装饰。当然，更多的民居屋脊装饰反映和表现了不同时期、不同民族、不同地域民居营造工艺和技巧、欣赏趣味、审美特征和题材特色。比如大量运用祥瑞吉祥主题，包括各式花卉、植物、蝙蝠、福、寿、方胜等图案纹样，并运用"瓦将军"来镇风、"和合"象征和睦

2–18 北方民居脊饰砖雕多浮雕圆雕，朴茂俊朗。清代河南省巩义市康百万宅全景。

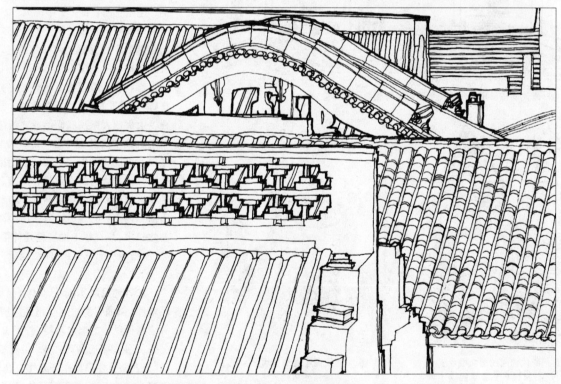

2–19 卷棚式门楼顶及核桃式花格屋脊墙。清代山西晋中市平遥县古城民居。

2–20 屋顶脊尾通常以鸱吻装饰。清代山西襄汾县丁村民居飞脊鸱吻。

2–21 吉林省龙井市金乡金氏屋顶檐口。

2–22 晚清吉林省延边朝鲜族民居歇山屋顶垂脊。

2-23 清代山西省祁县乔家大院屋脊装饰。

美满、"魁星"隐喻寒窗苦读科举高中等等。

中国传统民居庐舍的屋顶结构、特征形式多样,屋脊装饰也是因地制宜,相势赋形,因人而异。例如明清时期苏州吴县一带屋顶以硬山式为主,屋脊按形式有雉毛、纹头、甘蔗、哺鸡等名称,也有不用脊者。主要建筑如厅堂、花厅(有用歇山式)等,正脊多以砧瓦叠砌,两端做成有纹头或哺鸡的脊形装饰,附属屋舍的正脊以蝴蝶瓦竖向斜铺设,显得主从有序、层次分明。

北方如晋中、晋南、关中等地民居,南方许多民居正脊大都运用砖雕装饰。大体上看,南方民居多透雕,显得玲珑剔透;北方多浮雕和圆雕,朴茂俊朗,各显风采和意态。至于屋顶脊尾,因处于正脊两端尾梢收头位,恰值人的视觉重点"扫描"观照区域,通常贵胄士绅、富豪商贾的侯门深院大多以鸱吻装饰出之。鸱吻的形状酷似两条向内卷翘的鱼尾,嗣后又有鱼吻、龙吻等纹样。岭南一带民居的脊尾则有鱼形、虾形等动物装饰。总之,脊尾装饰使建筑的屋脊高端具有极佳的收头作用,使屋顶轮廓线充盈着活力和丰瞻的美感。

引人关注的徽州明清民居庐舍,绝大部分屋面却不用屋脊装饰,即便如官宦、贵胄、商贾、士绅之府邸也不例外。脊饰仅限于祠堂、庙宇、亭阁等建筑物上,其制承袭宋元官式作法。

琳琅满目、丰富多姿的屋顶脊饰,进一步提升了传统民居庐舍建筑的整体艺术性,丰富了人居处所的微观艺术文化内涵。相当数量的脊饰具有较高的艺术价值和观赏价值。当然,也有部分民居府邸的脊饰装饰过度,片面追求题材之满、工艺之巧、样式之奇,过分注重视觉观赏的"赏心悦目"效果,蕴含着夸耀斗富、比贵的意思,导致建筑整体形态有琐碎之嫌,艺术格调趋于平庸糜弱。

二、瓦当悬鱼

（一）瓦当

瓦当，即"瓦挡"、"瓦头"，是指中国古代建筑屋顶檐头筒瓦顶端前沿的遮挡⑬。瓦当的功能在于庇护屋檐、阻挡上瓦下滑，遮盖两行间缝隙，起着固定和美化建筑的作用。

作为以土为构的一种技术与艺术、实用与审美相融合的瓦饰构件，瓦当与滴水瓦组合成阴阳相间、凹凸连体覆置于檐际，又因瓦当位置特殊，齐整、连续的瓦当横列划一，形成完整的装饰带，组接成一串灰色珠链，点缀增润建筑的整体美感。

瓦当历来是古代制陶术分类中的专项产品。明末科学家宋应星的《天工开物·陶埏》对瓦的制作工艺与类别形式记载颇详：

> 凡埏泥造瓦，掘地二尺余，择取无沙粘土而为之。百里之内必产合用土色，供人居室之用。凡民居瓦形，皆四合分片。先以圆桶为模骨，外画四条界，调践熟泥，叠成高长方条。然后用铁线弦弓线，上空三分，以尺限定，向泥不平戛一片，似揭纸而起，周包圆桶之上。待其稍干，脱模而出，自然裂为四片。凡瓦大小，苦无定式。大者纵横八九寸，小者缩十之三。室宇合构中，则必需其最大者，名曰沟瓦，能承受淫雨不溢漏也。凡坯既成，干燥之后，则堆积窑中。燃薪举火，或一昼夜，或二昼夜，视窑中多少为熄火久暂。浇水转泑，与造砖同法。其垂于檐端者，有滴水；下于脊沿者，有云瓦；瓦掩覆脊者，有抱同；镇脊两头者，有鸟兽诸形象，皆人工逐一做成。载于窑内，受水火而成器则一也。

中国瓦当历史悠久，源于距今三千余年的西周初年。时至秦汉，迎来了中国建筑瓦当技术与艺术发展的巅峰时期。

秦汉瓦当纹饰题材丰富，动植物、文字和自然纹样各异其趣，形神兼备。如汉代四灵（青龙、白虎、朱雀、玄武）⑭瓦当，以浓重的乳心和粗壮的边框为体，围绕中心作适形装饰，稳定中寓动势：白虎，重心在前，身体上引，弓形体块，前倾与翼尾上翘暗合呼应，四腿呈均衡状围绕乳心，快速飞奔（旋转），力度动态律动强烈而富节奏；虎纹既突出了动感，又具有一定的装饰味，使粗厚的实体具有了灵巧之味，成就了浓重（黑）的外框和内圆图底（白）虚空间意象的过渡（虎纹、灰），从而构成了黑、白、灰三个对比层次；青龙纹饰，回旋

2-24　汉代四灵瓦当（神）：青龙、白虎、朱雀、玄武。

2－25 西周瓦当——重环纹。　　　2－26 汉代瓦当——千秋万岁。

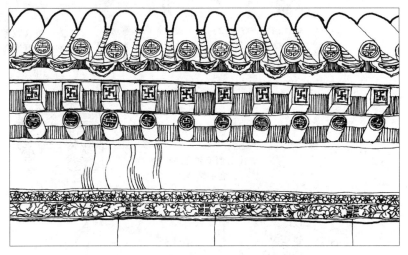

2－27 清代北京四合院的瓦当与檐下砖雕。

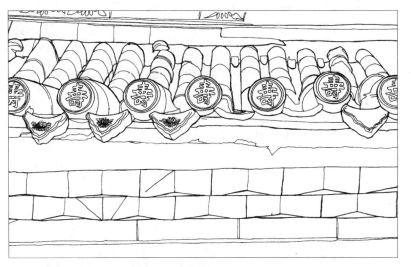

2－28 清代山西保德县城关镇民居寿字瓦当。

2－29 民国初期福建永定县湖坑乡洪坑村"振成楼"瓦饰。

弧线弹性十足，头尾相应，欲放先收，象从意生，一派雄傲之神情；玄武图形，龟蛇一体，神、力象征，蛇曲蜷附于龟体，以点连线，对比中见统一；朱雀造型，在 S 形的实体周围呈发射状的翎毛点缀其间，与中心实体形成线面对比，纹饰旋转意向显明，韵律顿生。

四灵瓦当求大同存小异，多样而统一，朴厚而不板滞，粗硕而不失精致，在限制中发挥以形写神的特点，在求实的基础上进行意化创造。

秦汉的文字瓦当，以朴茂的章法、纯厚的气韵、高妙的手法进行的书体变化，给人以充盈、和谐的感受，是中国文字瓦当的大成时期。它运用线之间的长短、交错、互补、曲直、疏密、互让、简繁等构成一种形式美，依圆生变，变中求圆，整体美突出。

以篆书表现的文字瓦当内容约分三类：一为建筑题名，如秦的"羽阳千秋"（羽阳宫专用），西汉"长陵西神"（长陵宫专用）等。二为记事志念，如汉初"汉廉天下"、"单于和亲"等。第三类为吉祥语句，如"长乐未央"、"千秋万岁"、"与天无极"等。

汉的云纹瓦当有网边云纹与绳纹边云纹。前者在圆形瓦当外围边栏有所变化，乳钉装饰中心，将圆分成四部分，刻画涡卷云纹；后者将网边改作绳纹边[15]。此外，几何边云纹力图模拟，表现自然中的云朵形象，与汉代巫术流行、"望气"方术日盛具有直接关联[16]。

从历代出土和现代考古发掘的汉代瓦当来看，多属帝王宫苑、重臣官署上的，私家府邸较少。民居中的瓦当，一般直径为 14～15 厘米，较宫苑官署上的瓦当偏小，且铸有文字，标明私家姓氏。如"吴氏舍堂"、"渠氏殿当"等，也有以姓氏、吉语巧妙连用，如"马氏万年"、"严氏富贵"等。更有瓦当，上面文字竟为"黄金当壁之堂"——墙壁乃黄金做成。显然，上述民居主人，也是有身份的人物。

两汉以降，魏晋瓦当以云纹为主，文字瓦当锐减。其中北魏洛阳时期以莲花纹和兽面纹的装饰纹样为特征，受佛教影响日深，成为南北朝时期的创新，启领了该类瓦当纹饰在隋、唐时期广泛流行趋向。

隋唐瓦当中，莲花纹成为瓦当上最常见的一种纹饰。早期的双瓣莲花突起，晚期单瓣莲花低平，文字纹样已不复见。

从宋代始，兽面瓦当逐渐取代莲花纹当，并传播到北方的契丹、女真和西夏，一直延续到元、明、清和民国。

总体上看，宋元金元瓦当兽面纹威严写实，兽面外突，兽面上鬣髦甚多，纹理也较繁复。明清、民国阶段，瓦当作为装饰构件的地位逐渐式微，尺寸微小，制作亦趋向粗糙。徽州明清民居多为扇形瓦当，纹饰简单，已无两汉纯朴、博大、精美、雄浑的整体气势，也失五代宋初长条状莲瓣纹的装饰效果。

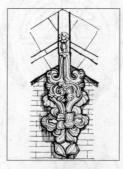 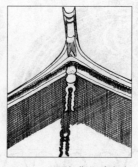 

2-30　清代内蒙古呼和浩特伊克召如意头悬鱼。　2-31　民国初期福建永定县湖坑乡洪坑村民居悬鱼。　2-32　清代福建泉州市鲤城民居山花。

2-33
清代山西交城县玄中寺云卷形悬鱼。

（二）悬鱼

中国传统民居中歇山和悬山式建筑屋顶的山面上博风板中央，一般以悬鱼作为装饰。悬鱼多以木板制成，以遮挡隙缝，加强博风板的强度。惹草也是钉在博风板接头处的装饰，体量略小，均匀地布置在悬鱼两侧，成为山面的装饰。这些构件与装饰在宋代《营造法式》中就已经有详细做法规定。北方地区的悬鱼也有用灰泥塑做成。木质悬鱼悬挂在悬山山尖的正中处，通常离山墙有一定距离，木板背后有一铁条与山墙固定：一方面悬鱼与山墙显示出悬山出檐挑出的深度，另一方面，悬鱼图形纹饰和其后铁条投影映射在山墙上的"影像"时刻处于光影变化之中，犹如一尊动态的浮雕，效果奇特而引人注目。

我国传统民居中悬鱼的造型、形式、纹样、材料各异，山西、陕西、内蒙古一带悬鱼图形纹饰多为双钱、如意、卷云、瓶花、鱼形等。福建等地民居的悬鱼装饰，有垂带形、十字形、挑形和鱼形。其中福安一带民居垂带形悬鱼比例细长，悬鱼宽约20厘米，长则达100多厘米，正面精刻吉祥文字图案，下悬鱼形透雕，上窄下宽，仰视观察时透视感、指向性明显，感觉十分细长，与坡顶山尖壁瓦装饰相互依衬；闽南一带民居悬鱼装饰丰富而繁冗：山尖上多灰塑浮雕狮头衔坠，悬鱼均为象征吉祥的器物花草，常见的有暗八仙：执扇、渔鼓、花篮、葫芦、阴阳板、宝剑、笛子、荷花，或者是八宝图案，即和合、玉鱼、鼓板、磬、龙门、灵芝、松、鹤等，显得多姿多彩，变化多端。

苏、浙、沪、赣、皖、闽等省区部分民居也有以磬代鱼，以取普天同庆、吉祥平安之意[17]。

云南丽江周边的纳西族民居，悬山式山墙砌体多取"见尺收分"做法，逐渐内倾，上小下大，呈梯形状。墙体中下部为砌体，上部为板枋隔断。山墙砌体与叠梁式山尖由"麻雀台"界分，略曲凹、两端起山的屋脊线、尺度较大的出檐、厚实的封火板以及别具特色的山墙，构成了丽江纳西族民居建筑飘逸、轻盈的形态和性格特征。尖山檩条悬出较长，出挑长度一米左右。为防止悬挂檩条挂枋端头直纹截面飘雨受潮易腐，多以宽大的封檐裙板（博风板）隔离避护，两板交点处用悬鱼覆盖，这样，既保护了外露的桁条（主要是防雨水），又具有醒目的装饰效果。技术功能与形式装饰融为一体。

纳西族民居悬鱼长度在80～100厘米左右，基本形式为直线和弧线，略事雕饰，外形轮廓影像突显。因墙体上部基本上呈幽暗黑深处（许多山墙上部漏空，墙体并不砌到顶，尖山与板枋、山墙体相距近1米，且土墙多为土褐黄色，当地日照充沛，阳光明媚），因此悬鱼格外醒目，明暗对比十分强烈。此点在国内其他民居悬鱼装饰中独具一格，别具风味。

丽江纳西族民居山墙悬鱼，式样根据住宅等级、性质、规模和质量而定，基本上为直线和弧线。有的也在悬鱼上进行雕饰润泽，上半部雕刻成太极图，下雕双鱼形，微呈弧状的封火板及悬鱼，在充沛的日照下，寂静地投射于朴质的山墙尖板壁上，使墙壁产生了空间的深度感，彰显轻灵优美、飘逸深邃的审美表征，同时也是分辨纳西族民居与邻近的白族民居、藏族民居的符号标志。

2-34　清代福建永安县民居花篮山花。　2-35　民国初期云南丽江纳西族民居悬鱼。

2-36　民国初期云南丽江纳西族悬山悬鱼。

作为依附于传统民居建筑上的一种小型构件装饰，悬鱼纹样形状各异，造型优美，象征显明，喻意深奥。

悬鱼象征配偶、合欢、生殖和繁衍。"从表象来看，因为鱼的轮廓，更准确地说是双鱼的轮廓，与女阴的轮廓相似；从内涵来说，鱼腹多子，繁殖力强"，"希望对鱼的崇拜能起到生育功能的转移作用或加强作用，即能将鱼的旺盛的生殖能力转移给自身，或者能加强自身的生殖能力"⑱。我国许多地区传统民居建筑上的悬鱼装饰，就是以鱼作为象征物，既有吉庆有余、丰稔物阜的愿望寄托，也蕴涵着种族繁衍、生殖崇拜的信仰观念，抽象化的外在表现彰显着这一文化信息符号丰繁的人文内涵和鲜明强烈的识别性。⑲

2-37 晚清浙江兰溪县诸葛村信堂路民居砖雕屋脊葫芦瓶。

2-38 清代山西平遥县城关镇民居山花。

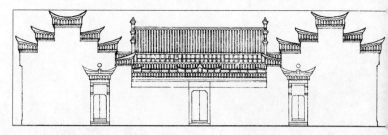

2－39 清代浙江大型民居。

2－40 清代浙江大型民居正立面透视。

三、墙体立面

中国古代建筑以梁柱构架体系与墙面立面围护体系整合而成,构筑、造就了空间框架围合模式而界分内外。它不仅仅具有室内空间的意义,也作用、反映于外部空间形态。对于建筑立面三段式之一的中间体,建筑学家梁思成的三分说影响甚广:

> 中国的建筑,在立体的布局上,显明的分为三个主要部分:(一)台基,(二)墙柱构架,(三)屋顶。任何地方,建于任何时代,属于何种作用,规模无论细小或雄伟,莫不全具此三部;……中间如果是纵横着丹青辉赫的朱柱,画额,上面必是堂皇如冠冕般的琉璃瓦顶;底下必有单层或多层的砖石台座,舒展开来承托。这三部分不同的材料,功用及结构,联络在同一建筑物中,数千年来,天衣无缝的在布局上,殆始终保持着其间相对的重要性,未曾因一部分特殊发展而影响到他部,使失去其适当的权衡位置,而减损其机能意义。[20]

由梁氏议论上溯至北宋,当时著名的木工哲匠喻皓在今已散佚的《木经》中,就已有明确的见解:

> 凡屋有三分:自梁以上为"上分",地以上为"中分",阶为"下分"。[21]

指出了建筑三位一体的基本特征。如果仅仅将中国古代建筑平均地看作"三段式"均等的话,那么墙面的功用借用黑格尔的结论似乎并无差异:

> 墙壁的独特功用并不在支撑,而主要地在围绕遮蔽和界限。[22]

民间传统的说法是"墙倒屋不倒",形象地说明了中国古代建筑墙体的基本功能主要在于围护和分隔空间。假若我们循此而进,对中西古代建筑进行一番比较的话,不难发现两者的区别和差异:欧洲古代建筑立面构图的中心(重点)在于墙体立面,"底部和顶部不过是稍加变化而已"[23]。中国古代建筑却不是这样。相对而言,中国古代建筑的墙体立面显得"次要"或"平淡"得多:深檐曲面的屋顶、木柱矗立在支承的台基上,"如果有任何的实墙,它们差不多都在宽阔的屋檐、前廊、门窗格扇以及栏杆所产生的阴影变幻中而消失"[24]。当然,Siren描述的特征在中国古代宫殿、衙署、宗教等建筑中体现得更为明显些,民居建筑也并不都具有如此的特征。

如果浏览、游历或考察过徽州明清村落、苏浙沪地区深宅府邸

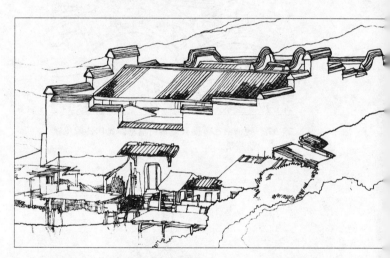

2－41 晚清福建古田县凤浦乡峦垄村民居。

2－42 清代北京大型四合院垂花门。

2—43　中国传统民居左右背面砖墙高砌，唯正是多以装饰。清代山西祁县乔家大院。

2—44　门前让出一头地，以供行人穿行，正面虚空同中存异。清代浙江湖州南浔镇百间楼。

2—45　南宋赵氏王室后裔南迁定居的堡寨式民居，三段式依稀可见。福建漳浦县赵家堡"完璧楼"。

以及闽、赣、粤等地的木构遗存、远年旧屋，一定会有这样的体会：院落内四周的房屋立面具有室内设计的特性，通透幽深，槅扇、雀替、低槛墙、窗牖、丹墀等精细的装饰、装修的形状肌理，呈示着高、宽、深三度空间的意蕴，尤其是院落中的敞口厅（比如徽州黟县西递村的膺福堂、福州三坊七巷中文儒巷47号陈承裘府邸等），室内室外互摄互涵，畛域难清，形成了颇有深度的三度空间的立体化了的面。如果将廊檐柱子、木枋间花牙雀替等综合起来观照的话，柱网间无疑构成了室内"帷帐"的意向。人居其间（院落内），颇为自由通畅，"游目"而"骋怀"，全无院墙坚固高耸和封闭的感觉，这点在北方院落内（如晋中市平遥县王苣廷旧居）等也有一定的体现，只不过由于气候、地理等条件的制约，不如南方地区院落式民居表现得充分罢了。总之，传统民居建筑院落内具有多维层次三度空间的"墙体立面"，意在弱化封闭感，力求使空间得到拓展和幽深，也是以小见大、隔而不断、层次丰富等设计手法的再现。

是否可以这样认为，中国古代建筑与装饰艺术的形象，在讲求单体造型比例的同时，似乎更注重群体序列组合的穿插和秩序；由此而生的艺术感染力，当是以现实生活为依凭，以人的常规或正常知觉力为审美标准，落脚于启示人对现实生活的反映为着眼点。即在人的可理解和接受的平台上，着力于建筑（群）整体神韵气度的情理相融，不仅强调可视性，而且重视可游的物我合一性。

从魏晋嵇康"目送鸿归，手挥五弦。俯仰自得，游心太玄"、王羲之"仰观宇宙之大，俯察品类之盛，所以游目骋怀，足以极视听之娱，信可乐也"。诗文中的"游目"也好，"游心"也罢，咸为古人认知世界、感受空间的基本观念和取向，对建筑构筑提出了这样的要求：建筑（群体）空间应提供适合游、观的欣赏过程，为观者提供视觉扫描时的"停滞点"——视觉焦点，而这种视觉内容，大率是由建筑装饰来承担：建筑装饰在自身锻造与对建筑空间的强化方面，优化和清晰地凸现了游、观的特征和功能。上述民居院落内四周房屋立面的槅扇、雀替、梁枋、斗拱、廊檐等构件及所处部位，无论方向、高度、位置，在人的游、观中均为目力视域中十分适宜的区域。在"步移景异"的运动中逐渐展示空间的秩序性和连续性。

归根结底，中国古代建筑中院落内的墙体立面，是具有鲜明、高妙的设计意匠和风格的，昭彰着"以人为本"的营造理念的。因为"中国建筑的立面构图完全是依随着平面组织方式而产生的，它的重点在考虑着如何地作出规限空间——'内院'的效果，是几千年来经过无数深思熟虑而得出来的艺术意匠，它所采用的种种方式，我们不能不视作为一种十分宝贵的经验"⑤。

清初文士李渔在《闲情偶寄》中谈到墙壁时这样说道："峻宇墙壁"、"家墙壁立"，昔人贫富，皆于墙壁

间辨之。故富人润屋,贫士结庐,皆自墙壁始。墙壁者,内
外攸分,而人我相半者。俗云:"一家筑墙,两家好看。"居
室器物之有公道者,惟墙壁一种,其余一切,皆为我之学
也。㉖

李渔十分强调墙壁的"外显"作用——辨等功能:通过墙壁即刻判
明居者户主的地位和身份,自古以来莫不如是。与儒家荀子的"故
为之雕琢刻镂,黼黻文章,使足以辨贵贱而已,不求其观"㉗的思想
可谓一脉相承,如出一辙。

中国传统民居建筑墙体立面的类别丰富,依使用性质和部位,
可分为檐墙、山墙、坎墙、隔断墙等。明末造园家计成在《园冶》一书
中列举墙垣,就有白粉墙、磨砖墙、漏花墙、乱石墙、漏明墙等之分:

　　凡园之围墙多于版筑,或于石砌,或编篱棘。夫编篱
斯胜花屏,似多野致,深得山林趣味,如内花端水次,夹径
环山之垣,或宜石宜砖,宜漏宜磨,各有所制……。㉘

据使用材料,则有土墙、砖墙、石墙、木板(条)墙、竹篾墙等区别,包
括其他使用混合材料组成的墙体,如上土下石等等。从结构受力状
况看,又有承重墙与非承重墙之分。若以工艺技术制作界分,则又
有清水、混水、干砌、混砌之别,等等。

从传统民居的砖墙看,以青砖运用最为普遍。施于墙体的有空
心砖墙、条砖墙、空斗墙等。砌筑工艺、方法概略有实砌、空斗、组
砌、镶嵌、拼贴等数种,均依据实际和具体状况、条件灵活使用,见
机行事。

砖墙的主要优长在于防火,一旦失火,砖墙可有效阻隔火源蔓
延。这一点在中国古代大型类书《古今图书集成·火灾部》中阐述
得十分清楚:"由居民皆编竹之壁,久则干燥易于发火;又有用板壁
者。竹木皆酿火之具,而周回无墙垣之隔,宜乎比屋延烧,势不可
止。""尝见江北地少林木,居民大率垒砖为之,四壁皆砖,罕被水
患,间有被者,不过一家及数家而止。""今后若有火患,其用砖石者
必不毁,其延烧者,必竹木者。久之习俗既变,人不知有火患矣,此
万年之利也。"至于在砖墙外涂抹石灰等,则功在防雨:"垣既随庐,
不得不峻,畏水易圮,涂白灰以御雨,非能费材而饰也。"

鉴于砖墙在防火、御雨、保卫等防灾减灾以及隔音等方面的优
长,所以,大江南北众多富裕家庭纷纷使用。尤其在南方许多街巷
纵横密布、人群麇集之所广而用之。故民间又称之为"封火墙"、"防
火墙"等。

中国传统庐舍民居因地域、风土、民俗等的差异,其墙体立面
也是形式多样,异彩绽放。我国北方广袤地区的民居建筑墙体,一
般多以青灰色的砖块砌筑而成。朴茂厚重如东北地区,坚固高耸如
晋中地区,齐整淳朴如关中地区等。均充分考虑到当地的自然条件
和地域特征,其材质、色泽等与自然风貌及色调十分协调。东南沿
海地区如福建闽南莆仙、泉州等地民居,墙体多以红砖砌筑,这种
用松枝烧制的红色雁只砖质地坚硬,色彩浓艳,饱和度极高,视觉
效应和装饰意味异常强烈和突出。苏、浙、沪、皖、赣、鄂、粤、桂、湘
等部分省区则在砖墙上涂刷石灰,与黛瓦形成黑白对比。至若部分
贵胄显赫之家,辄以精细良材和优质的施工工艺技术来凸现墙体
的规格和艺术性,例如常运用于廊檐内山墙、正立面墙头或门楼等
处,以水磨贴砖形式出之,平整光洁,简洁古朴。又因砌筑手法和工
艺的区别,而产生规律性几何图案。江南地区习用水磨砖作45°斜
置,四周条砖收头等,蕴含着丰富的变化,雅致精奥,清超静穆。

2-46　晚清民初以石为墙的贵州镇宁县布依族石头村寨。

2-47　砖墙上下有别,秩序益然。清代山东栖霞县牟氏庄园主楼后墙。

2-48　民国初期福建南安县"出砖入石"墙面。

2-49　民国初期福建闽清县坂东民居砖墙。

2-50
民国初期福建泉州
晋江县乱石墙壁。

2-51 民国初期福建泉州晋江青阳乡红砖墙面。

2-52 民国初期福建南安县"出砖入石"墙面。

2-53 晚清福建泉州江南乡亭店村杨阿苗宅红砖墙面。

从分布区域、实施面积最为普泛的土墙来看，通常有筑土墙和土坯墙之分。筑土墙古时称版筑，其法为取墙板若干，中间灌入泥土搅匀，逐层反复；土坯墙以麦草、茅草等与泥土混合砌筑。在经济、技术欠发达的地区，如云南部分彝族等地区，至今仍在广泛使用。

就土墙工艺技术而言，福建方圆土楼民居的夯土技术堪称一流。夯土墙体居然能构筑五六层的高楼，经久耐用，长者可达数百年。漳州市华安县沙建乡"升平楼"始建于明万历二十九年（1601年），迄今已四百余年。黄汉民先生认为，良好的配比、精湛的工艺是夯土技术的关键：土楼底层泥土厚实，至厚可达2~3米，以上逐层收分，每夯筑一定高度即放置两层杉木板以作"墙筋"，同时以"竹筋"墙骨收拢紧密，并考虑阴阳向背干湿不一的客观事实，预先有所偏倚，旨在日后使用中，墙体自身缓慢、逐渐地调适到适宜的角度[29]。

西南边陲的西双版纳和德宏傣族景颇族自治州等地的竹楼民居，其围护体以竹篾构成：西双版纳竹楼墙面利用竹子正反皮里的材质色泽区别，编织成各种规律性纹样图形；德宏瑞丽竹楼楼上外围以精编竹篾席纹，篾编席纹更为丰富，几何、重叠、穿插、渐变等构成手法多样而精彩。外观给人以清新、生态、质朴、雅洁的感受。

木构墙体民居源远流长，中国古代形态各异的干栏式和井干式传统民居，皆以木质构成。"因为木材轻便坚韧，抚摸舒适，便于施工，而梁柱式结构开门开窗甚方便，所以木构宫室，在我国很早原始社会就用，而且相当普遍"[30]。例如黔东南苗族侗族聚居的半楼居吊脚楼、滇西北傈僳族"千脚落地"民居、海南腹地黎族的高脚船形屋以及分布于滇西北、天山北麓巴里坤草原、东北大小兴安岭鄂伦春、鄂温克等地区民族的井干式民居等，其墙体处处显示木构自然本色：内外墙大都是用去皮圆木或方木层层垛起，木楞接触面做成深槽，利于叠紧稳固并防火。墙角处互相交叉咬合衔接，中间隔墙的木楞头也交叉外露，叠积之木不尚修饰，屋顶覆以木片。风格古朴率真，粗硕雄浑。

"依山居止，垒石为室"。在西藏、川西北、黔西南、陕南、冀西以及闽南等地，以石为壁的民居至今仍在大量使用。通常以当地所产的毛石、青石、片石、麻石、料石等石材作围护材料，坚固耐久，价廉物美，体现了就地取材、因地制宜的营造特点。闽南泉州、惠安、晋江、南安等地花岗石墙面砌筑多样，青石白石相间砌筑形成色彩对比，蜂泡石与规整石块组合构成质感对比，条石顺砌与丁砌显示结构与形式对比。并以块石与红砖混砌，当地俗称"出砖入石"，整合而成千变万化的非规则的构图和图形，色彩、材质、形式等均在强势对比和差异中融为一体，共生同荣，鲜明而璀璨，具有极强的地域性特质，视觉效果十分强烈。

中国传统民居建筑山墙分墙头（墙尖）、垂带、山墙面三部分。富有地域特征和装饰性的马头山墙在不同地区有不同的处理手法，各具特色。徽州及苏州地区的马头山墙趋于平直，绍兴、宁波一带较为峻响。荆楚地区则多以山墙面作为建筑的正面。

南方省区如安徽、江西、湖南、湖北、浙江等地的马头山墙，形

式有平行阶梯形、弓形、鞍形等。以
阶梯形为例，高出屋面的山墙头封
闭并露出屋顶，形成山花的错落变
化，层层跌落，一跌、二跌或四五跌
不等，全部以白灰粉刷，白墙黛瓦，
节奏明快，黑白分明。其中尤以徽州
地区最具代表性："墙头部分的造型
丰富多彩：有的露出人字双坡屋脊，
山尖突出，墙脊一体；有的高出屋
脊，作成弓形或云形，舒展自由；更
多的是将高出屋脊、屋面部分的顶
端作出层层跌落的水平阶梯形，南
山称之为马头山墙。"③

明代时徽州地区的民居外墙正
面最初为一字形水平面高墙，中、晚
期始凹型高墙出现；两侧山墙初为硬
山搏风山墙，后衍变成人字型前低后
高型，明中期后逐渐以马头墙面为
主，并覆以青灰、蝴蝶瓦。迨至清代，
山墙一律超过屋脊，马头墙样式多
元，如三叠式 ✚，五叠式 ⬚ ，也有
少量弓形 ⬭ 。

徽州等地的马头墙高耸挺立，
腾骧在住宅之上，跃向广阔的天
际。一方面拓展了建筑的空间感，强
化了它的动态意向，另一方面，马头
墙的造型样式的多样化，如呈水平
状，有呈折线状，有呈交叉状，有呈
直角状，有呈锐角状，也有弧状等，
均以线型拓展，构成了多样化的格
局和形态：既层层递进，步步高升，
至高点，旋逐层递下，步步下降。又
以简约、明朗的象征手段塑造"马
头"的翘角、突兀、倾斜、上升来凸现
马头昂扬、横空出世的轩昂态势。

福建传统民居风火山墙呈多变
的曲线型自由式，山墙轮廓"影像"
圆方相宜，错落有致；福州长乐县民居曲线型山墙的两个尖
型凸起作前高后低前倾动势，舒展有度；福州、闽清民居山墙
则沿屋坡以曲线型弯曲上翘，宛如燕尾般流畅顺势跌宕逸
出；而福清县民居侧面前后两个曲线波浪型山墙以不连续
的、富有弹性的大弧度曲线构成丰富的天际轮廓，"墙顶以
红墙叠砌出挑线脚形成极小的出檐，每层线脚等施以精致
的彩绘花饰，瓦顶扎口上砌空花女儿墙收头。立面勒脚很
高，为平整的花岗石砌筑。立面分隔成上下两层，除窗边用
红砖实砌外均砌红砖空斗墙，并以白灰勾缝，形成特殊的装
饰效果"②。

在与赣、浙交界处的武夷山、福鼎、泰安等地，也有与徽
州、赣北、浙江等地民居相似的阶梯状马头墙。

广东潮汕地区民居墙头有金、木、水、火、土五种形式的

2-54 晚清福建泉州江南乡亭店村杨阿苗宅外墙雕饰。

2-55 井干式干构墙体。西藏昌都民居。

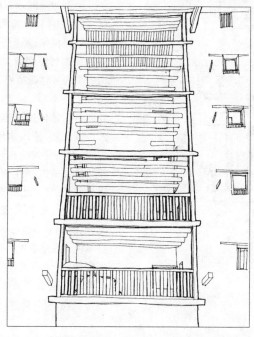

2-56 夯土与木构的巧妙结合——晚清福建永定县
坎市新业兴楼。

2-57 碎石墙面——西藏山南地区扎囊县
囊色林庄园。

2-58 山南地区扎囊县囊色林庄园墙壁与窗户。

2-59 拉萨民居及墙面。

2-60 山墙上的薄砖富有韵律。

2-61 宁夏回族民居的土墙。

"五行式"山墙。据传选择不同的形式系以户主与该住址所在环境的方位、朝向的阴阳五行属性相配为依据，顶部常以水式墙头出之，旨在压火防灾，具有浓郁的地方特色。

此外，粤中民居的护耳墙因状如护（锅）耳，也有认为在当地方言中，护与鳌同音，鳌头意为独占魁首，富贵而发达③，装饰感极强。

中国传统民居山墙顶部檐下部分的垂带，自墙头一直延伸到尾部。尾部即山墙面与墀头相接处的部位，一般用草尾题材描绘，既有流线花草，也有曲尺形，边框线条单一，简繁不一，象征吉祥，隐喻平安。通常以墨色线条敷设勾勒。

广东一带民居山墙垂带装饰常用"线"、"肚"图案，宽者为板线，窄者为条线。板线间分割成块状者为"肚"或"板肚"。根据题材有"花鸟肚"、"山水肚"、"人物肚"之分。墙头线条正中方向下称"腰肚"，也有在腰肚下面增加装饰，称之楚花，纹饰图案大多繁缛密匝，填密细致，色彩浓烈，具有明快热烈的艺术效果。云南大理白族地区民居墙面装饰独树一帜，别出蹊径。硬山式封火檐以封火石（薄石板）封住，屋檐和山墙的悬出部分外观齐整而防风；山墙上一般都有腰带厦，厦上山墙处理，或黑白大山花，或泥塑彩色图案。山花纹样流畅饱满，生动多样。其他则描绘成砖块图案。山墙出厦的檐下部位，装饰形式有线脚和画框（框内为山水风景画和书法诗词）。与各地民居不同的是，白族民居后墙檐下装饰并未忽略，一般以薄砖划分三段框档，黑灰两色绘山线脚、砖墙图案或窗扇，形成对比调和的素静蕴义。外观优美，内蕴丰盈，白墙黛瓦辉映在蓝天白云之下、青山绿水之中，颇具诗情和画意。

江南地区如苏州庐舍民居，外墙面墁石灰，也有少部分刷青煤作灰黑色。一般在墙边上下左右勾画一些简略的线条，亦有做浮雕或彩绘，均显秀雅、高洁之感。

中国传统民居建筑山墙面多样化的结构与装饰处理，遂使封闭、朴实的民居外观造型形式增添了丰富的上部有机的轮廓线和图式特征，强化了各地区、各民族不同类别民居的独特风貌和识别特征，在理性实用的民居建筑中注入了丝丝浪漫灵动的意蕴和风采。

墀头，硬山式民居建筑山墙端头的总称，俗称"腿子"，也是墙体立面重点装饰的处所。北京四合院山墙墀头的上方有戗檐、博缝、盘头等部位，这些部位突显于檐头部分而引人瞩目，通常以精美的雕刻出之。相比较而言，戗檐雕镂题材显得颇为宽泛，多为民间大众所喜闻乐见的艺术化、民俗化题材，诸如鹤鹿同春、麒麟卧松、鸳鸯荷花、博古炉瓶、玉棠富贵、松鼠葡萄等等。而在戗檐侧面的博缝板上则雕镂万事如意、太极等图案。位于宅门外侧的墀头，在冰盘檐下面复加垫花，具有较强的装饰性。

中国传统民居建筑墙体立面中的墀头装饰，以砖雕镂琢最为广泛。一般大中型墀头似可分为"三段式"：上层翻花，上承檐口，下接墙壁呈倾斜状；中部是长方形的垂直面，四面用砖线凸线装饰，抑或在砖面上刻凿雕镂，构成墀头视觉装饰的重点；最下部为墀尾，体量渐趋细小，雕琢精细。题材内容也多为宝瓶、花果之类。又因各地文化、历史、人文、习俗、民情等的差异，而形成不同的题材、内容、处理手法和特色。

为了避免墙体立面划一单调的格局，一些比较讲究的传统民居建筑在外墙面上也进行"特殊的"装饰处理。比较突出的是明清时期的北京四合院民居中的廊心墙和云南大理白族民居檐廊两端的围屏。

北京四合院大门两侧、正房或厢房的廊心墙上，通常在墙体上方做砖框，框内做砖心，称为海棠池子。内中雕花刻草、镂纹琢饰，抑或塑嵌砖额。题额内容诸如"竹幽"、"兰媚"、"傲雪"、"蕴秀"等，典雅而闳阔。

北京四合院民居中的什锦窗，大多置于垂花门两侧看面墙和内院游廊墙上，此窗非能开阖通风纳阳之彼窗，而实为纯粹形式装饰的"假窗"，大都雕镂精美，且样式绝少雷同，装饰意味十分浓郁。也有赋予什锦窗以实际使用功能者，即在窗芯内凹处安置灯管，经折射以成什锦灯窗之侧光，以弥补夜晚内院游廊晦暗的不足，又不露痕迹，自然而成。殊为巧妙！

云南大理白族自治州区域内的白族传统民居内院檐廊两端的墙面装饰，白族称谓"围屏"，是内院墙面装饰的重点部位。通常先用薄砖砌出框档，形成凹凸。上下由三段式组成：上部横向三框，两侧呈竖向，略小，中间横向，偏大，多以彩绘装饰，或绘两侧，或髹中间；下部或为一横向彩绘图案，或与上端处理相近，横向三框构成，中间横向略有变化，如扇形框档等；中部面积约等于上下两部的总和，又兼处于人的视觉接受的最佳视域，因此大多予以重点装饰。在正方形和竖长方形的框档内，通常有八边形、六边形、长方形、圆形等四种样式。前三者中心套圆，嵌以山水苍山大理石，周边围框，多以几何图案和花卉图案组合而成；彩绘精细，石纹自然浑成，四角岔角花对称，极富民族韵味；后者以薄砖组成几何图案，疏密相间，耐人寻味。也有一些围屏运用泥塑装饰，形成层次辅以彩绘。或题诗作词，体现"文献之邦"的迷人风采。

宋代《营造法式》中的花墙洞，也即明代《园冶》中所谓的漏明墙，大多设置在传统民居庐舍的隔断墙上或庭园建筑的墙垣上，澄明而玲珑。虽然为窗，但又与一般窗牖的功能不同。漏明墙窗的功能，首先在于虚实相生。从虚实相生结合的原则来说，在"实"为有为物，在"虚"则是无为境。实制约虚，规定着虚；虚则自由地扩大实，进一步丰富实。实在是虚中见实，化实为虚。这种"无以为用"的设计指导理念，一方面使墙垣产生了强烈的虚实对比效果，藉助虚实的巧妙组合而获得优美动人的"情景"。另一方面，由于漏明墙窗构成的"透"、"漏"、"泄"景的功效，暨分隔基础上的贯通连接，使人的视线从一个空间穿透至另一个空间。从而使不同的空间互相渗透，造成一种景深深远而无可穷尽的感怀和体验，营构出一种幽远、空灵的意境。

透过漏明墙窗，假若是位处轩廊或厅堂内，亦即源自晦暗的室内向亮处观照，则不但产生丰富的层次变化，而且外部空间的景物彰显出分外绚丽和明艳。宛如南朝诗人谢朓所说"辟牖期清旷，开帘候风景"。从室内观之，透过墙上窗牖，俨然尺幅小品，横披图画，掩映其间，朦胧恍惚，在庄子所谓的"虚室生白"中，"化景物为情思"，从视觉上突破了建筑和庭院封闭围合的有限空间的局限，将人为的有限空间与自然的无限空间接通联贯起来，达到"神超形越"的相化相忘的境界。

其次，漏明墙窗的图案造型具有较强的装饰美化功能。例如江南苏南浙江地区的庭园建筑或户外建筑的漏明墙窗，多以方形、圆

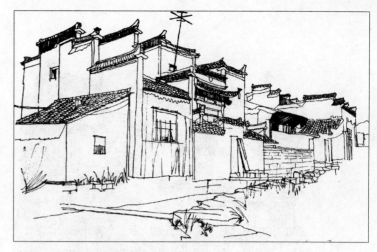

2－62　清代徽州黟县西递村民居砖墙高耸。

2－63　云南德宏县德昂族竹楼竹篾编织的墙面。

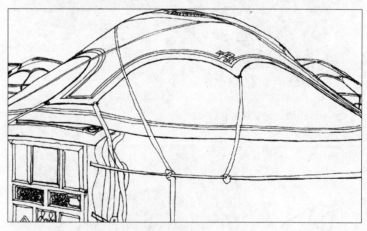

2－64　内蒙古毡包——独特的"墙面"。

2－65
清代北京四合院垂花门看墙上什锦窗。

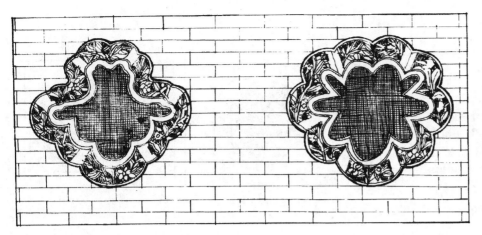

2-66　清代北京四合院花窗。

形、长方形、六角形等最为普遍，亦有部分变体形式，如扇形、海棠花形、冰裂纹形等。造型图形也是极尽变化，如直棂、方格、回字花蕊、平棂、竹纹花蕊、方胜、套环、回纹、轱辘线、夔龙、蔓草、云纹、结带等，工艺材料上一种与素白墙垣同，内外一体；一种系用小青瓦以断截面叠合组接而成，灵巧精致，也有运用木条、望砖、铁件泥塑或石材雕镂而成，不一而足。在粉墙上显得非常灵秀雅致，意趣横生。一般民居庐舍中均设计有一至二三方，增润建筑的韵致。

徽州地区明清时期的庐舍民居及庭园建筑中也有些许漏明墙窗的遗存。例如位于黟县西递村后边溪街的临溪别墅"挹芳"园的几何式漏明墙窗、横路街上的西园漏明墙窗以及徽商胡元熙旧居桃李园的漏明墙窗等等。与趋于一般化的普通漏明墙窗相比，徽州明清古民居中的石雕漏明墙窗就显得技高一着，昭彰着无穷的艺术魅力。

徽州民居中的石雕漏明墙窗，譬如西递村桃李园、百可园、东园、西园等处的松石漏窗、竹梅漏窗、双夔龙漏窗、扇面三扣菱漏窗、琴棋书画漏窗、喜鹊登梅漏窗等，撷取了大自然中美好的景物和形态，实现了由自然美到艺术美的转换，将汲取了自然美的自由美暨精神风采凝淀投射在石雕漏明墙窗中。这些石雕漏明墙窗深浅结合，平圆结合，远近结合，高低结合，且疏密相间，层次穿插，巧倩多姿，冷峭挺拔，具有较高的艺术水准和观赏价值。

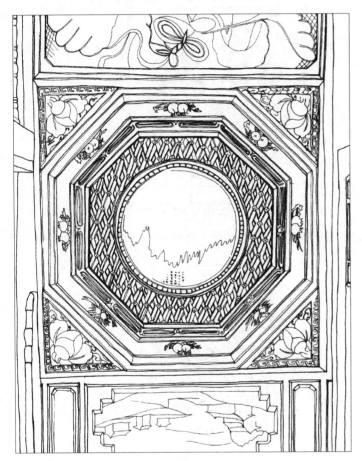

2-67　晚清云南大理白族民居廊下围屏——精美异常的装饰。

从文献典籍中看，古代装饰室内墙壁有壁带、壁衣和壁纸。壁带，是壁中裸露出的带状横木。"壁带往往为黄金釭，函蓝田壁、明珠、翠羽饰之"[34]。壁衣是装饰墙壁的帷幕，用织锦或布帛做成。汉代文豪贾谊在文中曾有"富民墙屋多被文绣"之句；诗人岑参亦有"暖屋绣帘红地炉，织成壁衣花氍毹"的诗句，描写了壁衣具有装饰、保温的双重功用。

上述壁带、壁衣咸为奢华之物，一般士庶阶层只能选用壁纸。此类壁纸，明清之际为手绘套印，最初安装在框架中，用楔子将框架固定在素墙上。如此，框架与墙体间留有空隙，再在框架上绷上帆布，然后在帆布上敷贴之，可移动取下，嗣后，逐步改成了直接将其粘贴在墙壁之上。至于板壁墙体，则应谨慎："糊纸之壁，切忌用板。板干则裂，板裂而纸碎矣。用木条纵横作槅，如围屏之骨子然。"[35]

明清之际，喜爱或使用壁纸的文士寥寥，一般愿意在净白素壁上悬挂布置字画，以示风雅、素朴。唯李渔反其道而行之，并在壁纸上创新实验：

予怪其物而不化，窃欲新之；新之不已，又以薄蹄变为陶冶，幽斋化为窑器，虽居室内，如在壶中，又一新人视听之事也。先以酱色纸一层糊壁作底，后用豆绿云母笺，随手裂作零星小块，或方或扁，或短或长，或三角或四五角，但勿使圆，随手贴于酱色纸上，每缝一条，必露出酱色纸一线，务令大小错杂，斜正参差，则贴成之后，满房皆冰裂碎纹，有如哥窑美器。其块之大者，亦可题诗作画，置于零星小块之间，有如铭钟勒卣，盘上作铭，无一不成韵事。[36]

2-68　廊下围屏墙面装饰。

浙江建德、兰溪县的部分村落民居，室内沿外墙内面都满设木质槛板。通常是做成块块木屉子，由边框、腰串和板子组成，以平整光洁的一面朝室内，用销子安装于墙体柱间，装卸自如；每开间设四扇，进深处槛板宽度与开间槛板宽度相近。此外，槛板也用于房屋隔断，还具有一定的防盗功能。

墙体立面中的内部，形式虽然不如外立面的多样和丰富，却也不乏精彩引人之处。

苏州明清住宅外墙的素朴与室内的踵事增华、精奥典雅既有联系又有对比。通常苏州明清住宅室内墙壁均为白色，也有用白蜡反复打磨宛如镜面，细腻光洁。这就是明代计成在《园冶》一书中所谓的镜面墙。现在苏州地区已很少做镜面墙了。饶有意味的是，笔者尝于20世纪90年代末两次入滇考察，发现丽江的旅舍、餐馆和新型住宅中，墙壁多用白蜡反复打磨，与明清苏州民居室内镜面墙如出一辙。询问年长的技术师傅，回答是旧法，以前一直是这样做。两者之间是否存有渊源衍绪，兹存疑虑，以待后考。

明清时期江南民居庐舍室内墙壁，也用水磨砖敷贴于墙壁上。或满覆，或镶贴局部(多为下半部)。既有正贴，也有斜置45°设置，形成独特自然的装饰效果。这也就是明代文震亨在《长物志》中所说的："四壁用细砖砌者佳，不则竟用粉壁。"

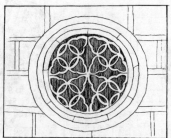

2-69　晚清民初闽北武夷山地区石雕花窗。

2-70
晚清民初福建民居
中的石雕花窗。

2-71
清代闽北尤溪县
民居石雕花窗。

2-72
民国闽北尤溪县团结
乡卢宅石雕花窗。

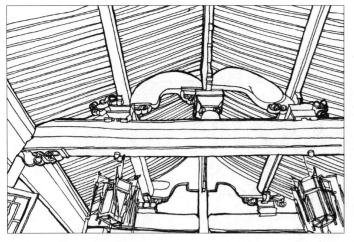

2-73 甬上证人书院讲堂内梁架。

2-74 清代江苏昆山县周庄民居同茂堂梁架。

2-75
清代徽州黟县宏村
南湖书院梁架。

2-76
古老的井干结
构——云南彝
寨民居。

四、梁柱斗拱

以木构架结构为主的中国古代建筑,在文化和物理两重属性的追求和创造中,别具一格,独辟蹊径。

中国古代木构架结构体系大致有抬梁式、穿斗式和井干式之分。抬梁式结构的主要特征是柱上架梁,梁上重叠瓜柱和梁,顶梁上立脊瓜柱;在平行的两组木构架之间,以横枋联结柱的上端,在各层梁头、脊瓜柱上设置檩,檩上承椽。抬梁式构架的优长在于可以形成大空间,建造除正方形、长方形等"标准房型"以外的如三角形、五角形、八角形、八角形及圆形等特殊特例的房屋建筑。从明清建筑遗存实例看,北方地区民居建筑大多运用抬梁式构架方式,南方部分衙署、寺观、府第、宗祠等房屋也较多采用,以满足高矗轩敞厅堂空间使用的需要。

南方地区常见的穿斗式构架,以房屋进深方向立柱、承檩,每檩下柱子都落地,径直负担屋面荷载。因此柱子的间距较密,柱与柱之间由穿枋连接,组成房屋构架。此类房屋结构的优长在于用料小而省,以小的柱与枋,做成较大的构架,结构也比较牢固稳定;缺点是室内柱密而空间不够宽阔。鉴于此,许多传统民居建筑中采用抬梁式与穿斗式构架混合使用的手法,即在房屋两端山墙面用穿斗式,中央诸跨间用抬梁式,辄以扬长避短、取长补短的互补形式出现,通常见于祠堂建筑和其他大型厅堂建筑中。

井干式构架大多见于气候寒冷的树木茂盛的林区和建筑技术工艺欠发达的区域,如东北和西南地区。系将圆木或半圆木两端开凹榫,组合成矩形木框,层层垛叠以为墙壁。墙角处互相交叉咬合衔接,中间隔墙的木楞头也交叉外露,叠积之木不尚修饰,屋顶覆以木片,因状似井口,原意是水井上的栏木,故称井干式。

井干式构架耗材量大,房屋的面阔和进深受木材长度的制约,外观厚实粗硕,实际应用上呈下降减少式微的趋势。

抬梁式和穿斗式木构架体系所具备的物理和力学性能是显而易见的,木构的张力、收缩力和曲力在房屋使用上功莫大焉,在地震、大风等灾害中即便错位,却晃而不散,具有"以柔克刚"的抗御自然侵蚀的独到功能;在施工工艺上,木材的加工便易、安装快捷是其他材质和构架体系很难比肩的。当然,木构架最直接的灾祸来于火患也是不争的事实。

然而,中国传统恒稳千古的木构架体系特征又不止物理层面上的。它的文化性除了前述对生命生物的生生不息的深刻感悟体认,而将其建立在可认识的循环往复的可持续发展之外,并将这种

2－77　月梁上深邃灵动而流畅的凹槽蛟若游丝。明代遗构——浙江东阳县卢宅。

认识深化和扩展到感觉概念并与圆通系统的思维特征相契合，讲求感觉抉择和形式创构，注重人与物（建筑）的良性互动，从而使木构架建筑成为文化的存在方式。

从传统木构架体系中的梁的构造及其形式观照，断截面宛若琴面、梁身呈曲线（中部向上拱起），横跨在柱上的木梁，称为月梁。月梁早在北宋《营造法式》中就已经被作为一种做法制度而予以推广。现今遗存的清乾隆时期以前者，庶几咸为月梁，尤以南方地区的祠堂、府第等较为集中。月梁造型丰腴饱满，形式生动富有变化，较好地凸现张扬出构架的物理性能和人文艺术的内涵和魅力：微拱的横梁对荷载承重具有良好的抗压承受性。一般的横梁时间长久后会出现中间自然弯曲下垂的迹象和趋向，月梁可谓反其道而行之，中部向上微凸，既杜绝了不堪重荷自然下垂的可能，又巧妙地规避了直梁僵硬单调的形式，也使观者的视觉感受方式中，增润了强化梁身承载力度带来的意绪和倾向。

在安徽、苏南、浙江、江西等省区明清民居的遗构中，月梁的艺术化处理颇有特色，令人赞叹。在圆润委婉的月梁两端，上缘曲线环绕至底下后，旋返弯回去，在硕挺饱满富有弹性曲率的侧面，洗练地镂镌出一股深邃而流畅的凹槽。双沟状的凹槽灵动飞扬，劲捷委婉：初阔，复渐窄，再趋细，蛟若游丝，蜿蜒有致；有的顺沿曲线刻镂镌仙鹤尖嘴、鱼鳃或龙头等形式形状，将曲线变化与吉祥的动物形体组合起合，整体上具有柔韧、浪浪、圆浑和飘逸的美感和形式特征，也是人们驻足仰视观赏的主要区域内容之一，视觉效果十分强烈。又因其外形浑圆似冬瓜，故民间又有"冬瓜梁"的称谓。

两端梁头上的仙鹤尖嘴、鱼鳃或龙头等雕镂形式与起拱的梁相协调，与梁头下的扇形梁垫相呼应，宛如从梁垫中生发而来，从而进一步强化了构架之间形象上的一体感和联系，木构架的整体感获得加强与紧密。

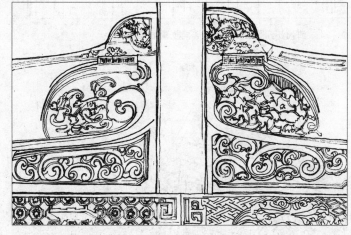

2－78　清代景德镇玉华堂正厅梁架木雕。

2－79　清代徽州歙县大阜民居梁架。

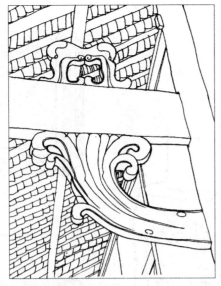

2－80　民国初期湖南永顺县不二门桃坊。

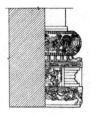

2－81　清代河南社旗县山陕会馆石柱础。

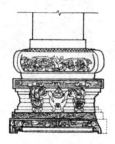

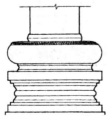

2－82　清代河南社旗悬山陕会馆石柱础。

此外，一些贵胄官宦或商贾望族的府第祠堂建筑的月梁底面，也雕琢繁冗的卷草、花卉之类的纹样。左右对称，居中花团锦簇，彰显富丽、高贵、奢华和精致。如景德镇玉华堂、浮梁县瑶里村程氏宗祠等。

另外一种木梁称为平梁，生成时间晚于月梁。其形方直粗硕，旧时大型的府邸、寺观、祠堂等建筑，梁的截断面直径往往可达30厘米之上。木梁装饰趋于简素，通常在看面处施以拐子纹之类的浅浮雕装饰，以突显平梁的结构和装饰性。苏州东山镇陆巷村的王鏊故居、浙江浦江县郑氏宗祠等均为平梁及装饰。

在月梁或平梁的两端或居中底面，一般安装铁构件，成为梁底悬挂灯笼或其他灯烛的基座。

传统民居梁柱结构中的柱，以木、石两者为主。木柱以圆居多，上细下粗，浑厚朴质，光滑流畅。美学家在谈到柱子时说道：

> 柱子的基本的独特的功用就在于撑持。所以单就撑持来说，墙壁实在是多余的。因为撑持是一种机械的关系，属于重力和重力规律的范围。重量或一个物体的重心都集中在撑持物上面，这撑持物就使它保持平衡，不至倒塌。这就是柱子所做的事，用柱子撑持重力，显得把外在的工具节省到最低限度。浪费很大的墙壁去撑持的东西只要很少的柱子就能撑持住，古典型建筑之所以具有高度的美，就因为它所竖立的柱子不多于实际撑持梁和顶所需要的。⑰

柱子分为柱头、柱身和柱基三个部分。柱头一般承托梁枋，支撑斗拱、牛腿、雀替等；柱头以下、柱基以上的中间绝大部分为柱身。一般情况下，柱身"上下不能一样粗，由下中部到上部要逐渐变细些，因此实际上有一种膨胀，尽管看不出来"⑱。其实，上细下粗的柱身一方面符合树木生长的自然规律，如此可以在一定程度上节约使用木材；另一方面也契合了人们的视觉感受方式、习惯和心理期待特性。

在柱子的柱径与柱高的比例上，早期的柱径略粗，一般可达到1∶8～1∶9的比例，迨至清代，规定比例为1∶10。

中国古代建筑大柱绝大部分的截面为圆形。圆柱有直柱和梭柱之分：直柱就是整根木柱圆径一致；梭柱上下两头收分，做成卷杀，中部粗大，两端略细，形同梭子，故称梭柱。现今遗存的明代建筑的木柱多呈梭形，圆润优美，飘逸俊朗，雄伟而富有变化，很容易激发起观者的心理情感活动和审美思绪。

其实，在中国古代建筑中，与水平面垂直的柱身，却不绝对和完全地垂直，而是柱身上部略微向内倾斜。宋代《营造法式》中明确地刊载曰：

> 凡立柱并令柱首微收向内，柱脚微出向外，谓之侧脚。每屋正面随柱之长每一尺即侧脚一分，若侧面每长一尺即侧脚八厘，至角柱其柱首向各依本法。⑲

宋代规定柱侧脚做法，正面柱侧脚为柱高的1％，侧面柱侧脚为柱高的0.8％。与此同理，各间的柱身也向明间厅堂（房屋中心部位）中轴靠拢、微倾，以裨契合于结构力学的要求。这种侧脚做法在太原宋代晋祠圣母殿建筑、云南纳西族民居中均有明显的表现，与明式椅凳类、橱柜类家具的侧脚同出一辙。⑳

柱子的下端柱基是柱子的起点，又谓柱脚。黑格尔曾经说道：

> 为着避免使柱子的起点显得不确定和偶然，它就应该有特意设立的基脚，使人明白地认出这是它的起点。艺术因此一方面指点出："石柱从这里开始"，另一方面使柱子的稳定与安全成为可以眼见的，眼睛因此仿佛安定下来。[41]

黑格尔在此叙述了柱基的始发性、稳定性和安全性以及人的视觉欣赏习惯与柱基美的内在特征所在，颇有见地。

中国古代建筑柱基下常承石础或木榰，功能在于吸水防潮，避免柱脚腐蚀。柱础历史源远流长。最初的木柱是直接垂直于地面上的，为防止柱子的深入下沉，便在柱脚处搁置垫以石墩石块，《尚书大传》卷一中有"大夫有石材，庶人有石承"的记载，此处的石材、石承均指柱下的石础。西汉《淮南子》中也有"山云蒸，柱础润"的记载。约略于战国前后，曾经有过使用铜质柱础的阶段。《战国策·赵策一》云："董子之治晋阳也，公宫之室，皆以炼铜为柱质。"嗣后逐渐被木榰石础所取代。

中国第一部建筑工程技术规范、宋代《营造法式》中有关柱础标准为：

> 其方倍柱之径（谓柱径二尺即础方四尺之类，引者注），方一尺四寸以下者，每方一尺，厚八寸；方三尺以上者，厚减方之半；方四尺以上者，以厚三尺为率。[42]

宋代《营造法则》中编有明确的木榰制作的规定。明承宋制，在许多明代住宅中基本上咸以木榰承柱，在苏南、浙南、徽州等明代住宅中均有遗存。

清代以降，开始大量使用石质柱础，由于柱础与人的视觉（尤其是坐卧时）比较接近，因此，柱础的形式、装饰样式及雕镂千家万色，千姿百态。

传统民居建筑比较重要或主要的建筑中，综合运用方柱（石柱）、圆柱（木柱，也有少量石柱）的实例比比皆是，能获得特殊的效果。浑厚光滑的圆木柱、峭拔巍峨的石方柱，各有特点："圆形是本身最单纯的完满自足的"，给人的美感是舒畅平和的。"方柱变得细瘦苗条，高到一眼不能看遍，眼睛就势必向上转动，左右巡视"[43]。这种耸立向上的活力和雄姿，常用来支撑外檐四角——石柱通常安排在建筑的四周，以负荷角梁巨大的重量，如檐柱、山柱等。浙江省兰溪县诸葛村丞相祠堂敞厅，也称中庭，面阔五开间，进深三开间，空间高敞，其檐柱、山柱都为石质的方柱，中央四根金柱直径约50厘米，分别用柏、梓、桐、椿木（谐音百子同春）构成，对比强烈，彰显庄严高贵、肃穆庄重的建筑品格。

在宋代李诫编纂的《营造法式》中，对石柱础的样式、尺寸和雕凿工艺都有十分具体而微的"制度"。例如描述覆盆等础时写道：

> ……若造覆盆，每方一尺，覆盆高一寸，每覆盆高一寸，盆唇高一分。如仰覆莲花，其高加覆盆一倍。如素平及覆盆用减地平钑及压地稳其华、剔地起突；亦有施减地平钑及压地隐起于莲花瓣上者，谓之宝装莲华。[44]

2-83　湖北利川三元堂镂雕柱础。

2-84　清代河南社旗县山陕会馆石柱础。

2-85　清代徽州黟县珠坑民居柱础。

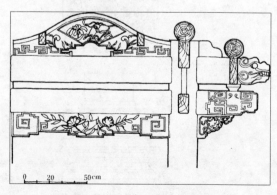

2-86　云南大理白族民居明间廊下插梁雕饰。

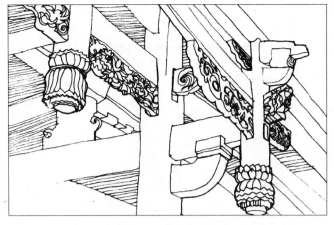

2-87: 晚清民初福建漳浦县旧镇海云家庙木雕垂花。

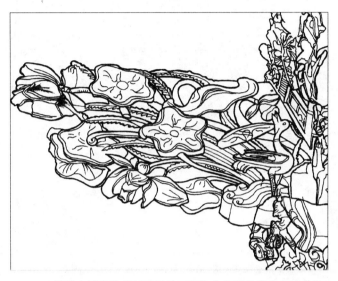

2-88 清代山西襄汾县丁村民居正厅柱头穿插枋华头木雕"莲喜图"。

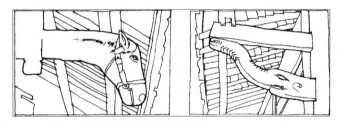

2-89 鄂西一带的马头反桃枋、象鼻桃枋。

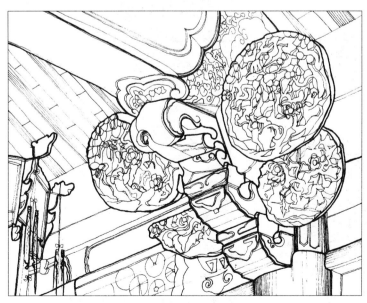

2-90 晚清国师翁同龢常熟故居"彩衣堂"梁架垫木雕斫。

至于柱础的雕琢,《营造法式》中也有明确的说法:

……其所造华文制度有十一品:一曰海石榴华;二曰宝相华;三曰牡丹华;四曰蕙草;五曰云文;六曰水浪;七曰宝山;八曰宝阶;九曰铺地莲华;十曰仰覆莲华;十一曰宝装莲华。或于华文以内,间以龙凤狮兽及化生之类者,随其所宜,分布用之。⑤

从各地遗存的清代以前的石柱础造型样式看,以圆形和近似于圆形的八角形居多。在圆形的基础上,又衍化出圆鼓形、扁鼓形、圆瓜形、圆篮形、花瓶形等;方形柱础也有方鼓形、瓜棱方形等变体形式。另外尚有六角形、十二边形、十六边形石础。更多的为若干种形状的综合处理以及形态更为复杂的多层柱础。

在丰富多彩的柱础造型基础上,历代匠人、尤其是石匠艺人在础面上加以不同内容的雕饰,赋予柱础以更丰富、更多彩的艺术魅力。其中,既有不加任何纹饰、径以自身造型的素质美凸现质朴淳厚的艺术风貌,如宋辽金元明时期建筑中常见的覆盆式柱础。也有通体满饰、繁冗雕琢的石础形式,如清代建筑中常见的鼓形柱础,上下通体满圈圆钉图案使鼓形更形象化,中部雕琢主体内容,装饰意味浓郁,常常成为人们视觉的聚集之处。

从石质柱础雕琢装饰的内容上看,民间建筑雕饰内容的范围更加宽泛,突破了宋代《营造法式》和清代《营造算例》中有关柱础的"制度"和"规定",可谓无所不包,五花八门,如花草禽兽、琴棋书画、渔樵耕读、文房四宝、双狮戏球、八仙八宝以及石榴、葡萄、蝙蝠、寿桃、牡丹、万字纹等等,不胜枚举。至于外轮廓边饰,则有直线、鼓钉、回纹、云纹、卷草、拐子纹等等,有的甚至将《营造法式》中作为雕琢主体内容的莲瓣也幻化成了边饰。

额枋为柱上端联络与承重的构件,有单根、双根叠用之别。上面谓大额枋,下面称小额枋。两者之间用垫板。

为避免屋架横向联接力度的单薄,严防脱榫松散,在木构架榫卯结合处采用雀替这一小型构件,置于梁枋下与柱相交处,成为梁枋与柱相交处的托座。可以缩短梁枋的净跨距离,旨在稳定牢固构架。

雀替处于梁柱之间,藉助可缩短梁的跨度,减弱两者间的剪力。防止横竖构件间角度的倾斜,起到加固承托的作用。设置柱间花牙子下,则为花牙子雀替;建筑末端自两侧柱挑出者,称为骑马雀替,等等。雀替穿入固定,常两端外露,短则十余厘米,或长至二三十厘米,均施以雕刻,或饰彩绘,因其功能显明、位置接近观者的视域,使得雀替成为梁柱间的过渡性构件,建筑中生硬交点的柔化剂。所以民间比较重视雀替的装饰处理。

中国古代木构架房屋结构各要素及其部件之间的连接依靠榫卯,它富有木质特有的韧性、弹性和张力,既可承载重量压力,亦可承受一定拉力。一旦遭遇自然灾害,如风暴、地震之时,庶几能晃而不散,摇而不倒,损而不败。全方位、多角度、多侧面地抵抗、防御和消耗风暴或地震波等的不断侵蚀和冲击。

为着进一步增强木构梁架的牢度,除了在梁柱的粘接处广泛使用榫卯之外，同时还加用"柱中销"、"羊角销"、"雨伞销"等细小木制阴阳凹凸构件，工艺精细者甚至运用家具制作中的燕尾榫原理，来处理椽子与檩条之间的连接和固定。⑯

斗拱是中国古代木构架建筑特有的结构构件，是斗和拱的联称，它由方形的斗、升和矩形的拱、斜的昂组成。在房屋结构上挑出承重，将屋面大面积的荷载经过斗拱传递输送至柱下，起到承上启下的联结和过渡功能作用。

斗拱中位于下端的构件为方形坐斗，又称大斗，也可单独使用。做法分两类，一是柱头上有圆形座斗以承檩、枋，二是坐在梁上承载前后金柱的长方形大斗，四角做海棠花瓣状，辅以莲花纹样之类的垫座。位于挑出的翘头上的谓之十八斗，置身横拱两端上部者称三才升，位处翘与横拱等交叉中心上的叫槽升子。上述斗、升等外观近似，唯有形体大小、槽口开面不一。

拱为弓形肘木，是置于坐斗口内或跳头上的短横木。其间，凡向外出跳的拱，清时称翘，跳头上第一层横拱谓瓜拱，第二层称万拱，最外挑于挑檐檩下者、最内跳于天花坊下者叫厢拱。此外，出坐斗左右的第一层横拱称正心瓜拱，第二层为正心万拱。在坐斗口内或跳头上一层拱为单拱，二层拱为重拱。⑰

昂在斗拱组合中呈斜置，起杠杆作用。其中有上、下昂之分：上昂用于室内、平坐斗拱或斗拱里跳之上，下昂运用较为普泛。

斗拱大多使用于宫殿、衙署、宗教等礼制官式建筑、高级气派的居住建筑中。大体上可界分内外檐斗拱两类。从具体部位看，又有柱头斗拱、柱间斗拱、转角斗拱之分。

斗拱的出现与使用，进一步强化了檩与柱的联系连接而不致于松散的紧密牢固性，其历史可谓源远而流长。在具体的社会情境下，斗拱作为古代封建社会中森严等级制度的象征和重要建筑的尺度衡量标准。斗与拱的组合，一方面强化了等级、制度、权力等标志性的物化作用以及结构的牢固性，另一方面也逐

2-91 清代徽州黟县承志堂拱梁描金木雕，形如"商"字。

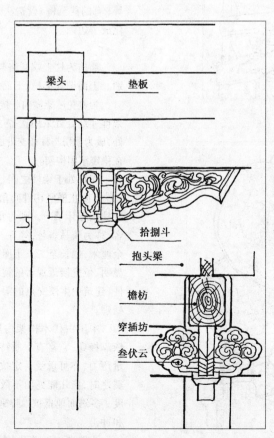

2-92 梁架构架细部。

2-93 清代山西襄汾丁村民居柱头雀替木雕"水中莲"。

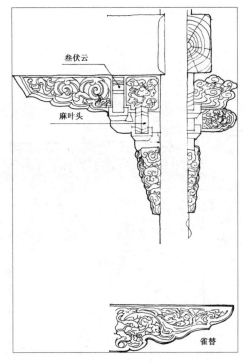

2-94 雀替。

2-95 清代浙江东阳民居牛腿。

渐深深遮蔽了它们各自的原始意义。研究者们认为,拱为男根的象征,斗则是北斗七星或北极的标志㊽。也许正是斗拱原始意义的失落、剥离,才使得斗、拱在封建社会晚期的明清两代的使用更趋自由和多样化:斗拱可以在一幢建筑上反复使用,甚至在同一个部位重复出现,如此结果,当然使斗拱的标志性意义进一步凸现,附丽于斗拱的装饰价值陡然升值,成为人们视觉聚焦的重点区域、百工艺匠展示身手的集中部位。

传统民居庐舍建筑中,除却贵胄士绅等少数府邸的檐部处理利用斗拱外,大部分房屋的出檐,其出挑是运用挑枋和撑拱结构,并进行艺术加工和装饰美化。一般是根据挑枋的看面,进行巧妙雕饰。各地都有不同的装饰形式,极大地弱化了结构僵硬平直的感觉;至于撑拱,则依据其圆直态势,相应处理成竹节、卷草、灵芝、云卷、拐龙等自然流畅的装饰纹饰。亦有许多地区,径将撑拱扩展成三角撑木式的牛腿;装于二楼檐柱上端,可承托檐檩;安于底层檐柱上端,承载向前出挑的楼层、走廊栏杆或坐窗。江南对合式住宅中,前后进明间堂屋檐柱上牛腿通常雕镂"福、禄、寿、禧"、八仙、和合二仙、金鸡牡丹、丹凤朝阳、木兰从军等题材,也有在四个牛腿上各刻一个字,组合成"竹苞松茂"、"燕翼贻谋"之类吉祥词句㊾。这种装饰及雕镂,在浙江省的金华、兰溪、浦江、东阳、天台、新昌、义乌、永康、龙游一带十分普遍。

上述地区的传统民居建筑中,牛腿往往是建筑中装饰得最为繁缛精细的构件,也是能工巧匠大施才艺的集中部位之一。然而,也许正因为牛腿等处的精雕细镂,在一定程度上弱化了构件应有的结构作用。加之附以大量的斗拱、雀替、花牙等,使房屋檐部处理大有繁琐纤弱之感。

2-96 清代北京大型如意门,门占一个整间。

五、院门房门

中国古代历来重视住宅门户入口的营造与装饰,将之视为人的脸面,自古以来就是户主和家庭显示社会、经济地位的标志和象征。作为出入之咽喉、吐纳之气口、贫富之表征、贵贱之载体,门户入口,即院门和房门等对庐舍民居的规模、等级、档次、品位等具有先入为主和提示点睛的重要先导作用,故民间素有"七分门楼三分厅堂"的说法。

门的功能,一在关闭,二在开放,既要流通,又要阻挡并应开阖自如。《释名》谓曰:"门,捫也,为捫幕障卫也。户,护也,所以谨户闭塞也。"《释名》强调了门户安全与保卫的功能。除了上述功能和职责外,门还有交通、通风、采光和装饰等的功能。《淮南子·说山训》曰:

受光于隙,照一隅;受光于牖,照北壁;受光于户,照光于户,照室中无遗物。

十牖毕开,不若一户之明。

由此可见,汉时普通的庐舍民居、宅第建筑的门主要功能还有通风采光之用。约略在隋唐至五代北宋期间,传统房屋功能与门制渐趋完备与成熟。北宋崇宁年间刊行的《营造法式》一书图文并茂,将槅扇门的式样、纹饰、名称、工艺一一罗列,小木作工艺予以单科分类。准此,房屋门户入口暨门窗构件等获得长足快速发展的契机。

从形形色色、丰富多样的门户入口的形制和空间看,中国古代建筑中"门堂之制"、"门堂分立"的观念和模式,至今在众多地区的庐舍民居中广泛地运用和体现着。对此,《华夏意匠》一书中写道:

"门"和"堂"的分立是中国建筑很主要的特色。

在理论上大概是出于内外、上下、宾主有别的"礼"的精神;在功能和技术上是借此而组成一个庭院,将封闭的露天空间归纳入房屋设计的目的和内容上。

……因此,中国建筑的门就成为十分重要的组织元素,"门制"就成为平面组织的中心环节。⑤

从北京四合院的平面构成和组织看,位列围院中轴线之上的垂花门界分内外,成为外院与内庭过渡的标志。"门制"确乎成为平面组织的中心环节。

在典型的北京四合院中,垂花门常与半壁廊构成一整体。人入其间,或经两侧抄手游廊,或经里排柱两侧与游廊间的如意踏跺,如此流动般地将垂花门、游廊、东西厢房、正房和庭院连系组接成一个完整的建筑空间。从垂花门的构造形式上看,"它又是房屋又

2-97 民国初期河北省保定市兴华路王占元故居,卷棚顶式垂花门。

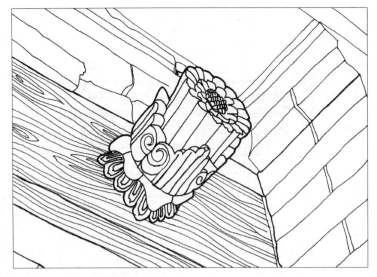

2－98　清代山西襄汾丁村民居门簪。

2－99　清代福建武夷山下梅民居门簪。

2－100　清代云南省勐海县拉祜族村寨寨门。

2－101　清代北京四合院金柱大门。

是门。有屋顶，有柱廊，有双道门，所以它既具备了房屋的特征，又是门的特殊形式。从其所在位置上看，作为两个开敞式空间的分隔与连接体。由垂花门所构成的、不大的、半封闭式的空间是交通必经之处。所以在从外庭到内宅时，通过它，起到了欲放先收、欲扬先抑、欲明先暗的对比作用……"[51]

东北地区山区乡村中，院落宽敞，外垣正中常有形为汉字"开"状的院门，与隋代大画家展子虔所绘《游春图》中的院门十分相像，其制为两旁立中柱两根，上架一檩、一楣，楣上设门簪，均用圆木，板门两扇，简单、朴素，古风盎然，至今民间沿袭使用不衰。亦是典型的"门堂分立"的实例。

如果说北京四合院中作为外院与内宅过渡标志的垂花门和作为院落之首的东北"开"状院门，都具有"实"的门的意义的话，那么，还有一种形制的门就无疑更加赋予了"虚"的内蕴。例如陕西省米脂县刘家峁姜耀祖窑洞庄园，门户入口层次分明，空间有序：穿过拱形堡门，爬越陡峭的蹬道，再过月洞大门、垂花门，最后进入雕琢精致的窑洞四合院。其中月洞大门独立若屏，位处入口中轴线的中部，更具有虚拟"形式"意味和心理提示、行为与空间流线导向上的门，整个入口收放有序，层层叠叠，境界错综，极具仪式感，古风盎然。

中国民居建筑的门户入口突现了住宅空间的景深和序列，大门、院门与庭院的空间关系也是十分明确的。以北京四合院围合院落住宅中的垂花门为例来看，它位处院落轴线之上，与倒座房相对，界分内外，为外院与内宅过渡的标志，它的首要功能是交通和穿堂。作为内宅入口，"其两侧的庭院以这一开敞式的穿堂建筑，区分出不同的使用功能。在空间序列上是从外庭（共享空间）到内庭（私密空间）的过渡，以其独特的造型突出了内宅空间（私密部分）的尊贵和宁静气氛。正因为如此，作为内宅入口的垂花门，在其前后的两排柱之间，要安装两道门。在前排柱子之间，安装有门槛的两扇'棋盘'门。这两扇门，当垂花门作为二道门时，是不关闭的"[52]。

上述恰可作为阿尔多·范·艾克（Aldo van Eyck）有关门与空间论述的一个注脚："内外的区别实际上是依据不同的本体而呈现出相对性的，意识上的进入和离去才是门的具体意义，门应是一个场所，界定两个意识上不同层次空间的应是一个空间，其表现的不仅是人的转换过渡与来去，而且更是能够折中两方面极端诠释的冲突，并使彼此妥协从而使得两者并行不悖。"[53]

中国传统民居建筑的门户入口暨院门房门的空间意向和序列层次是多样化的。一般情况看，通常门户入口尽量避免出现平面形态，尽量增加或强化深度以构成空间感或"场所"。典型如北京四合院中的广亮大门——门扉位处中柱位置，门外广亮开敞；屋宇式门制中的金柱大门——北京梅兰芳故居大门即为此例：大门门扉位于前金柱位置，门外虽不及广亮开敞，门内却留有纵深空间，等等。这种"门屋"形式将大门院门以屋的形态而"独立"于主体房屋建筑之外，抑或假借廊檐等与主体相连，充分显示了大门院门在住宅空间中过渡与延伸的作用，彰显出融合内外、时空的场所和层次的意匠所在。

在浙江、安徽、福建、江西、云南大理等地传统民居院门上方，通常设置雨罩出檐或有厦门楼，究其实用性功能而言，应是遮阳避雨之用。也正恰恰由于门扉上端的出挑，在门户入口处实实在在地形成了一个亦内亦外的模糊空间，有效地扩大了宅居门前由外而

内的过渡空间层次。更有众多民居常将入口处的墙垣做成"外八字"形,遂使门户入口的过渡空间更加明确和合理。㊹

鉴于门户入口是住宅的序曲和先导,其形制、体量、规格、空间、装饰等,都明确昭彰预示着整个建筑(群)的规模和等级。因此,千百年来,广袤的华夏大地,社会各阶层人群对于门户入口暨院门房门均予以高度重视。正如《阳宅十书》所载:

修宅造门,非甚有力之家难以卒办。纵有力者,非延迟岁月亦难遂成。㊺

普通百姓营建房屋,修宅造门,只能量入而出,量力而行;贵胄阀阅之家,则踵事增华。许多地区和少数民族的住宅大门的修建装饰,庶几为户主炫富示贵的媒介和载体。

中国传统民居庐舍门楼院门,大体上可以分为屋檐(宇)式大门、罩式大门、独立式大门(门楼)三类主要形制。

屋檐(宇)式大门上有屋盖、雨披顶和单檐。一般都在屋脊部位进行重点装饰,有平脊、燕屋脊、漏花脊、博士脊等。贵胄府邸也有重檐及歇山屋面。北京四合院住宅中的屋宇式大门,通常由一间或若干间房屋构成,其形制、样式彰显等级、档次和规格。

王府大门,是屋宇式大门中等级最高的。有五间三启门和三间一启门、五门一启门等,绿色琉璃瓦,每门数十金钉等。坐落于主宅院中轴线上,气派宏伟,显赫堂皇。

广亮大门是仅次于王府大门的一种形制,一般位于合院的东南隅,占据一间房的位置。门头宽敞高大,门扉开在门厅的中柱之间,门前空间深邃,门外广亮宽敞,庄重而气派。

金柱大门就是将门扉安装在前金柱位置上的大门。形制与广亮大门相近,门前不及广亮大门开敞,门内空间比较宽裕,是广亮大门的变体形式。

北京中小型四合院中,如意门是数量最多的大门类型之一。住户大多为殷实富裕者。门扉设在外檐柱间,两侧与山墙腿之间砌砖墙,门口比较窄小。门楣上方横向常装饰砖雕图形,因在门楣与两侧砖墙交角处,常以如意形状花饰出之,寓意吉祥如意,故名"如意门"。

北京四合院内的屋檐(宇)式垂花门,位于院落的中轴线上,处在正房与倒座之间,两侧连接抄手游廊,游廊外侧为隔墙,将院落界分内外。作为四合院内宅的宅门,垂花门的形式有独柱式(单排柱)和双柱式(双排柱)之分。其中双柱式垂花门又可细分一殿一卷式和双柱单卷式两种形式:所谓一殿一卷,"是指垂花门的屋面是由一个尖顶屋面和一个卷棚屋面组合起来形成的一种组合屋面形式"㊻单卷式垂花门就是屋面运用单一的卷棚形式。前者跌宕起伏,富于变化;后者流畅舒展,伸展自如。屋顶共有悬山卷棚、歇山和重檐歇山之分。

垂花门共有两道门。外侧两柱间的门厚重坚实,称"棋盘门"或"攒边门",白天洞开,夜间关闭,起着安全、保卫和屏障作用;内侧两柱间的门谓之"屏门",平时关闭,遇有重大仪式方开启。人们进出二门,通常行走于屏门两侧的边门,或通过两侧的抄手游廊到达内院和各房间。

中国传统民居建筑门户入口在同一地区呈现出灵活多样的"门式"。以徽州即今安徽省黄山市和江西省婺源县大门为例,一般均由石库门、门墙和门楼三部分组成。门楼由"楼"和"罩"两部分构成,概可分为垂花式(屋檐式)门楼、字匾式门楼和立帖式门楼等多

2-102 明代徽州屋檐式大门。

2-103 清代北京中型如意门,门占多半间房。

2-104 清代北京小型如意门,门占半间房。

2-105
清代徽州黟县
屋檐式大门。

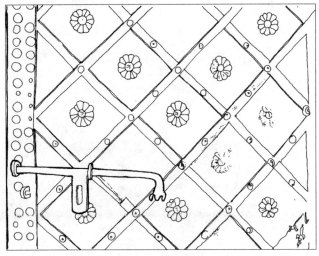

2-106 明代徽州休宁县三槐堂大门局部。

2-107 晚清民初河南巩县窑洞民居,用砖石砌成拱形门洞,做出花饰。

种。垂花式门楼常飞檐出挑,鳌鱼戗角加重瓦斗拱,既可遮挡飞雨斜水的侵蚀,又平添和增润不凡的气势和艺术雅韵。飞檐下辅以砖石额枋、花板(楣板)等;字匾式门楼宛若展开的手卷横披,光面枋心以题字镌刻之用,人文气息浓郁;立帖式门楼为四柱三间,有三层、五层不等。其中五层者又谓"五凤楼",非贵胄官宦之家不得修建。"五凤楼"高矗轩昂,外凸富有张力,大多雕工精美,美轮美奂。

徽州传统民居石库门的边框为上等石料琢成,左右两块,上面横卧石门楣,下面铺长石门槛。门扇为长方形,一门两扇,镶在条石门框之内,扇背有闩,启之可开,合之可闭。门扇一般铁皮包面,加圆泡钉,或以水磨青砖蒙面加铁钉,或素板黑漆,兽头门环。大门颇具严实、坚固、安全、庄重之势。

除上述屋檐式大门、罩式大门和独立式门楼之外,尚有众多大门形制类型,各异其趣。北京四合院住宅中,采用墙垣式大门者也占有一定数量。尽管其变体形式众多,但基本造型大同小异。即:门位于院墙开口,与墙相连建小门楼(也有不建门楼者),由腿子、门楣、屋面、脊饰等部分组成,整体上比较朴素,多见于小型的四合院或三合院住宅;陇东、陕北、豫西及晋中、晋南部分地区的窑洞民居,大门咸为贴墙式,门楣用砖砌成拱形门洞,框线内用线刻砖雕构筑花饰。保护窑脸,固定黄土,美化环境,用料简单而手法自然。晋中市平遥民居中,有相当数量的砖碹窑洞加前檐式民居,大门随拱洞贴墙,结构精美,木雕华丽,开阔的门廊台明,高耸的廊柱,木身石柱以及石雕,无一不呈示出前檐式砖碹窑洞民居的特质和规格,尽显俊朗宏博、朴茂轩昂之势。

江南地区田土膏腴,风物清嘉。除却贵胄官宦、士绅商贾类显赫之家的高敞门楼外,即便普通住居门户板扉,也颇具特色。20世纪90年代中叶前,笔者经常采风、写生、调研于杭嘉湖、苏锡澄一带,发现在苏州木渎、东山和湖州、嘉兴、绍兴等地的清代道咸前民居庐舍,大多运用竹片竹皮镶嵌成人字纹或回纹竹丝大门,抑或于板门上钉竹片装饰,用圆头钉固定,十分巧妙自然。如此既增强了门扉的防腐保护作用,又很好地运用了材料的质感,于拙朴中散发出典雅清丽的高风雅韵。现存实例如苏州东山镇杨湾村明代民居遗构、江苏省重点文物保护单位明善堂大门。这或许就是明代苏州文士文震亨所说的:

用木为格,以湘妃竹横斜钉之,或四或二,不可用六。两旁用板为纯帖[57],必随意取唐联佳者刻于上。若用石梐[58],必须板扉[59]。

苏浙一带的外门——板门,根据需要和形制,约略有三七开门、折叠门、腰门、上下双开门、门栅(栅栏门)等,院门多为墙垣上开设板门,围以门圈,上部加设门披。

至于大门门楣处理,也有许多灵活多样的形制和样式。例如以石料加工槛框外沿,涂饰彩绘边框,贴制磨砖门额、门圊,砌筑砖制楣檐,挑出门檐等,外观甚为挺拔、典雅。

华东地区的苏、浙、沪、皖、赣部分地区的传统民居中,多有在木板门扉表面平铺水磨薄砖,以钉坚固之。其钉法既有在四角处设钉,也有在砖中心钉圆头铁钉者;还有一类安装水磨砖的方法是在砖缝处以狭长铁皮钉没包镶。至于水磨砖的铺设排列,主要是横竖直排和设置45°斜角对称两种形式。

我国南方如江苏、浙江、安徽、江西、福建、湖南、广东、广

2－108　清代北京墙垣式大门。　　　　2－109　民国初期晋南窑洞门脸。　　　　2－110　民国初期陕西凤翔县民居门户。

西等气候炎热潮湿省区的民居大门前，通常安置一种通风兼防备的简易辅助门——栅栏门（又称矮挞门、避觑门）。传说源于元蒙时期，为防元蒙官兵偷窥农耕汉人妻女而设。其形式有单扇、双扇，也有少数为四扇，纵向约为大门的二分之一到五分之三高度之间。上端用棂子或图案纹样作为格芯题材，下端裙板或素板，或浮雕，也有少数栅栏门槅芯下也有绦环板，形制与槅扇大致无二。

浙江、苏南一带栅栏门上方，离门楣大约 30 厘米的位置上下，架空有一道纤梁，曲率柔和富有弹性，上面也作简率的浅浮雕，与栅栏门上下呼应，蔚成一体。也有人家悬挂竹帘，以障视线。从功能上看，白天，大门洞开，矮门关闭，以收通风采光之益；在狭窄、封闭的街巷中，向两侧延伸了空间，舒缓了沉闷、单一的空间氛围。具有较强的实用性，所以一直延续到今天。

与上述栅栏门相映成趣、"异质同构"的应是福州市的大门和广州西关大屋的趟栊。福州市中心"三坊七巷"旧住宅大门上，通常在齐人眼高度镂空一块长约五六十厘米、高约二三十厘米的、用直木枨攒插的"通风口"，形状以书卷式最多，次为横式。初访不得堂奥，后详加揣摩，反复观察，以为其用一在通风纳凉，二在观察，宛如今日住宅之"猫眼"。

2－111　民国初期吉林延边朝鲜族民居大门。

如果将苏浙、徽州及福州民居门扉上"通风口"逐一进行比较的话，会得出有意思的答案，浙江东阳白坦乡某宅廊栅门，上部各有一呈回字纹样的"通风口"，"窗"高于人，图案规整，重复运用；徽州歙县古民居某宅的库门内门扉，门楣通透，门扉上下也通透，庶几为栅栏门与板扉的结合体。迨至福州，门下端的"通风口"已不复见，仅保留了类似徽州民居板扉上部的直枨式"风口"，三地的形制应是一花多叶，只是气候、地理等诸多条件的制约，所运用的具体手法略有出入罢了。尤其是福州三坊七巷中若干民居六扇门扉上，一字排开，上面以曲线状的书卷式"通风口"构成，蔚成气象，既为整体又不失变化感，极大地增润了大门美丽动人的意绪。

2－112　民国初期广东潮阳县民居门户入口。

中国传统庐舍民居中形形色色、千变万化的各类院门房门，尽管形制多样，形式丰富，但是，它自始至终在古代各类有关建筑和门制的制度中有限度地发挥和创造。换句话说，中国古代建筑，包括民居庐舍及其院门房门等等，均集中体现了传统礼制的限定和约束。从这个意义和角度上而言，传统庐舍民居中形形色色的门制，大抵也是古代建筑制度的物化载体。

2－113　民国初期甘肃夏河藏居大门檐下装饰。

2-114 民国初期贵州安顺民居八字墙、大门及垂莲柱。

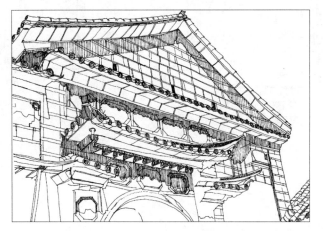

2-115 清代云南大理州喜州镇杨宅入口墙面与装饰。

通过历代文献典籍，我们似乎可以大致了解、知晓古代建筑等级制度在门户上的规定和限制，粗窥约束贵族官宦们人居环境、庐舍宅邸等居处生活方面的规范：

> 王有五门，外曰皋门，二曰雉门，三曰库门，四曰应门，五曰路门。⑩

> 凡诸侯三门，有皋、应、路。⑪

唐代《营缮令》中关于屋舍营造暨门户规定如下：

> 五品以上堂舍……，仍通作乌头大门。

宋代的建筑等级制度基本沿袭唐代而略趋宽松：

> 六品以上宅舍，许作乌头门……⑫

明代的建筑等级制度严密而苛细，藉以抑富恤贫，以定社会。《明史》规定：

> 今拟公主第，……正门五间，七架。大门绿油，铜环。

> 公侯……门三间五架，用金漆及兽面锡环。

> 一品、二品，……门三间五架，绿油，兽面锡环。三品至五品，……门三间三架，黑油，锡环。六品至九品，……门一间三架，黑门，铁环。⑬

> ……

在中国历朝历代建筑等级制度的控制下，建筑的规模大小和形式暨门制的等级确定，都是不可随心所欲、为所欲为的，人们必须按照自己的社会地位来确认设定适合于自己的住宅及门制。这就是苟

2-116 清代福建泉州洪氏大门。

子"为之宫室台榭，使足以避燥，养德，辨轻重而已，不求其外"的建筑主张，将建筑的辨等作用视为建筑的基本要求的前提下，要求户主"不求其外"，使用适合于自己身份的宫室。儒家的这种"非礼勿履"、辨等级的思想观念一脉相承，给中国古代建筑及门制打下了深深的烙印。如清初顺治十八年(1661年)钦授翰林内秘书院检讨、《康熙字典》的总编纂、文渊阁大学士陈廷敬，其宅邸位于今山西省晋城市阳城县北留镇黄城村，民间习称"皇城相府"。宅第依山就势，随形生变，层楼叠院，错落有致；内城外城，九门九关，戒备森严，坚不可摧。内城大门上做有三层门额字牌，高度约1.4米左右，上面浅刻填墨陈氏家族中历代显赫人物的姓名官职。上层字牌为：

> 陕西汉中府西乡县尉陈秀
> 直隶大名府渭县尉赠户部主事陈珏
> 嘉靖甲辰科进士中顺大夫陕西按察司副使陈天祐

中层字牌为：

> 万历恩选贡士河南开封府
> 荣泽县教谕陈三晋
> 赠儒林郎浙江道监察御史陈经济
> 崇祯甲戌科进士儒林郎浙江道监察史陈昌言

下层字牌为：

> 顺治甲午恩选贡生敕封翰林院庶吉士陈昌期
> 顺治己亥科进士钦授翰林院庶吉士陈元
> 顺治戊戌科进士钦授翰林内秘书院检讨陈廷敬

陈宅大门两层斗拱，上下咸为四组，下层前后出两翘，上层前后出四翘。两层斗拱之上承托着牌楼顶子，上作瓦面，正脊两边饰鸱吻。

......

陈氏宅邸的规模、等级与陈廷敬的官职、地位是相洽呼应的，中国古代建筑等级制度的这种严密性，在某种程度上也推动了风水堪舆术中建筑尺度的推算运用，成为建筑装饰的"双刃剑"——一方面规定和规范了门制工艺技术的一统性和"标准化"，另一方面因其僵硬而不可更改的"祖制"形态，极大地阻碍了门制的创新和发展。另一方面，这种超稳定的恒常形态，又长而久之转而幻化成约定俗成的习惯思维定势和规矩。清代工程营造专家李斗在《工段营造录》中曾有过一段对门制的描述：

> 门制上楣下阃[64]，左右为栀[65]，双曰阖[66]，单曰扇；有上、中、下三户门，及州县、寺观、庶人房门之别。开门自外正大门而入，次二重，宜屈曲，步数宜单；每步四尺五寸，自屋檐滴水处起，量至立门处止。

文中涉及了计算、制作大门的通常方法：

> 门尺有曲尺、八字尺二法。单扇棋盘门，大边以门诀之吉尺寸定长，抹头、门心板、穿带、插间梁、栓杆、槛框、余塞板、腰枋、门枕、连槛、横拴、门簪、走马板、引条诸件随之。

文中以流传民间广远的建筑尺度的推算法——压白尺法为准绳：

> 匠者绳墨，三白九紫，工作大用，日时尺寸，上合天星，是为压白之法。[67]

由此可见，历代历朝严密的建筑制度对应于民间设施，风水堪舆术及其压白尺法之类的普遍使用，附会了民间普遍群体祈福纳祥、趋利避害的祸福心理、人居意识，大门等的尺度运用并非建立

2-117　民国初期青海藏族民居大门门楣与雕饰。

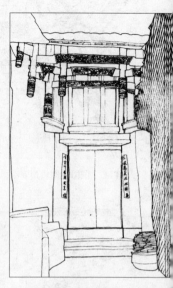

2-118　民国初期贵州安顺民居大门及垂莲柱。

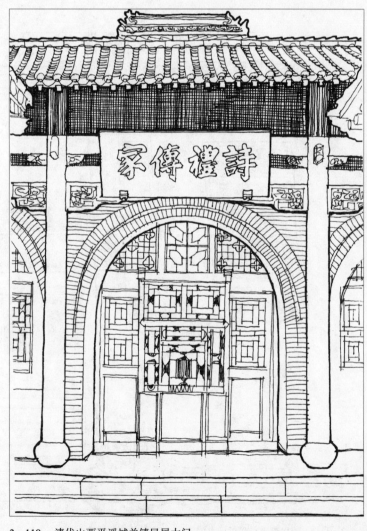

2-119　清代山西平遥城关镇民居大门。

2-120 民国初期广州西关大屋民居正门。

2-121 "佛意盎然"的福建泉州民居大门。

2-122 清山西襄汾丁村捐职州同丁先登宅南院门楼。

在真正理性科学的基石之上，而是与各种等级制度规定、八字（财、病、离、义、官、劫、害、本）甚至天干地支维系在一起，陷入了雾霭重重的漩涡之中。例如浙江省兰溪、建德一带传统民居，大门门洞均略大于1.3米，按压白尺则例，此宽度比例正合"迎福"的说法。

中华大地，疆域辽阔，民族众多。传统庐舍民居的门户入口暨院门房门呈现出异彩纷呈、千家万色的美丽"景观"，凸现出鲜明浓郁的地域性。

南粤地区，冬无严寒，夏日闷热，因此，门户的通风纳凉显得尤为重要。在广州西关大屋一带，一般正门由三部分所组成：最外处为一米多高的栅栏门（当地俗称为脚门），直棍。第二部分为圆木棒插攒成状似垂直楼梯的、可移动的椐木构件——趟拢，最内里为实木门扉。平素大门开敞，吸纳凉风，又无安全之虞——趟拢后可锁咬固定，外人无法进入，堪为佳构。门头立面一般以碌筒瓦坡屋顶或小檐，正间处施以封檐板，门面看墙上部青砖墙面下部花岗石墙脚组合，构成了西关民居入口大门的独特风格。

与南粤民居大门讲通透、重通风特征截然不同的是，西北、华北地区暨晋中、晋南、关中、甘肃、宁夏等省区的深宅大院、鼎食之家，大多是门楼高耸，砖墙坚固。以晋中、晋南为例，晋中南门楼大致分两种，一种是四合院门楼，如襄汾丁村丁溪莲于清乾隆十年建造的门楼，门楼高耸，挺拔深峻，伟岸硕壮，雕镂精美。泡钉铁饰大门，门簪石狮、匾额楹联，一应俱全，全面呈现了传统门文化的丰富内涵和审美意蕴；另一类是城堡式门楼，顾名思义，即与古代城堞入口一致，或言城门的微型化，这在晋中、晋南、陕西、甘肃、宁夏部分深宅大院中不乏实例。丁村捐职州同丁先登南院门楼，上下两层，上层高悬"璞玉浑金"蓝底金字大匾，匾下石栏处，宛如巡视城池防卫，高瞻远眺，一旁女儿墙做成垛墙，完全仿照城墙样式。下层砖墙坚固，中间有略呈尖拱状洞口，洞口内两扇大门满饰铁皮大小泡钉，狮面铺首门环，一如城门，上端镶嵌颜体"坦荡"，气势浑厚而凝重，朴茂而宏壮。类似的实例尚有山西省灵石县静升村的王家大院、晋中市榆次县车辋村的常氏庄园入口等，几与城门大致无二。

相对南粤广州西关大屋大门玲珑剔透、晋中南等地浑厚凝重的洞口大门而言，江南一带的大门院门别有一番风韵和情态。

首先，江南地区的院门房门形式多样，变化多端，著名如一门二式者。例如苏州东山镇建于民国时期的春在楼，又名雕花楼，门外侧为单坡石库门式，顶端以精雅砖雕装饰；门内侧为单檐翘角、斗拱重昂的砖雕门楼，以示内外有别。等等。

其次，江南地区的院门房门整体上简繁有度，主次有序，精雕细镂、鬼斧神工却不失整体大尺度的高超把握。譬如初建于宋代、重建于清乾隆年间、修建于清同治年间的网师园，大门为罩式大门，前后两座院门。"藻耀高翔"院门两旁以青砖砌筑垛子，垛子上方有上下横枋，横枋之间居中阴刻行书"藻耀高翔"，两旁各有一块圆雕和透雕结合的"周文王访贤"、"郭子仪拜寿"砖雕，下面为一道出挑的基座，两边设置栏杆。栏板、柱身、柱头俱全。悬出的基座下还设有挂落和方形垂柱。斗拱之间隙处饰以细密的拐子龙纹饰,衬托着六攒一跳华拱、二跳下昂的斗拱,上面压着檐檩,檩上有椽两层支撑出挑的飞檐屋顶。上下额枋装饰各异:上额枋以缠枝牡丹为连续纹样,下额枋雕镂娄干蝙蝠围绕着三个团形寿字纹飞翔在朵朵祥云之际;上下两层挂落的拐子龙纹饰中,穿插着竹子、梅花、灵芝、兰草、蝙蝠等吉祥类动植物纹样。整座门楼简繁有度,华素适宜,下部墙垛青砖、大门青砖和白色墙垣的简素,与门头上的精雕细镂的华美繁丽构成整体意义上的对比和映衬,具有赏心悦目般的视觉观赏效果。

如果说"藻耀高翔"门罩总体上趋向秾华、典雅的话,那么,网师园的第一道门罩"竹承松茂"的格调则具有温润、清新的意味。

"竹承松茂"门楼通体以黑白灰三色构成,整体雅致清超,精雕细镂和浑朴简朴组合得当,疏密相间,布局适宜,宛如一件优秀而完整的艺术画卷。两座门楼均用青砖和砖雕仿木构形式构成,臻此高境,洵为难得。

中国古代民居建筑门户入口与院门房门,不仅体现了强烈的地域特性,而且也呈示和表现了浓郁的民族风格。

地处西域的云南大理白族自治州的白族传统民居的大门,通常分有厦门楼和无厦门楼两类。有厦门楼为三间牌楼形制,又有"出角"和"平头"之分。"出角"系指有尖长的翼角翘起,檐下有斗拱装饰。"平头"有厦门楼装饰则趋于普通和朴素。

有厦门楼两端八字墙墙肩有砖块雕饰,墙面砖砌大方框格内有砖刻模线。框内有嵌大理石者,有以彩塑翎毛花卉人物山水者,也有题咏诗词装饰等等。

白族民居大门的墙裙之下多采大块石料做基础,中部至门头用灰砖勾缝筑成。门头以木材为主,并结合运用木雕、彩绘、泥塑、石刻、镶嵌等工艺,进行重点装饰。如此,使门头的"三段式"即以石材为主的下部给人以稳定之感,以砖材为主的中间部分质朴而亲切,而以木材为主配以雕刻、彩绘的上部则装饰得富丽而华美。从而使整幅大门的三部分统一中见变化,浑然一体,令人赏心悦目。

白族民居大门在色彩的运用上,也达到了较高的艺术水准。例如,大门门头的彩绘多施于木材上,亦有绘在泥塑框内的砖面上,以冷色调(如浅蓝、淡绿)为主,使其和谐地融于砖面的青灰色之中,颇显素雅、恬美、秀丽之特质。抑或偶用金黄色等横穿其中,以收富丽、对比之功效。同理,在黑白双色的运用上也颇为妥帖:大门多髹黑色,两翼墙面多为白色,加之门楼中间灰砖又以白色勾缝,这样既有线与面的对比,又有黑白两极元的互相映衬。如此,遂造成白族传统民居大门门头华素适宜、对比适度、穿插呼应、醒目怡人的优美效果。

大理白族自治州的有厦门楼,大门上部为半庑殿顶,两侧墙角上部也同为庑殿顶屋面,翼角反翘高耸,突显出飘逸清丽的超俗风采。檐下有斗拱数层,既有木作之,也有瓦质粉和纸筋合成的灰塑。木质斗拱端部常雕刻龙、凤、象、草,斗碗雕成八宝莲花。外表或原色,或施油漆,或以彩色贴金油漆装饰,华丽而缜密。斗拱下是重重镂空花枋,也有条形分块砖雕装饰图案,手法简练而典雅。

大理白族自治州民居中的有厦门楼出角式大门,华丽典雅,精彩绝艳。"最为华丽者,在宽度不到两米的大门上,架斗拱至六垛六跳之多,并有斜拱衬托,看上去像藻井斜拱样的密密层层。""保存至今的大理喜州杨宅,门楼装饰最为出色。这种门楼装饰甚多,华丽得乃至近于淫靡,尤以斗拱部分,终嫌过于细碎,并且技术条

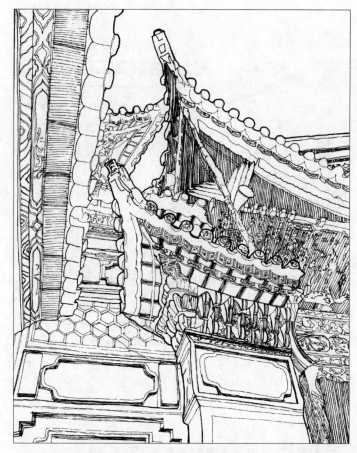

2－123　清代云南大理州白族民居有厦门楼屋檐。

2－124　西藏昌都地区芒康县民居大门。

2－125
西藏拉萨民居大门。

－126 明代苏州东山镇"明善堂"大门。

2－127
清代山西插接工
艺槁扇门——变
异双交四椀。

件、要求很高,造价极其昂贵。"⑥⑧

位处祖国西陲雪域高原的西藏自治区的藏族人民,千百年来以各种各样的艺术形式延伸和泛化虔诚的宗教情结,凭籍多样的艺术处理手法和深厚的历史文化底蕴积淀,形成了独具魅力的藏族门饰艺术。

藏族民居的大门两侧及门楣上通常涂有一条约一尺宽的黑色条带,门梁上绘綵各种民间图案纹饰。偏远农村地区喜好绘綵太阳、月亮于门梁中间,门两侧常见有一些对称的动物辟邪图形。

藏族民居门饰艺术色彩的表现性和象征性,使藏族人民在充分运用各种色彩赋予人们不同主观感受的同时,"并不排斥物体的固有色,但却不是简单地照搬,而是采用夸张变形的手段,使其符合主观要求,符合本民族的审美意蕴和审美理想。蓝天、白云、雪山、草地、鲜花、树林在高原强光下呈现的固有色色相,具有浓厚的高原特点"⑥⑨,给人以强烈的视觉冲击力,带给人一种深刻而愉快的美感。

又如北京地区王公贵胄、士绅商贾钟鼎之家的垂花门装饰,多施以繁复雕镂彩绘。圆形垂柱,一般雕饰仰莲、覆莲和风摆柳。方形垂莲柱,四面则多雕四季花卉。在罩面枋与帘笼枋间装置的华板多以透雕出之,以卷草图案纹样居多。罩面枋下花罩、雀替均作透雕浮雕。其他部位如前檐柱间雀替、荷叶墩、穿插枋头、大梁头等均有不同程度的雕镂。梁枋、门檐下及木构,均施以彩绘,红、绿、蓝、紫、金色,五彩斑斓,华丽富贵,堂皇而具庙堂之气概。

南方如徽州民居门面装饰,也是极尽装饰之能事,精雕细镂,不惜工本。从装饰题材上看,大致有以下一些内容:

(1)字类:各类艺术笔体的汉字,如福、万、寿字等。

(2)文辞类:一般以镶嵌、雕刻、墨书于圈额上的文辞,如"进士第"、"大夫第"、"奉先思孝"、"光前裕后"等显示户主地位、品行和风韵。

(3)锦纹类:由两方连续或多方连续图案构成的花纹,以回纹锦、拐子锦的使用最为普遍。

(4)博古类:图案上组织、安排各类古董图形,以"炉瓶三式"(瓶盛三戟)较为常见。

(5)祥禽瑞兽类:比如龙凤呈祥、凤栖牡丹、喜鹊登梅、鹤鹿同春等图案。

(6)世俗生活类:取材于古代的生活用品和日常生活场景,如渔樵耕读、琴棋书画、文房四宝等。

(7)人物故事类:取材于古代小说、戏曲故事、神话传说、掌故风俗等,如"文王访贤"、"连中三元"等。

(8)寓意类:运用事物名称的汉字谐音,组成吉祥祈福的词语,如蝠、磬谐"福庆",柿、如意谐"事事如意",雀、鹿、蜂、猴寓意"爵、禄、封、侯",瓶、鹌寓有"平安"之音之意。

对于建筑群或者一套完整齐备的传统住宅来说,槁扇门⑦⑩之于大门院门,只能称之为"内门",而对于单体建筑比如厅堂明间而言,其"内门"所凸现的功能与意义与门户入口的大门院门是相同的。

槁扇门的形制与槛框的运用具有密切关联。

从中国古代建筑中槛框的普遍运用,可以看出这种"壁带式"木构骨架的成因——源于木构梁柱框架结构。正如《华夏意匠》一书所说:

在"槛框"还没有称为槛框的时候,安装门窗的框格的图案是曾经被强调的，在唐宋的绘画以及汉代的明器，画像等上面，我们是可以看到多种变化的安装门窗的框格形式。原因是明清之前，墙身大半由骨架的图案构成，门窗的框格当然是要与之相配合；其次，就是其时用的多是直棂窗，门窗的图案简单，以框格来取得立面的变化是必要的。明清之后，显露骨架的实墙已不存在，门窗的图案变得愈来愈精细，华丽和复杂，框格的变化不但不必要，反而要求将它们隐藏起来，否则立面看起来就会觉得很混乱。⑦

据《营造法式》载，宋代有板门、软门和乌头门三类。其中，板门、软门为黎庶百姓所用，乌头门为官宦第宅专用。板门等上下有轴，上轴固定在门框的横木中，横木依凭两或四根木条与门框的上面横木连接起来，这些木条出头于横木外面，称为门簪，雕刻或再一步漆髹成多角形或花瓣状装饰门面。

宋代的"格子门"，亦即今日所谓的槅扇，最初由古称"阖扇"而来⑫。古时房屋的门，同时兼具着窗的功能，槅扇门，其实质亦可以认为是一种长窗（落地窗）。

槅扇门是宋以前软门构造方式的发展，而唐代就已普遍使用的乌头门上部的直棂合二为一地成为了槅扇门的一种形式。

宋元明清时期的民居槅扇门，通常作为厅堂外檐的大门，以取得通畅轩敞的效果。全开全闭自如，用时安上，不用时亦可卸下做成敞口厅形式。部分厅堂往往有内外两排柱子，两层柱门，也即柱廊。廊内柱间居中安装槅扇门。根据厅堂开间宽窄而定，四、六、八、十、十二扇门不等，取偶数。其构造与形制是：上段装窗棂的叫槅芯、格眼、花心或菱花；下段装木板的清代称"裙板"，宋时叫障水板；中段即槅芯与裙板之间的狭长部分，谓之绦环板，即宋代的腰华板。其构造就是先制成门扇框，宋代称之为为"桯"，清代谓之"边挺"，横

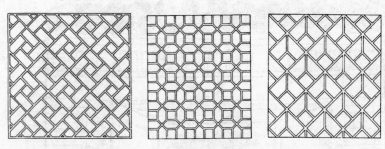

2-128 民初浙江民居槅扇门图案。

2-129 清代河南插接工艺槅扇门——三交六椀花卉。

2-130　民国初期浙江攒插工艺槅扇门——风本锦地·动物花卉。

2-131　民国初期浙江攒插工艺槅扇门——星光锦地。

的称为"抹头"，凡上、中、下三部分均用抹头分隔。

宋代之前，槅扇门"其腰华障水版格眼皆用两重"[73]，旨在将透光的纱夹在中间，外层固定，内层活动，以裨更替其间的纱或纸。迨至清代，仅将槅芯做两重，绦环板与裙板多做单层。上述双层槅芯叫夹纱或夹堂，单层槅芯称为实替或糊透。一如《工段营造录》所指：

实替一曰"糊透"；夹纱一曰"夹堂"。[74]

槅扇门的高宽比约为3：1至4：1左右，裙板与槅芯高度比为2：3。至若槅扇门安装工艺，李斗述及甚详：

槅以飞檐椽头下皮，与槅扇挂空槛上皮齐，下安槅扇，下槛挂空槛分位，上安横披[75]并替桩[76]分位。挂空一名中槛，一名上槛，替桩一名上槛。安装槅扇，以廊内穿插枋下皮，与挂空槛下皮齐。

针对不同房屋，也有详细交待：

次梢间安装槛窗，上替桩横披挂空槛，俱与明间齐。上抹头与槅上头齐，下抹头与槅裙板上抹头齐，余系风槛[77]墙槅板槛墙分位。

李斗对槅扇门的细部构件还一一道明，阐明其工艺特点：

所用名物，有上槛、抱框[78]、腰枋、榑柱、边挺、抹头、转轴[79]、栓杆、支杆、槅心、平棂、棂子、方眼、支窗、推窗、方窗、圆光、十样、直棂、横穿、横披、替桩、帘架、荷叶[80]、栓斗[81]、银锭、扣架心、蚂蚁腰，及绦环、滴珠、帘笼、揭板、裙板诸件，单槅、连二槅有差。凡槅柏木槅扇，以用碧纱橱罩腿大框为上线，以卷珠为上混面。凹面有门尖、花心、玲珑之制；心有实替、夹纱之分。[82]

从槅扇门构成与装饰的主体——棂子来看，所形成的效果在房屋立面中具有重要的肌理质感、丰富的艺术语言及其蕴含着的文化品格和精神气质。古代遗存下来的绘画图形资料以及文献中，说明在宋代之前，槅扇门的槅芯均为直棂，以后逐渐发展成平棂和菱花两大类。所谓平棂，就是运用矩形的木条，组接构成各式具有一定装饰意味的纹饰。最简单的计有直棂、板棂或破子棂，其次是方格眼、斜方眼和什锦纹。这些都是直线交叉组织的网格状。棂子转弯连接的拐子纹，常构成卐字纹、回纹及灯笼框等。

菱花是雕镂而成的、比较高级和考究的棂子。如宋代《营造法式》所载的"球纹格眼"，实质上是圆之相交组织的图案。菱花图案仅《工段营造录》上记载的花样就有"卧蚕、夔龙、流云、寿字、卐字、工字、岔角、云团、四合云、汉连环、玉玦、如意、方胜、叠落、蝴蝶、梅

2－132　晚清北京四合院北屋·鲁迅故居。

花、水仙、海棠、牡丹、石榴、香草、巧叶、西番莲、吉祥草诸式……至菱花槅心之法，三交灯球六碗菱花、三交六碗嵌橄榄菱花、丈叶菱花、又三交满天星六碗菱花、古老钱菱花、又双交四碗菱花诸式……。槅芯花样，如方眼、凸字、亚字、冰裂纹、金缕丝、金线钓虾蟆之属"⑧等等，十分丰繁。这类具精细木工和雕刻性质的纹饰，既反映了木雕艺术在门窗构件中的广泛使用状况，也呈示、彰显着明清时期传统工匠高超的工艺技术水平。

格芯下面的绦环板和裙板，多以木浮雕形式出之。绦环板以花鸟、暗八仙、博古及戏文故事为常见，裙板则多见卷云纹样。一般多为素板一块，有的在裙板的四周刻一条沟线，四角倒里，为海棠状形。股实之户则浅雕牡丹花纹或五头蝙蝠，谓之五福临门。一般裙板很少一门一图案，而是一厅一样式，后厅、花厅有所区别。民居槅扇门中，最考究的当是用整块木板雕镂成的通雕样式。这些槅扇门的要点重心已从格芯组织形式上转而化之为施展雕刻技艺的依托和载体。从整体上看，徽州、大理、东阳、苏州、扬州等地的槅扇门总体质量较高。

从徽州地区遗留的明清府邸庐舍槅扇实例原物看，此处槅扇门大多用于天井两廊以作"隔断"；安装于高槛之上的称为"高槛槅扇"，也有置于厢房门外藉此分隔空间。徽州槅扇门既高且窄，下顶木槛，上承楼沿，承上启下。若详加比照，不难甄别出：明及之前徽州人多聚居生活在楼层上，故底楼槅扇门比例尚可。清代以后人们的活动与起居中心移至底下，底楼空间也相应随之高敞起来，槅扇门也"水涨船高"，愈加趋于细长、高峻。所以徽州本地人称槅扇中间的绦环板为"束腰"，束腰下称"裙板"，裙板下谓之"束脚"，通俗而形象。

在安徽黟县西递古村落中，明清民居的槅扇多取镂空透雕或拼装雕刻形式，以不同种类的石榴、桃子、牡丹、枇杷、水仙、荷花、梅花、兰花、菊花、海棠、灵兽、百鸟、蝙蝠、云纹、冰裂纹、回纹、卷草、文字等纹样组成，每幅门扇整体感强，构图落幅既对称又富有变化，着力于点、线、面的组合与穿插，常以二方连续或四方连续图案的形式出现，具有较强的形式美与装饰性。木雕技法侧重细腻精致一路，槅扇门中绦环板一般为浮雕，内容涉及人物、山水、文房四宝、如意香炉、花草虫鱼，题材大多取自于徽州名胜、徽戏徽曲、宗教神话和民间传说。受新安画派和徽派版画的浸润影响，人物、动物等形象塑造生动有趣，飘逸洒脱，栩栩如生。画面中以散点透视布局，适度夸张人与建筑树木的比例，主次分明，虚实相生，图形和造型中涵泳着深厚的文化底蕴。槅扇门纹饰程式化极强，但却无一雷同，人们在使用、赏析之余不由对民间艺人丰富的想象力和高超的才技深深叹服！总之，徽州地区的槅扇门既较好地满足了民居建筑的使用功能要求，起到通风、采光、开启、关闭的功效，同时又为住宅增添了文化含量，丰富了居住建筑的微观艺术世界。

云南大理白族自治州剑川县传统民居，不论大小贵贱，一律运用槅扇门，不同之处在于雕工、油漆的简繁、粗细和优劣之别，在全国可谓绝无仅有。

剑川白族民居中槅扇门一般为六扇，可开关拆卸，安装在明间的外部。因该部位处于房屋的中心位置，且槅扇门数量多，面积大，所以装饰特别考究。剑川民居槅扇门一般以3至5厘米的柯松、楸木、青皮树、樟木、椿木等为底材，施以满雕彩绘。槅芯采用透雕，裙板多取浮雕。槅芯透雕一般多在两、三、四层之间，极端者竟有十层透雕之多。

剑川槅扇门工艺精细繁密。若要透雕四层，则从正面开始，第

2－133
清代徽州黟县西递厢房槅扇门。

2－134
民国初期云南大理州剑木木雕槅扇门。

2-135 清代徽州厢房落地门罩。

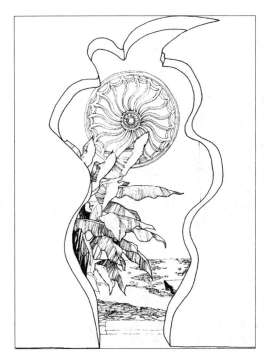

2-136 宋代苏州沧浪亭·秋月门。

一层雕仙佛人物，第二层雕云霞飞鸟，第三层雕葡萄图案，第四层雕斜卐图案。如此便形成花后有叶、叶后有枝、枝中藏鸟、层层深入、繁冗重叠的立体化图案。槅扇背面相应雕刻齐整大方的几何图形衬底，使门扇的透气通风采光与木雕艺术融为一体。民间木雕艺匠们运用圆雕法和半圆雕法，使相邻两花纹的尖端部分适度分离，远视则密密匝匝，前后穿插，上下衔接，令人赞叹不已。

与徽州、苏州等地槅扇门素底本色不同的是，剑川槅扇门色彩璀璨丰富，油漆斑斓，通体鲜艳堂皇。用色以青、绿、蓝、赭、黄、橘红等高明度色为主。

中国传统民居庐舍中，除了前述各种大门门楼、院门、垂花门、槅扇门等之外，尚有为数众多、样式丰富的、相对于前述比较正式和完备功能各门门制而言，显得变化更丰富、形象更生动的门式，这就是在传统大中型贵胄士绅、豪商巨贾府邸中或私家庭园中的各式地穴和月洞。

明代著名造园大师计成在经典著作《园冶》一书中，曾开列出月洞形式多种，如：方门合角式、圈门式、半圈门式、八角式、长八方式、执圭式、葫芦式、莲瓣式、如意式、贝叶式、剑环式、汉瓶式、花觚式、蓍草瓶式等，每种样式又可列出数种变化的样式，真可谓极尽变化之能事。这些千家万色、变化多样的月洞大多处于深宅大院内庭园中，受礼制和伦理等因素制约比较微渺。

月洞又称为"地穴"或"门景"，大多只设门框而无门扇。清代姚承祖在专述江南地区古建营造的著作《营造法原》中说到：

凡走廊园庭之墙垣辟有门宕而不装门户者，谓之地穴。墙垣上开有空宕，而不装窗户者，谓之月洞。地穴、月洞，以点缀园林为目的，式样不一，有方、圆、海棠、菱花、八角、如意、葫芦、莲瓣、秋叶、汉瓶诸式。量墙厚薄，镶以清水磨砖，边出墙面寸许，边缘起线宜简单，旁墙粉白，雅致可观。

凡门户框宕，满嵌做细清水砖者，则成门景，门景上端，或方、或圆、或联回纹作纹头、或连数圆为曲弧，式样不一。用回纹者，则称贡式门景。门景边缘、起缘不妨华丽。亚面浑面随意组合，以比例美观为原则。[84]

将变化多端的月洞、地穴与住宅之首的门户入口与大门院门两相比较，不难看出前者的活泼，后者的庄重，这是封建时代处于正统地位的儒家学说长期浸淫投射的物化形式。对于大门、院门暨正统居处空间部位和要素而言，要求"对情感展露经常采取克制、引导、自我调节的方针，所谓以理节情，'发乎情止乎礼仪'，这也就使生活中和艺术中的情感经常处在自我压抑的状态中"[85]，从而使得宅邸大门等正统居处的先导和部分等在一定程度和意义上，成了压抑个人住家内心深层情感的物化载体；而相对于各式正统规整大门、院门而言，各类庭园中的月洞就显得十分"随意"和自由和自在，对于庐舍民居整体来说，庶几成为装饰对象，也有甚者其目的显然已经超越功能，成为装饰艺术了。

传统住宅大门的理性、规整和正统与内庭园苑月洞的感性、自由和"随意"也即一"恭"一"闲"的相对和互补，泄露出自春秋以来就存在的、一直困扰着文人士子们礼与乐、"出"与"处"、"仕"与"隐"之间的尖锐矛盾在人居环境、民居庐舍态度层面的摸索、思考方式和角度，凝冻积淀着试图解决上述矛盾方式的行为过程及物化记叙[86]。

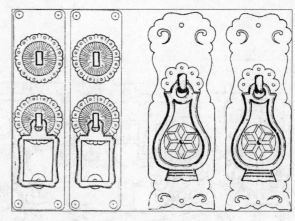

2-137 晚清浙江民居门环。

六、铺首门环

(一) 铺首门环

铺首门环,中国古代建筑大门上的金属制品。铺首,就是衔门环的底座,又称铜蠡、铜铺、金兽、金铺和门钹,镶嵌在大门上,嘴中衔金属门环。一般多以金、银、铜、铁等金属材料制作,也有用玉雕琢而成者。

铺首起源生发于史前人类对灵兽的敬畏和崇拜,后演绎成虎、螭、龟、蛇等灵兽的多种造型;民间也有一传说认为源于龙子九子之一的椒图,性情好闭,形象狰狞,用于门户之上,以显示庄严的气势并有驱邪避害的作用。铺首在早期仅限于寺庙道观和官府衙署建筑中。《汉书·哀帝纪》中有:"孝元庙殿门铜龟蛇铺首鸣"的记载。大约自唐、宋以后,逐渐在民间建筑中得到广泛运用,希冀祈求神灵能像兽类般勇猛搏斗,保护家庭人财安全。

作为传统建筑暨门户构件的附属物,明清时期的铺首门环,其样式大率以吉祥图案盛行于世。所谓"吉者,福善之事;祥者,嘉庆之征"。一如传统"图必有意,意必吉祥"的模式。在赋予叩门、拉门的实用功能和"避邪"之外,也衍生出装饰意绪,成为大众百姓祈福心理的物化映射:祈求平安、祈求幸福、祈求长寿和祈求富贵。

从铺首的构成形状和装饰纹样看,大致可以界分为以下几类:

1. 植物纹样

有牡丹纹样 (取意富贵)、葵花纹样 (象征子孙满堂、人丁兴旺)、莲花纹样 (比拟多子多福)、瓜形纹样 (寓意瓜瓞绵绵、源远流长)等。

2. 动物纹样

包括蝙蝠纹样(福字谐音)、蝴蝶纹样、狗纹样、鱼纹样(连年有鱼)、虎纹样、虎头纹样等。

3. 几何纹样

如圆形纹样、方形纹样、六边形纹样、八边形纹样、云纹、八卦

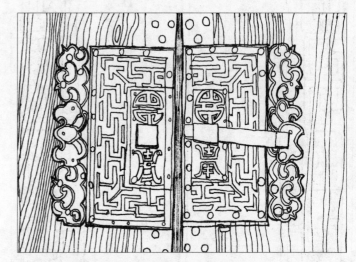

2-138 清代山西襄汾丁村民居福寿如意铁花门饰。

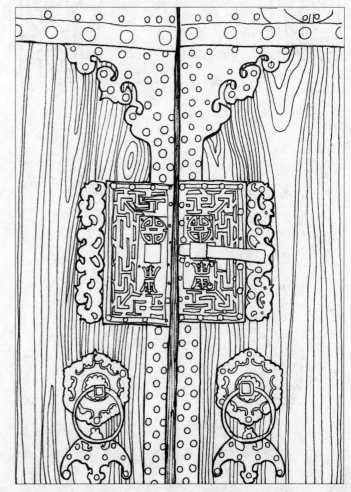

2-139 清代山西襄汾丁村民居福寿如意铁花门饰。

2-140 清代山西襄汾丁村民居菱花门饰。

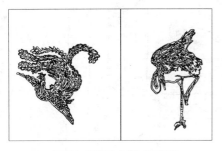

2-141 民国初期湖南永顺民居门饰。

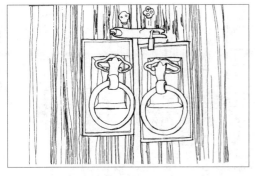

2-142 明代徽州黟县黄村门环。

2-143
清代山西襄汾丁
村团寿铁花。

纹等。山西省灵石县静升镇王家堡一宅院大门铺首上为八幅卷云团案,下为半圆状山字构图,形成山卷图形。

4. 器物纹样

包括法轮纹样、元宝纹样、铜钱纹样、如意纹样、花瓶纹样(瓶口三戟——平升三级)等。实例如山西襄汾县丁村清咸丰三年的丁宅大门铺首图案,上为如意,下部叩击处为蝙蝠图形,寓意昭然。

5. 文字纹样

诸如寿字纹样、亚字纹样、卐字纹样(寓意卐字无边、富贵无尽)等。

6. 人形纹样

主要以手形纹样、人头纹样为主。

7. 组合纹样

例如植物与动物纹样组合,动物与器物纹样组合,植物与器物纹样组合等等。

地处边陲的众多少数民族传统民居的铺首等构件,蕴含着浓郁的历史、宗教气息。譬如藏族地区的大门铺首,造型夸张,形式古拙,威慑力颇强,具有狞厉、凶悍之威仪,裹卷着藏旗面具艺术的精神和气韵。

铺首中悬门环,撞击金属面层,叩之有声,清脆文雅,"符号"性质显明,是进入宅门府邸率先接触到的装饰艺术品。相对铺首而言,门环比较简单,基本呈圆状,也有葫芦状等少量变体样式。明代文士文震亨在谈及铺首门环时,如此评介道:

> 门环得古青绿蝴蝶兽面,或天鸡饕餮之属,钉于上
> 为佳,不则用紫铜或精铁,如旧式铸成亦可,黄白铜俱
> 不可用也。漆惟朱、紫、黑三色,余不可用。[87]

文氏的审美观点多少宣泄出斯时江南文士崇尚古意的思绪以及价值观念。

旧北京大中型四合院暨王公贵胄府邸大门、晋中、晋南、关中及冀西等地商贾及士绅等钟鼎阀阅之家的大型大门上,浮沤(门钉)密匝满布,甚为显眼。这是因为木板门的基本构造,即是并列的板扉,为着坚固著眼,唐宋时在木板后面钉上与之垂直的横木"福"、"梢带",由"福"将木板连接,界分内外。这种连接方式后来部分被浮沤取代,上下左右齐整规则,数字相同,含有尊贵显赫之意。清代大率有"门钉九路、七路、五路之分"[88]。

板门上钉浮沤(门钉)最初是板门结构的一部分,嬗递至后逐渐被赋予了一定的社会意义。门钉路数多寡也已成为甄别房屋大小等级的标志和符号。

除此之外,大门上还装置门钹、包门叶、门插、门扣、纽头、看叶等五金制品。晋中晋南一带层楼深院的大门,包门叶宽厚满

覆,凝重敦实。门插既有与铺首门环组合一起的,也有分开单独处理的,形式不一。门插拴上,铁锁坚闭,户门关阖,起"以待暴客"之防卫功能。

在制作上,也是眼花缭乱,异彩绽放,户主用客可各取所需:

　　铅钑兽面,每件带仰月、千头钉;门钑带纽头圈子。包门叶有正面铅钑、大蟒龙;背面流云做法:寿山福海,钩搭钉钩。

在槅扇门上,也有相类似的门饰构件:

　　槅扇有云寿铅钑、双拐角叶、双人字叶、看叶诸式。看叶带钩花纽头圈子,若云头梭叶、素梭叶,则宜单用。⑧

　　……

上述铺首门环、浮沤门钑、包门叶、门插、门扣、纽头看叶等构件,与抱鼓、枕石、石兽、匾额楹联等一道,组合同构成具有浓郁中国精神、华夏神韵的完整的门户装饰艺术。

(二)抱鼓枕石

华堂夏屋门扇下,尤其是贵胄缙绅、官宦商贾等钟鼎之家,大部分都做成高门槛。这类高门槛通常插嵌进两端门枕石的凹槽内(也可以抽卸出来),以过行人、车马。平素基本上不动,进出时需将腿抬高方能跨越过去,民间俗称为"高第"。门槛趋高,表明住户社会身份地位也高,两者相洽暗合。

徽州一带的明清及民国时期的民居庐舍,大都是高门槛。一些古宅旧庐的门槛竟高达一米上下,令人咋舌!给出入门户带来了不少的障碍。发展至清末民国时期,一些常年在外经商的徽贾对古制传统进行了变通改良,一改早期固定的高门槛为可以灵活拆卸的高门槛,既承古制又便于交通出入,一举两得。

民居门槛既有石材打制,也有用粗大木梁制成。徽州民居门槛一律以青石做成,而晋中层楼深院的门槛则多见木构。20世纪90年代中期笔者考察祁县在中堂(乔家大院),见院落大门门槛均以榆木制作,目测计量约有六七十厘米之高,且体量粗硕,敦实而凝重,印象颇为深刻。

一般来说,传统庐舍民居大门门槛之外还设有台阶,多为三、五、七级,台阶两旁铺砌石条斜坡,既保护了石阶,又使形态富有折线之美。明代文震亨认为:"自三级以至十级,愈高愈古,须以文石剥成;种绣墩⑩或草花数茎于内,枝叶纷披,映阶傍砌。以太湖石叠成者,曰'涩浪'⑨,其制更奇,然不易就。复室须内高于外,取顽石具苔斑者嵌之,方有岩阿之致。"⑨体现了明代文人士大夫崇尚清雅、自然的审美理想。

通常民居庐舍门扇的下轴安置在方形石墩的凹孔中,方石半里半外,内里承托门轴,门外或大或小,装饰简繁不一。大者雕琢成圆鼓状,精雕细镂狮子等守护动物,称之为抱鼓石。

抱鼓石一壮门庭庐舍之威,二与大门相呼应,形成上下均衡的和谐感。若无石鼓镇立,颇有头重脚轻之虞。

抱鼓石首先见于门扇两侧,其次,也为栏杆由台基到地坪的收尾构件。此外,抱鼓石也安置在牌坊牌楼立柱的前后,以收紧固稳定之功效。

抱鼓石由三部分组成:鼓形、鼓上和鼓座。抱鼓石鼓呈圆形。一般的处理方法都把圆内作为雕刻的重点,以高浮雕手法雕琢若干

2－144　明代徽州民居抱鼓石。

2－145　清代山西祁县乔家大院门墩石及柱础。

2－146　清代山东栖霞牟氏庄园"西忠来"宅大门抱鼓石。

2－147　清代福建南安民居抱鼓石。

2-148　清代山西襄汾丁村民居栓马柱——昔时北方农村以骡马为主要交通工具的印证。

2-149　清初山西襄汾丁村民居柱础力士的各种形态。

旋转状追逐嬉戏的幼狮、龙凤、麒麟、蔓草、花卉等题材。前者如长沙岳麓书院抱鼓石圆鼓内三个动态十足的幼狮，后者如福州林则徐祠堂抱鼓石圆鼓与鼓座上的荷莲。当然，各地内容题材不尽相同。比如山东栖霞牟氏庄园"西忠来"单元南大门抱鼓石，石料选用当地稀有的黑色玄武石，内含黄金，阳光照射下熠熠生辉。石鼓上雕有"福、禄、寿、喜"和"麒麟送子""刘海戏金蟾"、"姜太公钓鱼"等七幅栩栩如生的浮雕，刀工精熟，雕琢细致，历时三年始告完成。

北京四合院垂花门两侧，一般常设抱鼓，分列于棋盘门两侧。小型者设门枕石。门枕或抱鼓石既装饰了门扇，又起到了独立柱的稳固坚定作用。一般下部是须弥座，座上方是雕有卷草的鼓座。鼓座上的石鼓一侧雕旋子图案，另一侧雕花草。

鼓座上的花草通常取自由状，但也有用几何状限定的。上述长沙岳麓书院抱鼓石鼓座即由大小不等几何图形限定外形，内中图案纹样各不相同，几何与自然状并存，另有一番对比差异之趣。

（三）石兽石人

民居府邸大门院落入口处两侧，除了抱鼓枕石外，最常见的莫过于石狮了。雌雄成双，雄者玩球，雌者抚幼，张口瞪眼，体态多样。

狮子约在公元初开始传入中国，迨至明清，造型由"野狮"向"家狮"转型，变狞厉为敦厚，幻威严转淳朴，从最初的威慑、驱邪逐渐向装饰化、人性化方向发展。

石狮座基有素平和须弥座不同形式，素平简略，须弥座繁缛细密，雕工精细。

规格略大、质量较高的府邸宅园，其栏杆望柱上也雕饰有石兽，体量略小，因处于人的视界高度，故多精致细腻。

相比较而言，北方省区民居前的拴马柱端部的石兽石人更具艺术性、创造性和趣味性。

从题材上看，拴马柱端部所雕有滑稽人、狮、猴等，出地高度2米左右，下埋约八九十厘米。长条青石浑然似柱，坚强有力，直挺刚劲；顶端部人兽造型限制在六七十厘米高度，假借石坯料头施雕刻凿，柱上之猴叫"镇槽猴"，希冀"槽头兴旺"、"四季平安"；兽王石狮可镇邪避妖，至于人御狮，则透射出民间工匠力图驾驭自己命运的曲折意愿。

陕西澄城县一带的拴马柱，或轻松滑稽，或鬼斧神工，或琦玮恢宏，一扫明清以来雕塑每况愈下的衰势。其狮，或威或怒，或摆首长吼，或奋鬣向天，与狠琐矫饰之狮相比更具有浓厚纯朴、雄健奔放的乡土审美气度。又如山西襄汾丁村一背负胸拥幼仔老猴的拴马柱，老猴腰背顾长，弓身前俯，托颏沉思，其艺术语言的力量感突显而张扬，自由、随意、稚拙、娱性和不拘一格的率真朴实反映了华北农村民间拴马柱艺术个性、特色和风格。

拴马柱穿绳处在在柱上直接穿洞，也有巧借动物蹲坐腿肘所形成的空隙，给骑者提供系绳之便。柱身也间有"雀弹梅"、"串枝莲"之类图案纹样浮雕。

除此之外，一般传统庐舍民居的门户入口处，还左右各置一块石墩，俗称"上马石"，是古人出门登马或归来下马时所用。通常殷实、富裕人家在"上马石"上也尽遣雕镂之能事。

2－150　民国初期福建民居石构窗洞。

七、窗牖窗格

　　窗户，连接建筑内外的"通道"，采纳户外光线，激浊扬清室内空气，借景外界景色，是传统民居"通透"特征中的基本构件。其窗格、窗棂构成的图案纹样及其象征和隐喻，也是古代历史文化的一个侧面和缩影，在一定程度上凸显了传统营造工程技术和工艺艺术高超的水准。材质的可塑性与墙体的非承重性给予窗牖窗格的深度创造提供了可能。简而言之，重玲珑、讲通透、究虚实、偏线状的传统审美特点，与着力与大自然共生共荣、融为一体的心理结构价值取向融会贯通起来，使窗户构件成为传统民居的装饰对象和装饰重点。

　　古时，在墙上能开阖的是牖，在屋上不能开阖的是窗，类如天窗之属。清人李斗说："古者在墙为牖；在屋为窗。六书正义云：'通窍为囧㉝，状如方井倒垂，绘以花卉，根上叶下，反植倒披，穴中缀灯，如珠窗窎㉞(音苗诈)而出，谓之天窗。'太山记云：'从穴中置天窗是也。'"㉟如此看来，现在所谓的窗，其实是古时的牖，而古时的窗只是现在的天窗、横披之类。

　　总体上看，中国传统民居建筑的窗户大致有槛窗、支摘窗、满周窗、横披窗和微型窗洞等形制类别。

　　槛窗位于建筑物的次间或亭榭的柱间，下有槛墙或用槛板。其形式与槅扇的上部相似，使用不如槅扇门灵活。装饰、雕镂题材、内容及样式与槅扇门之格芯大致无二。

　　徽州、赣北地区明清时期的槛窗通常设置于厢房面向天井两廊的板壁上，亦有部分的槛窗下部为砖墙。槛窗外置窗台，并加雕花木栏杆以围护。饶有意味的是：徽州的槛窗前设置一长方形的木板——窗栏板，当地人习称之为"槛挞衣"。"槛挞"一词为当地方言，即指窗户。"槛挞衣"是窗户的衣服的意思。细细揣摩，反复品咂，窗栏板还确乎具备了人之衣服的"遮羞"功效：窗栏板硕大平直，既可阻挡遮掩天井上方飘落轻飔的斜风细雨，又可有效地杜绝他人窥视厢房内部情境状况的可能，从中漫射出古人微妙的心理活动和处理内外人际关系与家居日常生活起居等事项中人性化的关注和把握。

　　徽州、赣北地区明清槛窗栏板高度与人的视线差可仿佛平行，因此，当地能工巧匠素将此处作为尽显身手的场所，各种透镂雕琢在略嫌沉闷、庄重的正厅堂屋中彰显虚实、光影、明暗、大小等要素的对比和变化。

2－151　明代徽州潜口窗栏。

2-152 晚清甘肃省监夏市民居支摘窗。

2-153 民初青海同仁县过日麻村民居一层廊下。

2-154 民初青海循化撒拉族自治县民居内凹式大门入口及支摘窗。

2-155 民国初期青海循化撒拉族自治县民居支摘窗。

细究起来，槛窗其实就是不完全落地的槅扇，区别仅在于槛窗下有槛墙（以阻挡人的出入），少了槅扇下部的裙板而已。江南地区的槛窗形式多样：当房舍高敞或开间阔阔时，为了保证槛窗正常的长宽比例尺度，遂因地制宜地进行构图分配，调整开启面积。其做法是：在槛窗的上下或两侧加设雕镂的余塞窗或横披窗，而臻两全其美的境地㉞。

支摘窗的开启方式与众不同：窗扇不是左右推开，而是向外支撑起来。是中国北方传统民居中十分习以为常的一种窗户形式。由于民居建筑开门较小，楼层趋低，所以支摘窗一般分成四段：左右两列，每列上下。上段可支，下段可摘。一俟夏季来临，上段向外支撑，下段摘掉，尽享习习凉风，十分惬意。

江南一带支摘窗数量有限，大多囿于大型府邸第宅中的花房、花厅和庭园建筑中，常在两柱间通间设窗，一列横向三扇或四扇，上扇下扇固定，中扇向外支启，可谓"占外不占内"，也有部分支摘窗外槛墙下加设护围栏杆，以增安全感，与宋代《营造法式》中"阑槛钩窗"颇为相似。

满周窗，系在槛墙上额枋下全部面墙呈窗洞的一种窗户形式，广东民间住宅常以此种形式出之。此窗做成方形，均等地分左右两列，每列上下三扇，合共九扇。其开闭方式为上下推拉，各段窗扇可任意推拉到任何位置。对于湿热地区散热、通风、纳凉等极为适用。

横披窗，即安装在中槛和上槛之间的窗子，多用于房屋厅堂宽敞高爽者，以裨采光通风。

在中国许多地区的传统民居建筑中，还有一种尺度十分微小的窗户，通风、照明功能极其微弱，我们姑且称之为"微型窗洞"。

徽州民居外墙上窗户既少又小，尺度一般只能容纳一个人头通过，叫做"人头窗"，大部分为方形，少数清代和民国时期建造的民居建筑中出现了花瓶形等形制，主要缘于安全的考虑。古时徽州男性外出经商，防止外来侵扰就显得格外重要了，从深处看，颇有碉堡的意象；另一方面，也反映了封建社会中礼教对广大妇女身心的压制。外墙上"人头窗"与内墙窗的华美精湛，形成了强烈对比。

与徽州民居"人头窗"惊人相似的江西"三南"即龙南、全南、定南三县的民居窗户，大多也是仅能容纳一个人头通过，或者是"十"字和方口喇叭形，小者仅够用于枪械的瞄准射击。遍布于蜿蜒逶迤的赣、闽、粤交界崇山峻岭中的客家聚居区，以其"回"字形构成的城堡围屋而别具风貌。

　　围屋外墙的小而深的窗洞，与内围房屋窗户的硕大、精美形成对照。除了采光、通风等实用功能外，内围房屋窗户，尤其在厢房的窗户上不惜工本，精雕细琢。窗户既有独立长方形的，也有中间方形两边长方形的对称形窗，并以两个图形重复至六扇窗页。同时，对木棂的构架、组合方式进行了颇有特色的探索：一般图案以"回"形构成为主，四周用约3厘米宽、呈半弧形线条围合，窗格中央雕镂着梅花外形，内中雕饰有鹤、蟾、兔、花等吉祥物，形象栩栩如生；花瓣线条圆润流畅，层次不一。这些图案纹样基本上均处于木棂与框架、木棂与木棂之间的连接部位，既强化了窗棂的牢固性，又避免了连接处平直呆板的直接表述，巧妙地将窗户图形中点、线、面的相互关系融为一体，具有愉悦的节律感和层次感，紧凑而不密匝、对称而富有变化。

　　我国西藏自治区的中部、东部，青海省西南的玉树藏族自治州，四川省西北部的阿坝藏族羌族自治州以及川西甘孜藏族自治州的部分地区，民居多以泥、木、石垒砌构筑。藏居门窗出挑小檐，在狭长窗上添饰上窄下宽的黑色窗套，寓意的"牛角"能带来吉祥。藏族古时即信奉牦牛图腾，逐渐演进、简化、概括、装饰成"凵"牛角图形，不仅扩大延伸了门窗的尺度感，而且与建筑向上收分的造型形态相呼应，强化了建筑体量的坚实稳重感，成为藏式各类建筑风格的重要符号象征之一。

　　拉萨等地藏居门窗均出挑小檐，檐上悬挂、设置条形布幔、雨棚，在二、三层逐层出挑的小椽后，檐下形成"斜坡"，有效遮挡夏日灼人光照退至窗台，使室内处于阴翳之中，构筑营建了凉爽的居住环境。

　　传统民居建筑中窗户具有不同的形制类别，其组合和实际运用也是有一定差异的。例如浙江、安徽、苏南、赣北一带的合院式民居庐舍中，厅堂两侧的厢房正立面通常是：下面做槛墙，中段为四、六、八扇格扇窗，上端为一段横披窗。窗槅扇的装饰重点在格芯。槅芯图案一类为纵横棂子组成，一类是冰裂纹：前者在木棂之间的空隙中镶嵌雕饰，后者于木棂集结处装饰小雕琢。槅扇上下有与格芯同宽的花板，浅刻薄薄的浮雕。至于横披窗，由于仅有采光而无开启功能，通常左中右界分三段，均用木棂做整幅格子图案。中间的细木框内，或镶玻璃（民国年间渐多），或镶浮雕花板，形式自由多样，如曲线形、扇面形、书卷形、团扇形、壶形、外方内圆斜方格形等，不一而足。⑰

　　传统民居建筑中窗户窗棂的材料，绝大部分都是由不同质地和品种的木材构成，但是也有少部分是以石材为主的。早在唐代，诗人皮日休的《石窗》就曾经倾情赞美过石构窗户：

　　　　窗开自真宰，四达见苍涯。
　　　　苔染浑成绮，云漫便当纱。
　　　　棂中空吐月，扉际不扃霞。
　　　　未会遍何处，应怜玉家女。⑱

　　在我国浙南沿海、福建及广东等地区，窗格多用石材处理。尤其是闽南惠安、晋江、泉州一带，那里盛产的花岗石材质均匀，强度较高。当地石匠对石材应用得心应手，雕琢自如，所雕石窗棂以圆形、八角形和直棂为主。圆者疏密有序，简繁有度；直者华素相宜。比如在直棂上浅刻竹叶，直棂仿竹竿，意趣盎然；繁缛华美的直棂工雕缠枝花卉鸟兽人物，玲珑精湛，栩栩

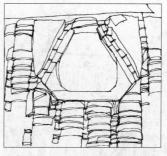
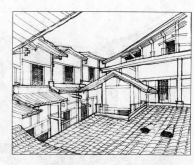

2-156　清代福建永定"福裕楼"天窗——传统民居中的缺陷和不足：光线晦暗。

2-157　晚清民初福建永安县"安贞堡"天窗。

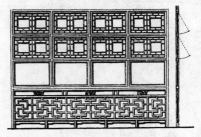
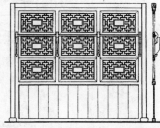

2-158　晚清湖州民居支摘窗。

2-159　晚清湖州民居支摘窗。

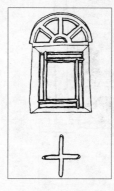

2-160　清代贵州安顺云山屯窗洞与十字枪眼。

2-161　清代贵州安顺本寨民居出气孔。

2-162　藏族民居窗户。

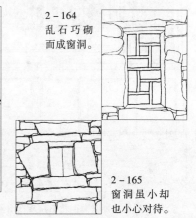

2-164　乱石巧砌而成窗洞。

2-163　拉萨藏族民居窗户。

2-165　窗洞虽小却也小心对待。

2-166 清代福建龙岩"瑞云楼"窗户。

2-167 西藏拉萨民居窗户。

2-168 民初湖北利川民居花窗。

2-169 晚清民初福建永安县槐南乡"安贞堡"窗户。

2-170
晚清福建晋江民居山花（祥云、花篮）与窗洞。

2-171
湖南永顺民居门窗图案。

如生。在中小型民居中，往往采用在窗下凸出宽窗台、窗上加楣檐等手法增强外观的凹凸变化和虚实、深浅及材质粗细的对比，既符合使用要求，又增润了艺术气氛。

清初戏曲理论家、装饰艺术家李渔在《闲情偶寄》卷四中认为窗格的样式主要有三种："窗栏之体，不出纵横、欹斜、屈曲三项。"

纵横格，亦即横竖棂子，系直棂条拼合成各类图形花样。例如一码三箭直棂窗，就是运用同样粗细的木条，等距竖排，组装而成。循此而进，尚有斜方格、豆腐块、回字、井口字、步步锦等等图形。李渔认为纵横格"头头是笋，眼眼着撒者，雅莫雅于此，坚亦莫坚于此矣"[99]。

欹斜格，宛如近人铺装斜纹木地板图案，用之窗格，为人意想不到，唯坚固度略欠。因此，"当于尖木之后，另设坚固薄板一条，托于其后，上下投笋，而以尖木钉于其上，前看则无，后观则有"[100]，如此则可保欹斜格强度无虞。

屈曲格，弯曲似波浪的木条间隙镶嵌梅花图形。李渔在谈到其工艺结构时详述道："俟曲木入柱投笋后，始以花塞空处，上下着钉，借此联络，虽有大力者挠之，不能动矣。"[101]看来，屈曲格是比较坚固牢靠的窗栏样式。

除了李渔上述三项"窗栏之体"，尚有众多窗棂样式，拐子纹窗棂就是其中的一种样式。

拐子纹窗棂，也是一种常见的、精致玲珑的图形花样。系用细木条拼合成宛转如意的图案，如乭字、灯笼框、方胜、汉字等。

此外，尚有井口字、冰裂纹、盘长、八块柴、正万字、豆腐块、一码三箭、步步锦等等。这些图案纹样出现和装饰的缘由，全在于古时窗户上窗芯大多用纸糊或者安装鱼鳞片、贝壳片等来采光和遮雨，因此要求窗棂窗格较为密集，才能满足需要。这种密集的图案纹样就是产生各式窗棂窗格的由来和基础。

传统民居庐舍的窗棂纹样图案，大致可概括、归纳为以下数种结构和形式：

1. 无中心式

并不注重构图中心的营建，以大面积疏朗均匀为特点，如直棂、方格眼、井口纹、乭纹、十字纹和锦纹等，大多出现于书斋、卧室等幽静处所。

2. 中心式

根据图案纹样组织的集聚和向心，构建成视域聚焦与视线停顿点，如步步锦等。并在图案纹样中心变化处理上颇多"变异"，利用棂格粗细、疏密、直曲、整与乱等的对比差异，构成绚丽、华美的装饰意向。又因此类装饰性较强，故大多运用于厅堂及馆榭阁苑等中。

3. 多中心式

此类窗棂图案纹样一般有两至三个重点区域，区域之图案节点也有差异对比的变化处理，以圆形、矩形、扇面形、六角形等格芯为常见，并予以精雕细镂、攒接考究、细致，风格纤巧精进，极具装饰意味,主要用于庭园建筑之中。

4. 交错斜棂式

斜棂纹（有直纹和曲线纹两类）两端分别与反方向的斜纹交错接合,尤其是曲线纹斜棂更具动态效果,富有丰富的光影效果。与宋《营造法式》中的睒电窗大致仿佛。

5. 文字与吉祥图案式

以篆文、瓦当文字纹、动植物纹样、器物纹样等为素材,进行窗棂创作和装饰。

窗棂制作工艺,大致有攒斗、攒插、插接、雕镂、打洼、窝角、起线等。

攒斗是指以小木构件攒合组接成大面积的整体图案,每个单元一致,相互衔咬成型,工艺要求十分严格、严密,单件稍有误差,迨至攒合后阶段,后果很难收拾,甚至前功尽弃。因为所有单元都在一定的框架中完成,并无收盈余地。因此,攒斗也是窗棂制作中最费工时的工艺之一。其优长概在于:消弭杜绝了木材本身的应力。构件的细微化,使窗棂摒弃了变形胀裂的可能;图案由微而巨,既有规律性,又有装饰性,细腻、密匝、齐整而颇具韵律感。

攒插与攒斗的工艺同中有异。同者,两者咸为以小攒大,由微而巨;异者,攒斗榫卯接合在木构尽端,且以三向衔咬为常见。攒插榫卯既有尽端接合,更有在中部凿出榫眼,与他件榫头连接。

攒插工艺所用构件略长于攒斗构件,长短不一。因此工艺相对简易,衔咬接合灵活亦易于调整修正,且形式多样,图案丰富。又因其榫卯结构互相存有制约,故坚固性优于攒斗方式,使用比较广泛。

相比上述两类工艺,插接工艺显得颇为"轻松":一般以长条木构为元素,假90°或60°角槽对接。前提是必须单体同轴,任何一点均能以直线延伸两头。缘由在于其图案单元的大小系以槽口间的距离而定,故而格芯的图案、纹样和图形构成有单调之嫌,木材应力较强,易变形走样。

窗棂中的雕镂工艺与细木作装修暨木雕工艺大致仿佛,唯嵌雕与贴雕工艺的运用远多于装修类木雕。

至若打洼、窝角、起线等,咸为木工的基本技巧,工艺简略,此不赘述。

中国传统窗棂制作,工艺多,要求高。正如计成所说:"凡造作难于装修",门窗棂条交接处更应"嵌不窥丝",从中可窥见当时窗棂制作的工艺和标准。

窗栏窗格在中国历代文士诗人眼里,庶几成为吟咏无尽的话语母题。东晋高士陶渊明靠着南窗藉以寄托傲然自得的心情,深知在这狭窄的屋宇中就可安居:"倚南窗以寄傲,审容膝之易安",心契自然;南宋诗人陆游晚年奉召临安写就的《临安春雨初霁》:"小楼一夜听春雨,深巷明朝卖杏花。矮纸斜行闲作草,晴窗细乳戏分茶",流露出丝丝超迈的意趣。

古时女子生活在闺阁内院中,窗户是她们了解、想象外部世界的重要载体。南北朝乐府民歌《木兰诗》曰:"脱我战时袍,著我旧时

2－172　江西景德镇民居书房气楼（通风窗）。

2－173　门窗菱花图案。

2－174　江西九江湖口浣香别墅门窗图案。

2-175　清代江西门窗插接工艺——花卉锦地。

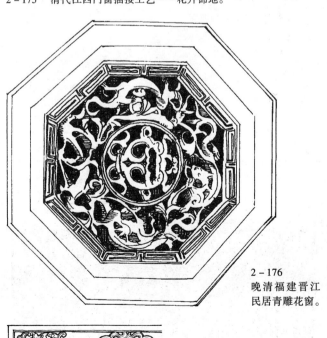

2-176
晚清福建晋江
民居青雕花窗。

2-177
晚清扬州寄啸山
庄木雕花窗。

裳;当窗理云鬓,对镜帖花黄。"自古以来人们习惯将窗户与女子的相伴共生现象演绎为一种闺怨的象征:"寂寂青楼大道边,纷纷白雪绮窗前"(《闺怨篇》)。唐代大诗圣杜甫的一首千古绝句,将中国古代窗户的丰富意象、诗意、功能、赏析特质表露无遗:"窗含西岭千秋雪,门泊东吴万里船。"绝句描述和传递了诗人笔下眼中的门窗,是房屋的构件,更是通达于外部、大千世界的桥梁和媒介:人居室内,无限风光、春耕秋收、风霜雨雪,尽收眼帘。

如果说中国古代文士诗人对窗牖窗格的无限情怀和抒情表征大多是仅仅停留在诗文创作上的话,那么,清初戏曲家李渔可谓是个特例。他一心一意将自己无限的创意,通过实践行为将窗户的各种诗化的可能,淋漓酣畅地表达出来。例如他在窗外设一长板,置放盆花、笼鸟、蟠松、怪石,常更换置之,独坐窗前闲赏;他取枯木数茎,制作天然之窗,取名梅窗。先以挺直老干不加斧凿,制成窗之外廓边框。再取横枝,一头盘虬,一头稍平,分作梅树两株,一株上生而倒垂,一株下生而仰接。"剪彩作花,分红梅、绿萼二种,缀于疏枝细梗之上,俨然活梅之初着花者"。见之者无不叫绝,他自己亦得意地说:"后有所作,当亦不过是矣。"[⑩]

李渔设计的扇形窗,系装置在湖舫上的。"坐于其中,则两岸之湖光山色,寺观浮屠,云烟竹树,以及往来之樵人牧竖,醉翁游女,连人带马,尽入便面之中,作我天然图画。且又时时变幻,不为一定之形……是一日之内,现出百千万幅佳山佳水。"[⑩]

蛰居家中,他又创造了观山虚牖——"尺幅窗",又名"无心画"。其书斋"浮白轩"后有小山一座，高不逾丈。其间有丹崖碧水，茂林修竹，鸣禽响瀑，茅屋板桥。他"尽日坐观，不忍阖牖"。乃瞿然曰："是山也，而可以作画；是画也，而可以为窗；不过损予一日杖头钱，为装潢之具耳。"[104]于是唤小童裁纸数幅，以为画幅的头尾左右镶边，头尾贴于窗的上下，镶边贴于窗的两旁，俨然堂画一幅，悬于目前。坐而观之，则窗非窗也，画也；山作屋后之山，即画上之山也。

此外，李渔还创作、制作了四周用板、爻删窗棂的便面窗，有花卉式、虫鸟式、山水式等等，并在窗纱上绘以花鸟山水。

无独有偶，在窗牖上进行艺术创作的还有画家郑板桥。他于题跋中写道："余家有茅屋二间，南面种竹。夏日新篁初放，绿阴照人，置一小榻其中，甚凉适也。秋冬之际，取围屏骨子，断去两头，横安以为窗棂；用匀薄洁白之纸糊之。风和日暖，冻蝇触窗纸上，冬冬作小鼓声。于是一片竹影零乱，岂非天然图画乎! 凡吾画竹，无所师承，多得于纸窗粉壁日光月影中耳。……影落碧纱窗子上，便拈毫素写将来。"

也有不少文士反对在窗牖上"大做文章"，希望能做到"宁朴无巧、宁俭无俗"。如文震亨说道："忌穴窗为橱，忌以瓦为墙，有作金钱梅花式者，此俱当付之一击。……忌用梅花簟[105]……。文震亨在《长物志》卷一室庐篇中对窗的形式和构成均有十分具体的要求：

 ……窗，用木为粗格，中设细条三眼，眼方二寸，不可过大。窗下填板尺许，佛楼禅室，间用菱花及象眼者。窗忌用六，或二或三或四，随宜用之。[106]

对于窗格材料，文氏也坚持一介书生的审美眼光和格调。

 室高，上可用横窗一扇，下用低槛承之。俱钉明瓦，或以纸糊，不可用绛素纱及梅花簟。[107]

在窗户的照明透光上，文氏唯允许在一种半透明的蛎蚌片——明瓦和纸张之间选择，而绛纱与竹簟、席、簟则有花巧世俗之嫌。他在该卷中总结道：

 总之，随方制象，各有所宜，宁古无时，宁朴无巧，宁俭无俗；至于萧疏雅洁，又本性生，非强作能事者所得轻议矣。[108]

又比如清代钱泳在《履园丛话》中也主张应师古者之"浑边净素"。由于书中所记，多为作者亲身所历，叙事也翔实具体：

 屋既成矣，必用装饰，而门窗槅扇最忌雕花。古者在墙为牖，在屋为窗，不过浑边净素而已，如此做法，最为坚固。试看宋、元人图画宫室，并无有人物、龙凤、花卉、翎毛诸花样者。[109]

前述创造了多种窗棂样式的李渔，其主旨也是主张坚固第一，他说：

 窗棂以明透为先，栏杆以玲珑为主。然此皆属第二义；具首重者，只在一字之坚，坚而后论工拙。[110]

对于当时有文胜质弱、穷工极巧的倾向时，李渔一针见血地批评道：

 常有穷工极巧以求尽善，乃不逾时而失头堕趾。

明清文人雅士，恪守高雅的审美视野，崇尚简约隽永的意蕴，成为参与建筑装饰营建中的自觉，极大地影响了百工艺匠的工艺技术态度和审美倾向，具有积极的意义。

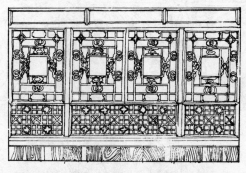

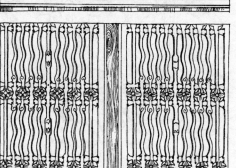

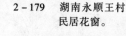

2-179 湖南永顺王村民居花窗。

2-178 清代四川阆中民居花窗。

2-180 星光锦地纹木构攒插纹。

2-181　清代河南社旗县山陕会馆"悬鉴楼"匾。

2-182　民初福建龙岩抚市乡社前村民居正门题匾。

八、匾额楹联

(一)匾额

中国古代建筑暨传统民居建筑的一个基本特征，就是文字与建筑的联姻结合，其融合形式之广度和深度，当是举世无双。

中国古代建筑匾额，历史悠久，内容丰盈。其写景状物、叙事绘景、言衷抒怀、写意遣情，无不寓意深邃而音逸弦外。悬于宅门则端庄典雅，置于厅堂则蓬荜生辉。作为人居环境的符号，匾额既承载着人生哲学、道德文章、襟怀志向和爱好缘由，又折射出户主的社会地位、身份和意趣。

在卷帙浩繁、佶屈聱牙的中国古代典籍文献中，既有扁、额、牌、榜等单称，又有扁额、扁榜、牌额、牌扁等联谓。据《说文解字》："扁，署也，从户册。户册者，署门户之文也。"扁通匾、楄，后因悬挂在厅堂楼阁(也有悬、凿于宫殿、庙宇、寺观、陵墓、塔碑、牌坊、洞窟、摩崖等)的上端，故称题匾；额，系指镶颜于门户上方的牌扁门额，嗣后合称匾额。

从历史发展的源流看，南朝宋羊欣在《笔阵图》中曾有描述西汉萧何题额的传说。如果言之有据，那么，古代匾额的滥觞已有两千多年的历史："前汉萧何善篆籀，为前殿成，覃思三月，以题其额。"[⑪]从遗存古迹实物本体中，依稀可见两汉、六朝的石阙、华表上类似额题的文字。

现存世最早的匾额文字，应为唐代书法家褚遂良(596—658)书题的"大唐兴寺"，时在唐高宗年间，褚被贬潭州时所作。稍后，唐书法家颜真卿于唐永泰元年(765年)任吉州司马时所书"禋关"(祖关)[⑫]，为广西桂林城额题"逍遥楼"，落款为"大历五年正月一日颜真卿书"。上述咸为石刻匾碑遗存。

木匾实例，似应推天津蓟县独乐寺观音阁。阁建于辽代统和二年(984年)，是我国现存最古老的木结构楼阁。观音阁正面上层的明间前檐下，高悬蓝地金字匾额——观音之阁。依照阁成扁立的惯例，屈指已经一千多年。惜原匾未存[⑬]。若论真迹实例，唯数北宋大中祥符八年(1015年)宋真宗召见岳麓书院山长周式时赐书"嶽麓书院"匾。

斯时，匾额题吟已受到推崇，两宋遗迹颇众。如北宋苏轼书江西南昌的"滕王阁"、米芾书山西交城天宁寺"第一山"额、南宋张孝祥题广西融水真仙岩"天下第一真仙之岩"、朱熹书匾"正气"额，等等，不胜枚举。据宋代岳珂《桯史》所述："初，吴山有伍员祠，瞰阛阓，都人敬事之，有富民捐资为扁额，金碧甚侈。"由此可见，题匾书额在宋时已十分普遍，兼之李诫在《营造法式》中对殿堂楼阁门亭等牌（扁）之制，已经作出了详细的说明，遂形成了我国古代题匾书额发展的高潮阶段。

明清时期，是古代匾额的黄金时期。不仅内容上进一步得到拓展，而且形式上千姿百态，引人入胜。各种册页匾、书卷匾、画卷匾、秋叶匾、碑文匾、虚白匾，争奇斗胜，蔚成景观。迨至清代，又有汉、满、蒙、藏等文字同时书刻的匾额，丰富异常。

匾额运用的场所、环境、地点十分宽泛，既用于塔碑、牌坊等户外构筑物，也用于洞窟、名胜、摩崖等自然景观；既用于宫殿园林建筑，也用于庙宇寺观宗教建筑；既用于关隘城堞地面建筑，也用于陵墓等地下建筑；既用于院校堂馆，更用于府邸民居、街市巷坊、店铺商肆……可谓无所不在，无处没有。

匾额在场所、环境中的运用，关键在于点题准确，使用恰当，装饰适宜。经书家波磔点画，刻工精琢细镂则踵事增华，熠熠生辉。

曹雪芹在《红楼梦》第十七回"大观园试才题对额"段落描写中，贾宝玉随贾政等人游大观园，有人提议从欧阳修《醉翁亭记》的"有亭翼然"中取"翼然"二字；贾政主张从"泻出于两峰之间"取"泻"字；旁人以为"泻玉"二字绝妙。宝玉认为："用'泻玉'二字，则不若'沁芳'二字，岂不新雅？"最终还是用"沁芳"题了匾额。⑪可见，书匾题额的准确性是何等重要。

河北山海关，背负燕幽，南襟渤海，是万里长城东部起点的重要关隘，华北、东北之间的咽喉要冲，素有"两京锁钥无双地，万里长城第一关"之谓。关隘东门城楼上悬置巨幅横匾，上书"天下第一关"，笔力雄浑凝重，气势宏大。用词准确，有力地昭彰、强化出了雄关重隘的威严雄壮气势和张力。匾额与环境珠联璧合，相得益彰，相映生辉。

山东曲阜孔府二门上端，竖匾"圣人之门"，尽遗古制，匾文开宗明义，其意昭然，令人肃然起敬。

明代书画家徐渭的"青藤书屋"，面积不大，景致丰富。在《青藤书屋八景图记》一文中，徐氏介绍了"漱藤阿"等八景，描述了书匾题额的过程：

予卜居山阴县治南观巷西里，即幼年读书处也。

手植青藤一本于天池之傍，颜其居曰青藤书屋，自号青藤道士，题曰"漱藤阿"。藤下天池方十尺，通泉，深不可测，水旱不涸，若有神异，额曰"天汉分源"。池北横一小平桥，下乘以方柱，予书"砥柱中流"。桥上覆以亭，左右石柱联曰："一池金玉如如化，满眼青黄色色真。"左右叠石若岩洞，题曰"自在岩"。筑一书楼，可望卧龙、香炉诸峰，予题有"未必玄关别名教，须知书户孕江山"之句，遂名其楼曰"孕山舫"。额"浑如舟"三字，盖取予画菊诗中"身世浑如泊海舟"之意。舫之左有斗室，名柿叶居。其后即樱桃馆。少保公属作《镇海楼赋》，赠我白金百有二十为秀才庐，予以此款作筑室资，额曰酬字堂。今作《青藤书屋八景图》，因略志敬言，尚为之记。万历庚寅秋九月十有一日寿藤翁徐渭书，时年七十岁。⑬

这些景致的构筑经营，颇显示出作者一番匠心，不同的题匾，传情达意，涵情寓怀，有效地衬托、深化了环境的深邃意境。

要之，书匾题额唯有契合于环境的品质和特征，提纲挈领，画龙点睛，与建筑或环境"声气相洽"，才能熠熠生辉，引人入胜，进一

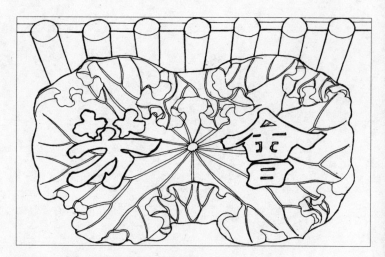

2－183　清代山西祁县乔家大院荷叶匾。

2－184　晚清云南大理州白族民居照壁福字匾。

2-185 明代浙江东阳卢宅匾额。

步拓展和提升建筑的艺术文化价值。

从历代遗存匾额的内容看，概可类分成明身份、示缘由、表颂词、咏喜庆、述仰慕、警人世、祈吉祥、昭襟怀、寓抱负等类，琳琅满目，蔚为大观。

1. 明身份类

山东曲阜孔府二门高悬"圣人之门"竖匾，昭示了孔子在中国文化史上独一无二的至尊地位；江苏无锡马迹山小墅村"梅梁小隐"，系南宋翰林学士许叔微归隐之庐，其厅屏门上方横匾"名医进士"，为抗金名将韩世忠手书，许氏身份、等级、专长一览无遗。

2. 示缘由类

明代名士陈继儒（眉公）因得唐颜真卿书，乃名其室为"宝颜堂"；清代文士瞿绍基获古铁琴古铜剑，遂名"铁琴铜剑楼"；何述善庋藏汉代苍璧一枝，特书额"苍璧轩"；清代皖派书法、篆刻大师邓石如因蓄藏毕沅所赠铁砚，而命其居为"铁砚山房"等等。

3. 表颂词类

湖南长沙岳麓书院讲堂屏壁上方高悬"道南正脉"匾，系宋真宗赵恒为褒扬书院系理学的正宗之传所题；安徽歙县瞻淇村汪廷栋故居，大厅上悬挂"泽洽河湟"⑪匾，赞颂汪氏在晚清陕西省水利总局提调任上时，在治水方面的建树。

4. 咏喜庆类

浙江绍兴吕本故居大厅"永恩厅"高悬明代万历神宗皇帝朱翊钧手书"齿德并茂"贺寿匾——称颂吕本这位朝廷重臣，年龄和道德都达到了至高隆盛的境地；山西盂县城关镇东关北村郑羡和祖居院内前厅左次间上方，有"耋寿齐眉"匾额，颂主人、淑配八旬双寿，犹能相敬如宾之德。

5. 述仰慕类

苏州市东山镇春在楼（雕花楼），门楼内侧枋心额题"聿修厥德"⑫，意为"时时念及先祖，慎修德行保安康，常言天命不可违，只求今生福禄长"。大厅内檐正中悬挂"仰蘧精舍"⑬黄杨木匾，表明户主仰慕前贤蘧伯玉的高尚品德，故构此精舍以自勉。山西襄汾县丁村民居群落中，24号院正厅上方有"庸德可风"金匾，语出《论语·雍也》："中庸之为德也，其至矣乎！""庸德可风"指逝者有高尚的品德，值得发扬光大；近旁17号院落西厢房中上房居中高悬"厚德雅怀"，意为永远怀念先人之厚德，为人处世也应以德为本，须注意自己的道德修养。

6. 警人世类

安徽歙县雄村竹山书院，正厅上方高悬金字匾额："竹解心虚，学然后知不足；山由篑进，为则必要其成"；清人李绂室曰"无怒轩"，并书《无怒轩记》，详陈个中原委："吾年逾四十，无涵养性情之学，无造化气质之功，因思得过，旋悔旋犯，惧终于忿戾而已，因此'无怒'名轩。"醒世、警言、省身之意一目了然。

7. 祈吉祥类

苏浙江南民居匾额素多吉祥祈福文字，如竹承松茂、藻耀高翔等等。我国许多少数民族聚居的地区，受汉文化的浸淫、影响，也盛行悬挂门匾。如广西金秀茶山瑶村寨，尤其是金秀、白沙、六拉、昔地等村的瑶家，几乎每家每户的大门上都悬挂门匾，并配有相应的对联。门匾题词多取兴旺吉利之句，如"兴旺富贵"、"吉庆家堂"、"三星在户"等等，昭示瑶民祈祥纳福的愿望。

8. 昭襟怀类

北宋文豪苏轼谪居黄州，于城上筑一堂，名"高寒"，以示自己的孤独和寂寞，他在雪天开垦荒地，修葺草屋，四壁之上绘以雪景，手书"东坡雪堂"榜于堂上，蕴盈清风亮节、冰清玉洁之意；南宋词人辛弃疾，备受冷落倾轧，萌生退意，遂于上饶城北，筑带湖新居，斋名曰"稼轩"，取自《沁园春》："三径初成，鹤怨猿惊，稼轩未来！甚云山自许，平生意气？"

又如宋代文士苏舜钦，隐居姑苏城南隅，筑水亭，名"沧浪"。取《孺子歌》"沧浪之水清兮，可以濯我缨。沧浪之水浊兮，可以濯我足"中"沧浪"两字颜其额。

9. 寓抱负类

南宋重臣文天祥，举诏招募义军勤王。江西兴国县大乌山寺主殿门额上留有文天祥手笔"永镇江南"，寄托誓死收复失地、捍卫大宋江山社稷的无限情怀和悲壮气息；甘肃武威文昌宫五楹大殿卷廊北面正中，悬"聚精扬纪"木匾，意为聚汇天下之精英，宣扬朝廷之纲纪，显示出书者、清嘉庆年间甘凉兵备道刘大懿忠君保国的凌云壮志。

从匾额的工艺和形式方面看，有竖匾和横匾之分。宋代建筑（包括宋前）上的匾额多取竖式，盖因当时建筑形制使然：斗拱粗硕突显，支撑出檐。其比例约略相当于檐柱的三四分之一，而匾额系悬挂于屋檐下，如此，当然是设置竖匾比较合适；迨至宋元明清，斗拱部分结构比例愈来愈小，所占屋檐柱身之比也降低至七八分之一——柱顶到屋檐间的高度趋于收缩减小。因此，尤其是明清时期，横匾已占绝大多数。

北宋李诚在《营造法式》中，对各式匾额述之甚详。例如，在述及凤字牌（匾）时写道："造殿堂楼阁门亭等牌（扁）之制，长二尺至八尺。其牌首（牌上横出者）、牌带（牌两旁下垂者）、牌舌（牌面下两带之内横施者）……牌面每长一尺，则广八寸，其下又加一下……"。

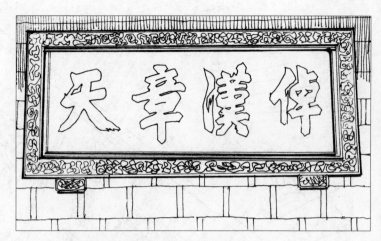

2-186 福建南安民居匾额。

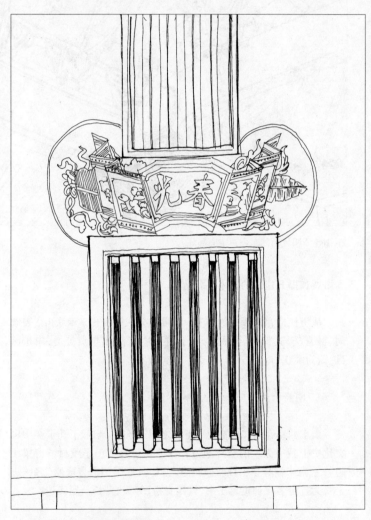

2-187 台湾直棂窗墙匾"春光"。

2-188 云南大理州白族民居室内扇面匾。

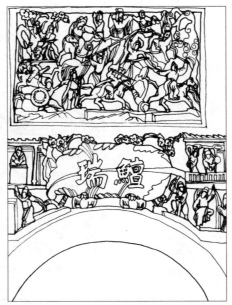

2-189 晚清福建泉州江南乡亭店村杨阿苗宅石雕门楣匾额。

2-190 清代山西襄汾丁村民居匾额。

"凡牌面之后,四周皆用楅,其身内七尺以上者用三楅,四尺以上者用二楅,三尺以上者用一楅,其楅之广厚,皆量其所为之"。

上述所引《营造法式》的制度、规定、工艺与形式,与遗存宋元明清实物比较对照,基本吻合。

如前所述,匾额用途广泛。举凡宫殿楼阁、院校堂馆、关隘城堡、府第民居、庙宇寺观、陵墓祠堂、塔碑牌坊、洞窟摩崖、园林亭台、店铺商号等等,或延请名家、硕儒、前贤、贵胄题写,或文士唱酬,或显贵政要题赠,不一而足。

至于匾额的文字,一般均精炼深邃,或引经据典,或引申指代,或隐喻象征,或开宗明义;又兼题额书法,援之众手。宋元明清,群贤毕至,真草篆隶,蔚成气象,文化内涵极其丰盈。

贵州省黎平县两湖会馆禹王宫次间望板下,有匾"绩著平成",典自《诗·大雅·文王有声》"丰水东注,唯禹之绩"。文字以赞颂大禹治水的功绩来称颂楚湘子弟艰辛创建会馆的功绩。书者何绍基为晚清书坛知名者,匾字多颜体神肉,雄阔丰润,遒劲而峻拔。

山西省盂县城关镇郑义和祖居过厅明间,上悬明末清初书法家傅山额"畏热堂"[119]匾,结体灵动,运笔流畅,方折中见圆转,稳雅而蕴含节律。

"味兰书屋"匾,是林则徐在道光二十六年(1846)在陕西蒲城为王益谦书斋所书。跋文中对王氏兄弟"早辞荣禄、眷恋庭闱"、奉养老母的晚年志趣——道来。林书宗师于晋唐欧、颜、柳诸家,虽属清代嘉道年间盛行的"馆阁体",但未失个性和特点,飘洒俊逸,工整而寓气度。

又如清乾嘉时期东阁大学士王杰所题"君子攸宁"祝陕西榆林叶兰的寿匾。"君子"指有才有德者。《礼记·曲礼上》:"博闻强识而让,敦善行而不怠,谓之君子。""宁"指健康、平安。王杰所书,出唐代李北海、宋代米芾,构架严整,笔法峭拔凝重,结体奇巧,神采端严而雄秀兼得。

通常匾额文字精炼,以二、三、四字居多。也偶有书匾题额者在旁论述书匾缘由始末,以道明白。如:陕西三原县孟店村周占魁府,后楼前檐下悬挂周氏自题"怀古月轩"木匾,长2米,宽0.7米,白底黑字,在"怀古月轩"大字后(左面)有竖写跋文。全文引述如下:

轩,何为以怀古月也?考太白把酒问月诗云:今人不见古时月,今月曾经照古人;古人今人若流水,共看明月皆如此;惟愿当歌对酒时,月光常照金尊里。夫古今共此一月,而月分今古,自太白发之,月似因人为古今者,则余之对今月,不犹是曾照古人之月乎?余之把酒对月,既不及见古人,而对古人所对之月,不依然如见今月所照之古人乎?兹余新构小楼数间,虽非近水楼台,然登临之际,窃幸其能先得月焉。于是栖迟偃仰,或据牙床,或凭玉栏,喜圆月之入牖,赏新月之穿帘,时与子女辈燕宴其中,敲诗检韵,训女课工,冉冉进筹,淘淘解颐。所序者,天伦乐事;所兴者,我躬康强。不使金尊空对月,何古今人之不相及也。复缀数语,以名吾轩。时道光十五年巧月望后三日。
梅村主人题。

四川眉山县三苏祠正殿上方匾额"养气",后面(左侧)跋文
写道:

> 苏氏之学,以养气为宗。洛中兄弟之理,眉山父子之
> 气,前人盖论之矣,而斤斤者狃于洛蜀之见。余谓君子之
> 学,苟有得于身心,有禅于家国,有补于纲常名教,虽圣人
> 复生,亦将进诸闾阎侃侃之列矣。兑和登公之堂,有感于
> 此,遂揭其为学之旨,以志景行。盖我公父子学有本源,长
> 公之言曰:"《易》可忘忧家之师"。次公之言曰:"抚我则
> 兄,诲我则师。"观其家庭授受之间,则我公父子之崛兴,
> 有宗而陵越百代者,岂独文章名世也哉? 乾隆二十年岁在
> 己亥二月二十八日,吴兴后学张兑和拜书。

题匾书跋者,清代湖州学者张兑和,根据《孟子·公孙丑上》
"我善养吾浩然之气"的千古名句,揭示了"三苏"的治学、人格、修
养和魅力,至于精神境界、学说文章,无愧于宋代高峰,独步人世!

上述匾额,大小字体并存,字数多寡比照,正草篆隶相邻,别有
一番韵味。

除却匾心文字外,匾额装饰及工艺也是千家万色,美不胜收。
例如前述山西省襄汾县丁村民居群中的24号院"庸德可风"匾,四
周为木雕花边、五蝠捧寿及富贵不断头图案;17号院"厚德雅怀"
匾,四周木雕华丽精致,草龙纹样作底,复饰以博古图案,四隅为琴
棋书画浮雕,美轮美奂,富丽堂皇,华美典雅。山东曲阜孔庙大成殿
"万世师表"匾,匾长6.1米,高2.6米,木质,海蓝底,文字阳刻贴
金。匾缘用云龙图案,上饰三龙,中为正龙,两侧行龙;左右各饰两
龙,下中部饰二龙戏珠。云、龙、珠均作高浮雕状,贴金装饰,雕刻精
致,金碧辉煌。

除常用的木匾外,石匾、砖匾等也有遗存。福建、广东部分民居
大都为石匾门额,且多以颜体行书为主,黑字阴刻,遒劲粗硕,十分
醒目;苏浙江南一带砖刻匾额甚多,尤其在门楼前后,廊道偏门月
洞上端,前述竹承松茂、藻耀高翔、聿修厥德、仰蓬精舍等皆属此
列。又如廊道月洞上,大都以双字为主,如"居仁"、"由义"[120]、"静碧"
等等,阴刻出之。

清代李斗在《扬州画舫录》之"工段营造录"中交代的木匾倒也
简明:"匾有龙头、素线二种:四周边抹,中嵌心字板,边抹雕做三采
过桥,流云拱身宋龙,深以三寸为止,谓之龙匾。素线者为斗字匾。
龙匾供奉御书,其各园斗字匾,则概系以亭台斋阁之名。"[121]

同为清代的李渔,其视域手中的匾额无疑是他进行艺术畅想
和创作的绝好载体,他先后设计出碑文额、手卷额、册页额、虚白
匾、石光匾、秋叶匾等数十种样式不一的匾额。在谈到碑文额时,认
为可取石韵而去其石质:

> ……名虽石,不果用石,用石费多而色不显,不若以
> 木为之,其名亦不仿墨刻之色。墨刻色暗而远视不甚分
> 明,地用黑漆,字填白粉,若是则为值廉,又使观者耀目。
> 此额惟墙上开门者宜用之,又须风雨不到之处。[122]

谈到手卷额,李渔又说:

> 额身用板,地用白粉,字用石青石绿,或用炭灰代墨,
> 无一不可。与寻常匾式无异,止增圆木二条,缀于额之两
> 旁,若轴心然。左画锦纹,以像装潢之色;右则不宜太工,

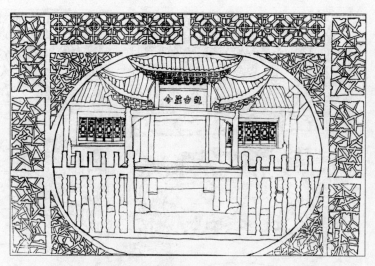

2-191 湖南凤凰县沱江镇戏台匾额。

2-192 石缸上雕环龙纹与文字。

2-193 民国福建永定湖坑"振成楼"颜体匾额。

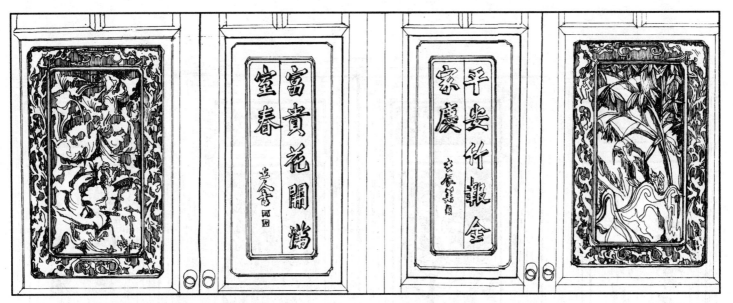

2-194　晚清民初福建永安县槐南乡"安贞堡"门扉楹联。

2-195　晚清福建泉州江南乡亭台村杨阿苗宅天井照壁石刻楹联。

但像托画之纸色而已。天然图卷，绝无穿凿之痕，制度之善，庸有过于此者乎？眼前景，手头物，千古无人计及，殊可怪也。⑫

关于册页匾，李渔指出："用方板四块，尺寸相同，其后以木绾之，断而使续，势取乎曲，然勿太曲，边画锦纹，亦象装潢之色，止用笔画，勿用刀镂，镂者粗略，反不似笔墨精工，且和油入漆，着色为难，不若画色之可深可浅，随取随得也。字则必用剞劂，各有所宜，混施不可。"⑫

至于虚白匾，李渔认为无事不妙于虚，制匾也当如此："用薄板之坚者，贴字于上，镂而空之，若制糖食果馅之木印，务使两面相通，纤毫无障，其无字处，坚以灰布，漆以退光，俟既成后，贴洁白绵纸一层于字后，木则黑而无泽，字则白而有光。既取玲珑，又类墨刻……"石光匾则是："用薄板一块，镂字既成，用漆涂染，与山同色，勿使稍异，其字旁凡有隙地，即以小石补之，黏以生漆，勿使见板，至板之四围，亦用石补，与山石合成一片，无使有劈裂之痕，竟似石上留题……"⑫

概而述之，书法匾额系人的文化精神艺术情思等借助空间和环境的一种裸呈和宣泄，启引人们怀古之幽思，对美好境界情境的憧憬，使感觉空间在时间向度上无限延伸；诱导观者衍生、幻化出朦胧的主观意向，在情与意形象化的特定语境中，能更深层次地反映、折射出书者对特定环境的审美感受；产生"胸罗宇宙，思接千古"的超越时空的体验。

（二）楹联

楹，厅堂建筑前的柱子。楹联就是书写、悬挂、镌刻在楹柱上的对联。传统楹联，集中体现了中国文字一字一音一义的功用，映寓着宇宙万物普遍的对称守恒规律。滥觞于律诗之首，搜采词、曲、赋之长，文字平仄押韵，音调铿锵和谐，举凡借景抒情、筋山咏水；臧否史事，褒贬人事；聚讼道理，警言处世；托物骋怀、咏志达向。悬挂、粘贴于门户、屏壁和楹柱间，踵事增华，风采益然。

据《宋史》载，西蜀时期，蜀主孟昶在每年的除夕之夜，即命诸

2~196　清代福建宁德八都民居木刻楹联。

学士撰写新词，题句桃符，并置寝门左右，以作辞旧迎新的岁时活动。广政二十七年除夕例书桃符，孟昶不满学士幸寅逊拟撰的桃符词，旋亲自书写了"新年纳余庆，嘉节号长春"的联句，对偶工仗，字句精炼，对后世产生了深远而广泛的影响。

由宋及明，联句逐渐推广、运用在楹柱上。清代以降，达到鼎盛时期。尤其文人雅士，皆自撰自书联语，悬张堂壁，或颂君恩祖德，或自命清高，书警策格言自勉，或书清丽诗句以为赏析，或发感慨，或发幽思，不一而论。字数可多可少，常见的有五言、七言、八字联，要求对偶工整，平仄协调，五雀六燕，铢两相称，成为排偶声律的小品，骈俪诗词外，自成一体。若经书家波磔点画，则奕奕煌煌，蓬荜生辉。

对偶式词句是楹联文字的基本结构形态，在中国文学史上很早就已出现。六朝以降，对偶文字每每多是诗句的主要构成内容，其格式和声韵，也随之更加考究。可以说，古代的《诗经》、汉赋的对偶骈体句式为楹联的发生进行了文字上的铺垫，加之唐诗、宋词、元曲的进一步张扬滋润，对联这一艺术形式，也就水到渠成、呼之欲出了。楹联的文体甚为宽泛，举凡韵文、散文、诗句、白话文皆属。体式则有律诗类、古诗类、文句类、诗文合用类、白话类、集诗类、集文类、集字类、嵌字类、藏字类、拆字类、叠字类、分咏类等等，蔚为大观。

依照不同的体例、标准，楹联可作多种划分。就其思想内容而言，约略可分划为缘由联、状景联、抒情联、警世联和咏志联五类。

1. 缘由联类

浙江兰溪县诸葛村，为三国蜀国丞相诸葛孔明后裔聚落，为纪念"忠武侯"而建的大公堂，后金柱上下楹联为：

　　溯汉室以来，祀文庙，祀乡贤，祀名宦，祀忠孝义烈，
不少传人，自有史书标姓氏；迁浙江而后，历绍兴，历寿
昌，历常村，历南唐水阁，于兹启宇，可从谱牒证渊源。
楹联高度概括了诸葛氏族历代的德行功绩之外，勾勒刻画了本村诸葛氏的源流。

元朝末年，天灾不断，饥荒频仍，加之黄河八次决口，冀、鲁、豫、皖等地深受其害，人口大减。此时山西却风调雨顺，人丁兴旺。明初，下令从富庶的山西晋南向外移民。当时，被迁者都聚集在枝繁叶茂、荫蔽数亩的大槐树下道别，此处便成了移民的出发地。也便有了大槐树处楹联：

　　柳往槐来，到处应生离国感；
　　水源木本，于今犹动故乡思。
会馆是中国古代为旅居、经商往返方便，由众人集资在异地建

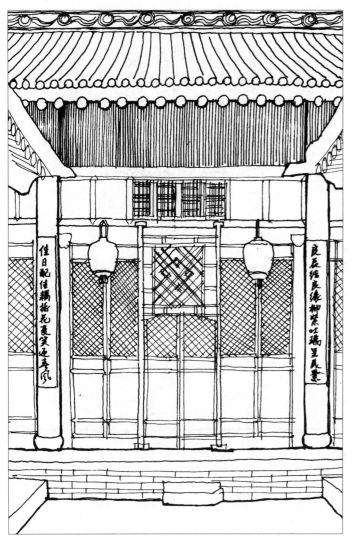

2-197　清初山西襄汾丁村民居楹联。

设的公共建筑,以俾同乡、同行、旅居、聚会、联络、娱乐、临时求助、接济乃至子女教育等事务的开展,宛若一个微型的"驻外使馆"。正如浙江兰溪人李渔撰写的扬州兰溪会馆楹联:

> 一般作客,谁无故乡之思,常来此地会同乡,也当买舟归潋水;千里经商,总为谋生之计,他日还家人满载,不虚骑鹤上扬州。

联句情真意切,故土之思,弥漫缭绕,渲染、氤氲出一股浓烈的故里情结。河南省社旗县山陕会馆大拜殿两后金柱联书:

> 胜地据河山美轮美奂栋宇聿新佳结构;同人联几席如兄如弟梓桑谐叙好情怀。

字句叙同乡情谊,对仗工整,联意隽永;南侧二金柱东、西相对联书:

> 馆宇辟周宾二千里星联之合到此衣冠成雅集;敦盘开洛社十九郡茶桑敬梓有时樽俎话乡情。

以磅礴之气势,浓郁之情味状话同乡聚会的盛事。

始建于清光绪十一年(1885年)的福建省永安市槐南乡洋头村"安贞堡"池宅,系池系家族历时十五年耗巨资始告建成,规模庞大,俨然是一座袖珍城堞。池宅花岗石板构筑的大门门洞两侧楹联上,镌刻着"安于未雨绸缪固,贞观休风谧静多"的联句,深刻而简明地揭示、点明了池氏家族建造土堡的缘由、动机、意愿和目的。

2. 状景联类

华堂夏屋,千姿百态;择址环境,千变万化;宋元明清,引无数文士墨客竞折腰,楹联无数。安徽徽州地区建筑状景联遗存十分丰富。黟县芦村某宅厅堂内楹联曰:"春雨润木自叶根流,皓月当空若镜临水"——形象地描绘了住宅宁静、幽雅、冲淡、悠远的空间感和环境美;歙县雄村桃花坝竹山书院内清旷轩,柱悬隶书楹联:"畅以沙际鹤,兼之云外山"。环境特征一目了然。明代学者湛若水撰题休宁天泉书院楹联曰:"月夜琴声伴流水,四时山色入房栊"。通过描绘月夜、琴声、流泉、四季山景等,将天泉书院——层峦叠翠、山色空蒙、白云飘浮、溪水潺潺、民居点缀其间、人在画图中的环境高度诗意地概括而成。

黟县宏村南湖书院志道堂内楹联颇多。如:"迎门饮湖绿,一溅涟漪文境活;倚窗眺山峦,万松深处讲堂开",书院背山面湖地理特征如在目前。"地近黄山耸起文峰千丈,楼迎南湖拓开思波万重",书院地理位置和背山面湖的环境特征一目了然。同属妙趣佳构的尚有"乐叙堂"楹联:"基开雷岗绵世泽,绪承越国萃簪缨";"流水不将山色去,好风时送书声来";"水绕宏村一渠碧玉千家分,花拥南湖两岸浓华万树发";雷岗山十三楼社屋楹联:"胜地钟灵长瞻松柏之茂,明神锡祉永奠河山之宁"等等。

西递村瑞玉庭前厅正堂楹联:"林籁结响泉石激韵,云霞雕色草木贲华",为清湖广总督毕沅手书,盛誉西递乃人间仙境,洞天福地。

与明清安徽民居齐名的三晋民居,楹联大观中同样闪耀着传统文化的光辉和风采。如灵石县静升村王家大院的组成部分——高家崖民居群的敦厚宅正厅外的楹联曰:

> 纬武经文勋业偕绵峰而永峙,敦诗说礼儒行并汾水以长清。

联中文武、礼乐、诗文、功名与绵山汾河永峙永清巧妙成对偶,对仗工整,寓意深远,令人击掌。

清代秦涧泉告假南归，卜居于武宁桥畔，筑庐室庭院并自撰楹联云：

> 辛勤有此序，抽身归矣，喜鸟啼花笑，三径常开，好领
> 取竹簟清风，茅檐暖日；萧闲无个事，闭户恬然，对茶热香
> 温，一编独抢，最难忘别来旧雨，经过名山。

一派田园散淡、清超高蹈的隐士形象及其生活画卷。

庭院景园中的状景楹联，具有点题、升华的功能。它用高度凝炼的词语，准确、鲜明、生动地揭示出庭园景园的立意与内涵，起着统摄全局的题景作用。

苏州拙政园远香堂楹联，如此描述园景的特色：

> 曲水崇山，胜迹逾狮林虎阜；
> 莳花种竹，风流继文画吴诗。

上联以"曲"状水，以"崇"绘山，假借狮子林、虎丘加以衬托。下联写人，鼓吹园主雅逸风流，不让画家文徵明、诗人吴伟业。

拙政园荷风四面亭，其楹联曰：

> 四壁荷花三面柳，半潭秋水一房山。

古代山水文化中可游、可观、可居的情态意境得到了淋漓尽致的发挥和表达；苏州耦园载酒堂楹联为：

> 左辟观园，右辟观史；西涧种柳，东涧种松。

厅堂园景环境一目了然。

广东番禺余荫山房，内门两侧有楹联：

> 余地三弓红雨足；荫无一角绿云深。

上联渲染山房的玲珑与景色的稠浓，下联宣叙园景的含蓄、幽静、典雅和清邃。相近似者当有：

北京清华校园（原清康熙园）内工字厅，位处清澈池水环绕中，对岸土山上林木翁郁，环境幽静。清同、光年间礼部侍郎殷兆镛挥笔疾书景观之美：

> 槛外山光，历春夏秋冬，万千变化，都非凡境；
> 窗中云影，任东西南北，去来澹荡，洵是仙居。

安徽徽州黟县西递村尚德堂庭园，楹联句曰："白云深处仙境，桃花源里人家"——将画里乡村刻画得无懈可击。

西递村"留香处"庭园楹联云："古树恰添园外景，名花未画月中香"，端为诗情画意，宛若画图中。

浙江建德县新叶村叶氏宗族祠堂——有序堂内戏台楹柱上联句颇有意味。一联曰：

> 曲是曲也，曲尽人情，愈曲愈明；戏是戏也，戏推物
> 理，越戏越真。

另一联谓：

> 文中有戏，戏中有文，识文者看文，不识文者看戏；
> 音里藏调，调里藏音，懂调者听调，不懂调者听音。

无独有偶，河南省社旗县山陕会馆戏台悬鉴楼石构四柱方形石柱身北面镌刻之内外联，可谓异曲同工。内联为：

> 幻即是真世态人情描写得淋漓尽致；今也犹昔新闻
> 旧事扮演来毫发无差。

外联谓：

> 还将旧事从新演，聊借俳优作古人。

上海青浦区大观园仿古建筑群内梨香院南面的戏台，是从上海老北门原旅沪宁波会馆"四明公所"内拆迁而来的清代嘉庆年间遗构。两侧楹联为：

> 辨忠奸不外人情天理，

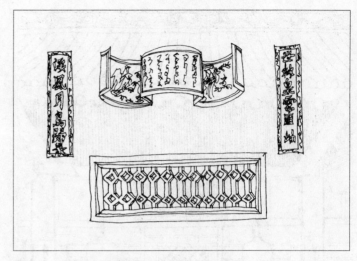

2-198 清代福建闽清坂东"歧庐"墙体楹联。

2-199 清代民居室内楹联。

2-200 清代天津杨柳青屏条——锦地对联。锦地对联有喜、寿、市三种。词句为两句吉利语或格言组成。花纹套色印制,装裱上轴。

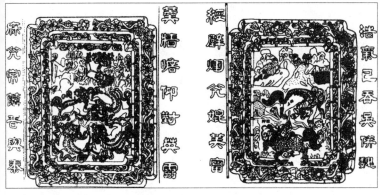

2-201 清代河南社旗县山陕会馆楹联。

思果报即在目见耳闻。

虽是戏台常用之语,用在此处,倒也不无深意。

3. 抒情联类

与单纯描绘、讴歌景色环境的状景联不同的是,抒情联在状景的同时,引发出赏景者的情感,契合于景与情,达到情景交融的新境界,寄寓着丰富的思想蕴涵和文化意绪。

安徽黟县际联乡塔川村某宅庭园有楹联云:

漫研竹露裁唐句,细嚼梅花读汉书。

与山西灵石县静升村王家大院红门堡建筑群—甲东三院正窑廊的楹联可谓南北呼应,天造地设:

藏书万卷教子学孔孟之道,买地十亩种松结梅竹为友。

又如灵石王家大院楹联曰:

尝读诸葛出师表寻梦拔剑报国,
转忆陶潜归去来却何种豆南山。

再如:

心源开处有清波云山大度,
眼界高时无碍物海宇宽怀。

安徽黟县宏村南湖书院楹联曰:

南峦环幽境,书声琅时云涌霞飞腾气势;
湖波映秀色,桃源深处水流花放丽文章。

气备四时与天地鬼神日月合其德;
坐权万世继尧舜禹汤文武作之师。

作者或由景抒情,或吞吐历史,直抒胸臆,纵横捭阖,具有一唱三叹、荡气回肠的艺术魅力。

庭院景园为古代文士墨客朝夕居游之所,盘桓既久,不免情由景生,如上海豫园仰山堂楹联:

邻碧上层楼,疏帘卷雨,幽槛临风,乐与良朋数晨夕;
送青仰灵岫,曲涧闻莺,闲亭放鹤,莫教佳日负春秋。

联句概括描绘了微风细雨中的亭台楼台、曲槛假山的鹤语莺鸣,巧妙地借景传情达意,诗情画意荡漾其间。

扬州个园有联曰:

春从何处归来?恰楚尾吴头,尽留连永昼茶香,斜阳酒暖;花比去年好否?正千金一刻,最珍重绿杨城廓,红芍当阶。

上联写扬州春早,书个园"永昼茶香"和"斜阳酒暖",下联述暮春时节,"绿杨城廓"和"红芍当阶",层层无限递进,在"千金一刻"的大好春光,抒发出当须惜春惜光阴的无限情怀。

4. 警世联类

古代民居建筑上的警世楹联,内容广泛,含义隽永。其间宣泄、流露出的思想感情、价值观念,一般以宣扬儒学、道德修养、做人治学以及处事原则为主。

安徽古徽州地区民居警世联不胜枚举。有关孝悌、仁慈、耕读类的楹联如黟县西递村履福堂联:"孝悌传家根本,诗书经世文章","几百年人家无非积善,第一等好事只是读书";大夫第联:"须知难得惟兄弟,务在相孚以性情";仰高堂联:"文章本六经得来,事业从五伦做起","文明新世界宜贻经史养英才,勤俭旧家风须戒骄奢修懿德";瑞玉庭联:"传家礼教惇三物,华国文章本六经";怀仁堂联:"饶诗书气有子心贤,得山水情其人多寿";惇仁堂联:"文章圣经贤传,阴骘宰相状元";临溪别墅联:"悌义为文章,忠孝作良图"。黟县宏村冒华居联曰:"万石家风惟孝悌,百年世业在诗书";"善为至宝一生用,心作良田百世耕";敦厚堂联曰:"二字箴言惟勤惟俭,两条正路曰读曰耕";"一家欢乐是享大年,百事精平惟有邑德";承志堂联句:"欲高门第须为善,要好儿孙必读书";"慈孝后先人伦乐地,诗书朝夕学问性天";"门地清华敬承先泽,室家雍睦毕致诸祥"……

山西晋中市太谷县北洸村三多堂,是山西"四大院"之一的曹家大院,楹联丰盈。如:"积德为本续先世之流风心存往往,凌云立志振后起乃家法意在开来。"灵石县静升村王家大院联为:"做无品官,行有品事;读百家书,成一家言。"以及"继祖宗一脉真传克勤克俭,示儿孙两条正路惟读惟耕"等等。

有关处世、修养方面的楹联,如黟县际联乡芦村某庭园联云:"能受苦方为志士,肯吃亏不是痴汉";西递履福堂联曰:"世事让三分天宽心阔,心田存一点子种孙耕";塔川村某宅联云:"忍片时风平浪静,退一步海阔天空"。此联既拓展了贴水庭园的境界,又显示出徽人善忍善让的胸怀。又如西递惇仁堂楹联"寿本乎仁乐生于智,勤能补拙俭可养廉","事无不可对心意,人生处世儒谦言"。瑞玉庭联曰:"快乐每从辛苦得,便宜多自吃亏来";宏村冒华居楹联:"求名求利但须求己莫求人,惜食惜衣不独惜财兼惜福";承志堂联句曰:"传家有道惟存真,处世无奇但率真","遗凛诸于前人克勤克俭,善贻谋于后嗣学礼学诗"等等。

古徽州商贾云集,有关经商楹联亦是颇有启发。例如:西递村口联曰:"裕厥嘉猷,梯山航海",意为欲发家致富,就须不辞辛苦,翻山越海,外出营商。以此告诫训饬子孙:在充满竞争的商海中乘风破浪,勇往直前。商海一如学海、宦海,充满艰难险恶。笃敬堂楹柱上更悬挂一对名闻遐迩的联句:

读书好,营商好,效好便好;创业难,守成难,知难不难。
联文将营商与传统社会最看重的读书并提,表达了徽商对提高自身地位的渴求和企盼,呈示出亦士亦商、儒贾相生的双重心理文化结构和价值观念。

与上述相近似的晋商居处环境中,楹联意蕴大致仿佛:

创业维艰祖辈备尝辛苦;
守成不易子孙宜戒奢华。(王家大院)
居家莫享清福淡饭粗茶有真味;
处事须知艰难临深履薄是常情。(王家大院)
近圣人之居美富可瞻顾多士升堂入室;
从大夫之后典型在望仰前贤举善称仇。(乔家大院)

忧乐情怀是中国古代文人学士们的一个可贵品格和意识。清中叶以降,富于忧患意识的士子纷纷将眼光转向东南海防。光绪间,巴陵人李荣登岳阳楼,奋笔疾书楹联:

每眼前望吴楚东南辄忧防海,
祇胸中吞云梦八九未许回澜。

5. 咏志联类

相对而言,咏志联是表达作者对人生价值的观念和感悟,对政治理想的一种追求,涵泳着深邃的哲理启迪,具有较高的文化意

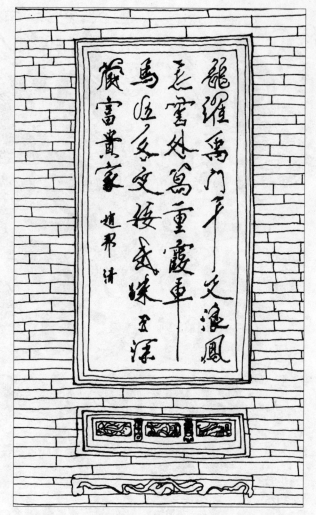

2－202　清初山西襄汾丁村民居仪门侧书联:"龙跃禹门千尺浪,风飞云外万重霞,车马往来文接武,珠玉深藏富贵家。"

2-203 清代苏州庭园建筑室内楹联。

味。因而,可视作高于状景、抒情、警世楹联层次的联句形式。

清代文士张清双溪草堂楹联广为传颂:

> 白鸟忘机,看天外云舒云卷;青山不老,任庭荷花开花落。

充分表达了作者淡泊名利、宠辱不惊的坦荡胸襟和高蹈清迈的情怀。

苏州网师园缥水阁内楹联:

> 曾三颜四;禹寸陶分。

联中述及曾子、颜渊、夏禹、陶侃四则典故[120],上联褒扬做人道德,下联赞颂珍惜光阴,言简意赅,发人深省。

又如拙政园五峰仙馆北厅内楹联:

> 读《书》取正,读《易》取变,读《骚》取幽,读《庄》取达,读汉文取坚,最有味卷中岁月;
>
> 与菊同路,与梅同疏,与莲同洁,与兰同芳,与海棠同韵,定自称花里神仙。

上联列五部著名古籍,各取精髓内蕴之特点,以求其学问;下联数五类驰名花卉,各撷其高洁本性之特色,以求其有道德。托物喻人,畅怀心志,隐含作者对古代圣贤的思慕、对君子品格的崇仰和追求。

传统楹联,集中体现了一字一音一义的功用,反映了宇宙万物普遍对称规律。从诗文的对偶、押韵而来,吸收词、曲、赋等之长,讲究文字对仗工整,讲求文字平仄押韵,音调铿锵和谐,极具汉字语言的音律美。上述状景、抒情、警世、咏志等类分系从思想和内容上界分而成。而从字句构成形式上看,既有短联,如庐山含鄱口石坊,两旁为"湖光""山色"四字。也有长联,如被誉为"古今第一长联"的昆明大观楼楹联:

> 五百里滇池,奔来眼底。披襟岸帻,喜茫茫空阔无边。看:东骧神骏,西翥灵仪,北走蜿蜒,南翔缟素。高人韵士,何妨选胜登临;趁蟹屿螺洲,梳裹就风鬟雾鬓,更萍天苇地,点缀些翠羽丹霞。莫孤[122]负:四围香稻,万顷晴沙,九夏芙蓉,三春杨柳。
>
> 数千年往事,注到心头。把酒凌虚,叹滚滚英雄谁在?想:汉习楼船,唐标铁柱,宋挥玉斧,元跨革囊。伟烈丰功,费尽移山心力;尽珠帘画栋,卷不及暮雨朝云,便断碣残碑,都付与苍烟落照。只赢得:几杵疏钟,半江渔火,两行秋雁,一枕清霜。[123]

楹联字句构成中,还有嵌字联、叠字联等,丰富异常,令人体味再三、把玩不已。例如杭州西湖平湖秋月景点有陶镛撰写的嵌字联曰:

> 佳境四时,最好秋光何况月;
>
> 静观万物,欲平天下有如湖。

上联秋、月,下联平、湖,上联赞扬景色的美妙,下联由景引申,表达作者的政治见解和抱负,浑然而天成。

成都濯锦江畔,有"远揖西山、下瞰江城"的望江楼,传为中唐时期名噪一时的女诗人薛涛的故居所在。清乾隆年间,有文士登楼远眺,情由景生,旋即咏吟插嵌上联:

> 望江楼,望江流,望江楼上望江流,江楼千古,江流

千古;

20世纪30年代,有人据"薛涛井"的传说,联系印月井,遂成下联:

> 印月井,印月影,印月井中印月影,月井万年,月影
> 万年!

上联概括了望江楼的江天风物,忆及古人,千年感喟,下联描述了印月井的世纪沧桑,斯人已去,万古不移。全联相隔二百多年,物是人非,星转斗移,却能流畅自然,可谓珠联璧合,堪称绝对。

叠字楹联多见于宅居庭园建筑中,如上海豫园万花楼楹联:

> 莺莺燕燕翠翠红红融融洽洽,风风雨雨花花草草暮
> 暮朝朝。

描写了大自然莺歌燕舞、春意盎然的美好景象;苏州网师园看松读画轩楹联:

> 风风雨雨暖暖寒寒处处寻寻觅觅;莺莺燕燕花花叶
> 叶卿卿暮暮朝朝。

一年四季寒暖交替变化和园中莺飞燕舞、花红叶茂的画面扑入眼帘。又如著名的长沙白沙古井楹联:

> 常德德山山有德;长沙沙水水无沙。

对仗工整,叠字巧妙,切合实景,堪称妙对。

撰联书联最终还要制联。清代戏曲家、装饰家李渔不但善联,而且能制联。他将长竹筒剖而为二,外去其青,内铲其节,磨洗光亮,书以联句,延请高手巧匠镌之,高悬壁间。如"仿佛舟行三峡里,俨然身在万山中"。他称此种楹联为"此君联"。有晋人品竹云:"不可一日无此君"之意。他还创造了"蕉叶联"。请匠师将木板制成两片蕉叶,涂上翠色,用他的话就是:"壁间门上,此联悬之粉壁,其色更显,可称云里芭蕉。"芭蕉联曰:

> 般般制作皆奇,岂止文章惊海内;处处逢迎不绝,非
> 涉车马驻江干。[129]

中国古代建筑上的楹联,多以镌刻木板悬挂柱上为多,如此则"柱圆板方,柱窄板阔,彼此抵牾,势难贴服"。因此,也有做成圆凹状木板,"以圆合圆,纤毫不谬,有天机凑泊之妙。"[130]顺应圆柱的结构形态特点。另外还有径直镌刻于石柱上,内髹色漆,以福建等地民居建筑中较为常见。

如若是贵胄王公、钟鼎之家,其联匾制作就不一定是按常规来做了。曹雪芹在《红楼梦》里谈到二小姐迎春居住的"紫菱洲",其间有一幅原悬挂在藕香榭的用黑漆嵌螺钿的楹联。用螺钿镶嵌做楹联,确实也够奢华和别致的。

匾额楹联,契合于建筑与环境,其书体,行、草、隶、篆俱全,或恣肆潇洒,或苍劲古朴,或清秀俊雅,集各种书法风格于一体;其雕镂,不论阴刻、阳镌,皆刀法洗练,点画有致,圆润见方,彰显和凸现出书品的神韵风采,拓展了传统民居建筑的文化艺术内涵,增润了装饰艺术的无限魅力,并且深化了庐舍民居的识别性符号特质,恰如李渔所说:

> 客之至者,未启双扉,先立漆书壁经之下,不待搴帏
> 入室,已知为文士之庐矣。[131]

注 释

① 梁思成：《我们伟大的建筑传统与遗产》,载《文物参考资料》1953 年第 10 期。

② "贲"是《周易》中的一个卦相,由"离"(火)和"艮"(山)两卦组成,本意有装饰之意。上面体性刚静的"山"与下面性柔而动的"火"的结合,赋予"贲"卦丰富的内涵——外静内动,刚柔相济。"贲"卦的爻辞围绕"贲饰",自上而下的贲饰原则呈逐渐"质素"之势。最后一爻辞意为"白贲无咎"。王弼释曰:"处饰之终,饰极反素,故任其质素,不劳文饰而无咎也";韩康伯疏释道:"物相合则须饰,以修外也,极贲则实丧也。"孔子曰:"丹漆不文(通纹,指装饰,引者注),白玉不雕,宝珠不饰",缘由尽在于"质有余,质有余者不受饰"(《论语》)。

③ 宋·李诚:《营造法式》序目,"进新修营造法式序"。

④ 李允钚著:《华夏意匠》,香港广角镜出版社 1984 年版,中国建筑工业出版社 1984 年 4 月重印,第 164 页。

⑤ 刘致平著:《中国建筑类型及结构》,建筑工程出版社 1957 年版,第 98 页。

⑥ "如跂斯翼",毛亨传:"如人之跂竦翼尔。"即凤鸟跂立,两翼开张之貌。

⑦ 毛亨传曰:"革,翼也。"马瑞辰云:"革,《韩诗》作翱,云'翅也'。《说文》:'翱,翅也。'"

⑧ 马瑞辰按:"《尔雅》,翚有二义。一为翚雉……一为翚飞……《说文》'翚,大飞也'。此诗应取翚为大飞之义,盖以状檐阿之势,犹今云飞檐也。"

⑨⑩ 限于体例篇幅,此处不作深入展开。可参阅王鲁民著:《中国古典建筑文化探源》,同济大学出版社 1997 年版,第 4～9 页,引文同。

⑪ 陈绶祥:《中华建筑艺术与文化论纲》,载陈绶祥主编:《中国民间美术全集·起居编》民居卷,山东教育出版社、山东友谊出版社 1993 年版,第 286 页。

⑫ 参考自陈从周著:《苏州旧住宅》,载《世缘集》,同济大学出版社 1993 年版,第 182 页。

⑬ 瓦当铭文中,有称瓦的,如"都司空瓦";也有谓当者,如"兰池宫当";亦有称瓦甓的,如"长陵东甓"。陈直引班固《西都赋》:"裁金碧以饰珰",认为瓦当位置正当椽头之上而得名。施蛰存教授以为当字即挡之初文,是阻挡、遮挡、抵挡之意。中国瓦当始于西周。从西周至明、清,瓦当的式样、纹样不尽相同(日本、朝鲜古代建筑也均用瓦当)。

⑭ 青龙、白虎、朱雀、玄武,分别象征和指代东西南北,左右下上,春秋夏冬,蓝(青)、白、红(朱)、黑(玄)。又称四神、四方神,四种神化了的动物,赋以驱邪厌胜、表明方位的构件之功能。

⑮ 杨力民编著:《中国瓦当艺术》,上海人民美术出版社 1986 年版,第 8 页。

⑯ 王振复著:《中国建筑的文化历程》,上海人民出版社 2000 年版,第 388 页。

⑰ 磬,古代乐器。有人字形、蝙蝠形、双鱼形等。磬与庆同音,取其谐音。

⑱ 赵国华:《生殖崇拜文化略论》,载《中国社会科学》1988 年第 1 期。

⑲ 也有一说谓悬鱼源于佛家八宝。取佛说金鱼能解脱坏劫。

⑳ 梁思成著:《建筑设计参考图集》第一集"台基",中国营造学社 1936 年版。

㉑ 北宋·喻皓著:《木经》,转引北宋沈括著:《梦溪笔谈》卷十八·技艺——"木经",时代文艺出版社 2001 年版,第 155 页。

㉒ (德) 黑格尔著:《美学》卷二上册,朱光潜译,商务印书馆 1986 年版,第 67 页。

㉓ 李允钚著:《华夏意匠》,香港广角镜出版社 1984 年版,中国建筑工业出版社,1984 年重印,第 164 页。

㉔ Siren: 'A History of Early Chinese Art' Vol. 4 Benn, London 1928,转引自李允钚著:《华夏意匠》,香港广角镜出版社、中国建筑工业出版社,1984 年重印,第 165 页。

㉕ 李允钚著:《华夏意匠》,香港广角镜出版社 1984 年版,中国建筑工业出版社,1984 年 4 月重印,第 165 页。

㉖ 清·李渔著:《闲情偶寄》卷四,时代文艺出版社 2001 年版,第 307 页。

㉗ 《荀子·礼论》。

㉘ 明·计成《园冶》。

㉙ "福建民居",黄汉民文:《老房子·福建民居》,江苏美术出版社 1996 年版,第 21 页。

㉚ 刘致平著:《中国建筑类型及结构》,中国建筑工业出版社 1987 年版,第 2 页。

㉛ 汪国瑜:《徽州民居建筑风格初探》,载《建筑师》第 9 期。

㉜ 黄汉民:《老房子·福建民居》,江苏美术出版社 1994 年版。

㉝ 见陆元鼎、陆琦著:《中国民居装饰装修艺术》,上海科学技术出版社 1992 年版,第 14 页。

㉞ 《汉书·外戚传》。

㉟㊱ 清·李渔:《一家言居室器玩部》,上海科学技术出版社 1984 年版,第 4、16 页。

㊲ (德) 黑格尔著:《美学》,朱光潜译,第三卷上册,商务印书馆 1986 年版,第 57～58 页。

㊳ (德) 黑格尔著:《美学》,朱光潜译,第三卷上册,商务印书馆 1986 年版,第 78 页。

㊴ 宋·李诚:《营造法式》卷五,"大木作制度二"。

㊵ 参阅刘森林著:《中国家具》,上海古籍出版社1999年版。

㊶ (德) 黑格尔著:《美学》,朱光潜译,第三卷上册,商务印书馆1986年版,第68页。

㊷ 宋·李诫:《营造法式》卷三"石作制度"。

㊸ (德) 黑格尔著:《美学》,朱光潜译,第三卷上册,商务印书馆1986年版,第69、92页。

㊹㊺ 宋·李诫:《营造法式》卷三"石作制度"。

㊻ 参阅中国建筑技术发展中心建筑历史研究所:《浙江民居》,中国建筑工业出版社1984年版,第178页。

㊼ 参阅《中国建筑史》编写组:《中国建筑史》(第二版),中国建筑工业出版社1986年版,第173页。

㊽ 参阅王鲁民著:《中国古典建筑文化探源》,同济大学出版社1997年版,第26页。

㊾ 参阅陈志华、楼庆西、李秋香著:《中国乡土建筑·诸葛村》,重庆出版社1999年版,第136页。

㊿ 李允鉌著:《华夏意匠》,香港广角镜出版社1984年版,中国建筑工业出版社,1985年4月重印,第63、64页。

51 孙任先文:《垂花门初探》,载《建筑师》第35期,中国建筑工业出版社1989年版,第162页。

52 孙任先文:《垂花门初探》,载《建筑师》第35期,中国建筑工业出版社1989年版。

53 转引自许亦农文:《中国传统复合空间观念》,载《建筑师》第36期,中国建筑工业出版社1989年12月版,第73～74页。

54 本段参考自许亦农文:《中国传统复合空间观念》,载《建筑师》第36期,中国建筑工业出版社1989年12月版,第74页。

55 《阳宅十书》"论符镇第十"。

56 马炳坚文:《北京四合院》,北京美术摄影出版社1995年4月版,第27页。

57 纯帖:春联。

58 石枨:石门槛。

59 板扉:木板门。明·文震亨:《长物志》卷一"室庐"。

60 《礼记·王制》。

61 《周礼·天官》郑玄注。

62 《宋史》。

63 《明史·舆服志四》。

64 阈:门槛。

65 枨:门两旁竖立的长木柱,以防车过触门。

66 阖:门扇。《尔雅·释宫》:"阖谓之扉。"

67 清·李斗:《工段营造录》,上海科学技术出版社1984年版,第12、13页。

68 云南省设计院《云南民居》编写组:《云南民居》,中国建筑工业出版社1986年版,第49页。

69 王宗雪文:"藏族装饰艺术的色彩研究"载《装饰》2004年第2期第86、87页。

70 槅扇:通格扇。宋代称为"格子门"。古谓"阖扇"。《礼记·月令》:"仲春之月,耕者少舍,乃修阖扇。"注曰:"门户之蔽以木者曰阖,以竹苇曰扇。"

71 李允鉌著:《华夏意匠》,香港广角镜出版社1984年版,中国建筑工业出版社,1984年重印,第259页。

72 《礼记·月令》中载:"仲春之月,耕者少舍,乃修阖扇。"注云:"门户之蔽以木者曰阖,以竹苇曰扇。"此间"阖扇"为木门竹户之意。

73 宋·李诫:《营造法式》。

74 清·李斗:《工段营造录》,上海科学技术出版社1984年版,第12页。

75 横披:替桩与中槛之间的部分,多为长窗。

76 替桩:上下槛距离过大,则在中间加道中槛。上槛称替桩,中槛亦称上槛。

77 风槛:门窗架子谓"槛框",有上槛、中槛、下槛、风槛、榻板、抱框及问柱。槛墙榻板之上的构件称风槛。

78 抱框:门窗两旁靠柱处所用之立木。

79 转轴:门轴构件,固定于门的边框后,上入连楹,下入单楹。

80 荷叶:墩子,作荷叶形状,用以承帘架挺。

81 栓斗:门关闭,内里用栓杆拴门,上入连楹,下端所插入的部分叫栓斗。

82 清·李斗:《工段营造录》,上海科学技术出版社1984年版,第12页。

83 清·李斗:《工段营造录》,上海科学技术出版社1984年版,第13页。

84 清·姚承祖著:《营造法原·做细清水砖作》,张至刚增编,中国建筑工业出版社1986年第2版。

85 李泽厚著:《中国古代思想史论》,人民出版社,1986年版,第37～38页。

86 参阅王鲁民著:《中国古典建筑文化探源》,同济大学出版社1997年版,第134～136页。

⑧⑦ 明·文震亨：《长物志》卷一"室庐"。

⑧⑧⑧⑨ 清·李斗：《工段营造录》，上海科学技术出版社1984年版，第14页。

⑨⑩ 绣墩：书带草，亦称"香墩草"、"沿阶草"。

⑨① 涩浪：水纹状墙叠石。《金壶字考》："墙叠石作水纹，谓之'涩浪'。"

⑨② 岩阿：指山谷。文震亨：《长物志》卷一"室庐"。

⑨③ 囧(炯)：本意为窗牖，引申为光明。

⑨④ 窅疋(苗诈)：物在穴中突出的样子。

⑨⑤ 清·李斗：《工段营造录》，上海科学技术出版社1984年版，第12页。

⑨⑥ 参阅中国建筑技术发展中心建筑历史研究所：《浙江民居》，中国建筑工业出版社1984年版，第194页。

⑨⑦ 参阅陈志华、楼庆西、李秋香著：《中国乡土建筑·新叶村》，重庆出版社1999年版，第61页。

⑨⑧ 引自清·陈梦雷等辑：《古今图书集成·经济汇编》，考工典一百三十六卷，第96536页。

⑨⑨⑩⑩⑩① 清·李渔：《闲情偶寄》卷四，时代文艺出版社2001年版，第288页。

⑩②⑩③⑩④ 清·李渔：《闲情偶寄》卷四，时代文艺出版社2001年版，第290、291、292页。

⑩⑤ 篃：窗，梅花篃即梅花式窗。

⑩⑥ 明·文震亨：《长物志》，卷一"室庐"。

⑩⑦ 明·文震亨：《长物志》，卷一"室庐"。

⑩⑧ 明·文震亨：《长物志》，卷一"室庐"。

⑩⑨ 清·钱泳：《履园丛话》，"营造"艺能卷。

⑩⑩ 清·李渔：《闲情偶记》卷四，时代文艺出版社2001年版，第284页。

⑪⑪ 南朝宋·羊欣著：《笔阵图》，转引自高占祥《装点名胜颂江山》，载《中华名匾》，辽宁人民出版社1992年版，第2页。

⑪② 公元765年，颜真卿任吉州司马，往青原山拜谒，念行思大师开禅宗一系之功，特书"祖关"二字。因所书与其重楷有异，书家多有品评。米元章认为是真迹，指出，"祖"写作"禈"，当有原委，"鲁公非忌为增加者"。

⑪③ 现扁"观音之阁"下署"太白"二小字，相传为唐代诗人李白所书。时间不符，兹存疑。

⑪④ 清·曹雪芹著：《红楼梦》，岳麓书社2001年版，第106页。

⑪⑤ 明·徐渭：《徐渭集·青藤书屋八景图记》，引自《明清闲情小品赏析——衣食住行》，上海书店出版社2001年版，第34页。

⑪⑥ "泽"绿位、雨露，引申为恩泽、德泽意；"洽"为沾润，"洽于民心、润泽多也"；"河湟"地域名，指甘肃河州(临夏)一带，古称黄河与湟水合流之地为"河湟"，河，黄河；湟，湟水。

⑪⑦ 典出《诗经·大雅·文王》句："无念尔祖，聿修厥德，永言配命，自求多福。"

⑪⑧ 蘧瑗，字伯玉，春秋卫国人。

⑪⑨ 据传，傅山闻盂县城东关郑义燹，明末曾任山西潞安知府。明亡，以气候不适为由，不为清仕。问故，答曰："怕热。"傅山登门造访，书"畏热堂"，以彰其德。

⑫⑩ 典出《孟子·离娄上》："自暴者，不可与有言也；自弃者，不可与有为也。言非礼义，谓之自暴也；吾身不能居仁由义，谓之自弃也。仁，人之安宅也，义，人之正路也。"

⑫① 清·李斗：《工段营造录》，上海科学技术出版社，1984年版。

⑫②⑫③⑫④ 李渔：《一家言居室器玩部》"联匾第四"，上海科学技术出版社1984年版，第19、21页。

⑫⑤ 李渔：《一家言居室器玩部》"联匾第四"，上海科学技术出版社1984年版。

⑫⑥ 曾三，曾子曾说过："吾日三省吾身，为人谋而不忠乎？与朋友交而不信乎？传不习乎？"颜四，颜渊曾说过："非礼勿视，非礼勿听，非礼勿言，非礼勿动。"禹寸，夏禹十分爱惜点滴光阴，有"寸金难买寸光阴"之说。陶分，陶侃勤奋好学，曾说过："当惜分阴，定可逸游荒醉。"合此四者，则为曾三，颜四，禹寸，陶分。

⑫⑦ 陆树堂原书为"幸"。

⑫⑧ 清·孙髯于乾隆年间撰。长联共180字。现存联为清光绪十四年(1888年)云贵总督岑毓英托赵藩以工笔楷书刻成木制联，蓝底金字，书法遒劲。

⑫⑨⑬⑩⑬① 清·李渔：《一家言居室器玩部》，上海科学技术出版社1984年版，第18、19页。

第三章　隔断装修

中国古代建筑暨传统民居，具有多方面的特殊性和鲜明的个性。比如，对居住空间环境的灵活划分和巧妙分隔，就是比较突出的一个方面。

对居住空间大尺度宏观地考察，我们知道，任何一个空间（大至聚落环境，小至室内环境），都无一例外地被人为地划分和分隔成众多相互隔离的单元，这种划分、分隔主要以空间隔断构成。基于使用空间用途、功能、大小、朝向等内容的差异，因此，划分、分隔的形式也是多种多样的。但它的基本特征或规律体现是一致的，就是对大空间的进一步局部化和具体化。

从空间分隔的性质和功能来看，因其产生的效应不同，研究者们认为，大致可以界分为"视觉阻隔隔断"和"非视觉分隔隔断"两大类型①。视觉阻隔隔断主要由影壁照壁、屏门屏风以及屏壁板障等构件组成。

从一般意义上说，对居住空间的初步划分分隔是实实在在地

3-1　甘肃临夏州光华路张家大院影壁。

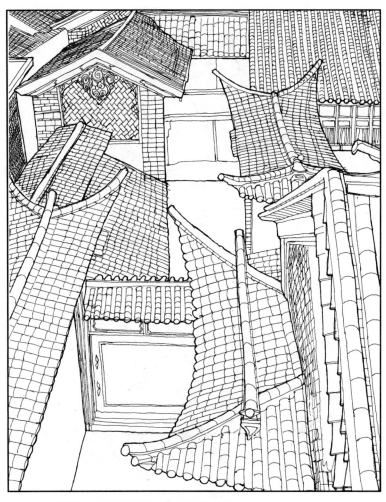

3-2 晚清云南大理州喜州镇"大夫第"杨宅影壁。

对人的视线和行为实行有效的阻挡和控制，它的意义或内蕴，凸显于安全、避邪、领域感、伦理纲常、文化心理以及生活方式等方面。这个屏障系统，具有形式独立、设置灵活、组合系统、装饰多样的共同特征。②

影壁照壁、屏门屏风和屏壁、隔断栏杆等屏障形式的设置，涉及关联到庐舍民居的门户入口、庭院、厅堂明间等单元，贯穿了公共空间、半公共（私密）空间和私密空间这一住居系列空间的主轴序列，形成构筑了关联而内含秩序和节律的层次与序列。

中国传统建筑工程施工中的装修，系指房屋中的小木作，非承重木构件的制作和安装专业。在宋代《营造法式》中归入小木作制作的构件有门窗、隔断、栏杆、外檐装饰及防护构件、地板、天花、楼梯、龛橱、篱墙、井亭等42种。清工部《工程做法》改小木作为装修作，并界分室外（外檐装修）室内（内檐装修）两类。

本章节中的装修主要为隔断栏杆和顶棚铺地，逐一阐释和探讨其功能、形制、渊源、样式、特征及工艺技术。

一、照壁影壁

　　照壁，建在大门外正对门户的装饰性矮墙，与大门相对作屏障之用；影壁，系位于大门之内用以遮挡视线的屏障墙体，也有凭借厢房山墙作影壁的。

　　照壁古称门屏，也有"塞门"、"萧墙"之称，实物最早见于陕西省岐山县凤雏建筑遗址。遗址为一所矩形平面的两进院落，南面居中是入门大门，正前方为四角有木柱的夯土"门屏"③。据先秦史料载，其时天子的门屏建在门外，诸侯的建在门内。近人一般不分内外影壁照壁的区别，一律统称。大率北方人习称影壁，南方人多称之为照壁。

　　在中国传统宇宙观和风水堪舆学说中，影壁首先具有"避邪"的作用。将地景方位、负阴抱阳、人体对空间的感知以及凶吉忌讳相契合，认为"天气从上，缺处入，障处回，宜采入收围"，建筑的入口被认为是气口，通过庭院进入厅堂。因此，影壁对"生命之气"起到了求纳、操纵、疏导的作用；从实际日常生活起居的层面看，它能遮挡人的视线，强化民居宅第的私密性和神秘感，这也是传统建筑外实内虚的封闭性特征使然。

　　从空间序列的角度看，影壁可视为民居空间序列的起始点，居住空间的第一个可识别的符号标志。就设置位置而言，大略有内与外两种形式。

　　大门外的影壁有两种。一种是设置于胡同、街道或河道对岸，正对宅门，旨在借助胡同、街道或河面来扩大空间，与大门及门前空间遥相呼应；另外一种设置于大门的东西两侧，"与大门檐口成120°或135°夹角，平面呈八字形，称做'反八字影壁'或'撇山影壁'……大门要向里退进2～4米，在门前形成一个小空间，可作为进出大门的缓冲之地。在反八字影壁的烘托陪衬下，宅门显得更加深邃、开阔、富丽"④。由于影壁具有较好的视觉空间和流程导向功能，所以入口空间自然地转纳入空间序列中而蔚为整体，强化了大型府邸建筑的气概。

　　大门内的影壁形式较为多样。其一，位于庭院中心，以影壁为中心标志，界分院落住宅的内与外，常见于东北满族民居建筑中；其二，正对大门呈独立状的影壁；其三，入口影壁附丽于厢房山墙上。北京四合院二进及以上院落、晋中平遥一带民居大多属于此类，称为座山影壁。与左右的墙和屏门组成一方

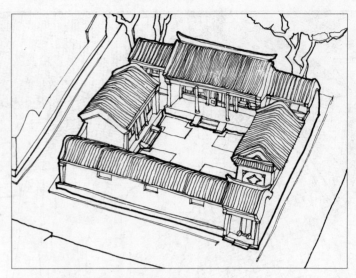

3－3　清代北京一进式四合院座山影壁。

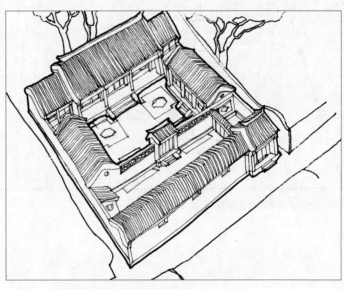

3－4　清代北京两进式四合院座山影壁。

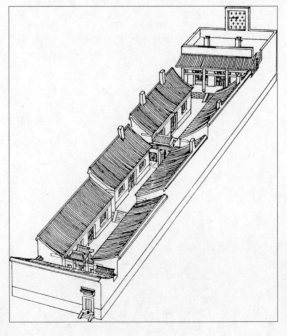

3－5
山西平遥正房背面女儿墙上砖砌镂空影壁。

3-6　山西平遥王茇廷旧居砖雕影壁"米芾拜石"。

3-7
山西祁县乔家大
院影壁细部。

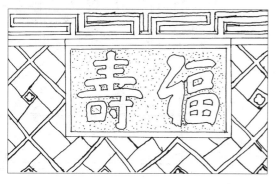

3-8
福建泉州鲤城
影壁。

形小院，成为从街巷进入住宅的两个过渡。

影壁的立面主要由上、中、下三部分组成。下为基座、壁座或称为下碱，一般为砖砌，讲究的用磨砖砌成须弥座；中为壁身，习以磨砖做出枋柱形，中间墙面45°斜向镶砌方砖，中心和四角加砖雕纹样花饰称为"中心四岔角"。北京等地也用"吉祥"之类替代纹样花饰的；上部为壁顶墙帽部分。形式有悬山式、硬山式等（宫殿、寺观建筑附有庑殿式、歇山式）。堪称中国传统木构房屋建筑的缩影，古建筑屋顶、檐头、梁柱和砖石下碱或须弥基座的模型。

中国各地影壁装饰形式多样。北京四合院入口影壁正中一般悬挂"鸿喜"或"福"字砖雕匾额，在檐口、墀头、岔角等处均作精细砖雕花纹；晋中一带影壁中多设有神龛。例如祁县乔家在春堂正对倒座大门砖砌影壁上浮雕福禄寿，并附以松鹤等动植物图案，影壁上的神龛设置给人以深沉起伏的感觉；乔家春在堂"百寿"文字过街照壁亦颇具特色，百余寿字篆体写成，形态各一，无一雷同，装饰感极强。

大型民居府邸的影壁不惜工本，精镂细琢。山西灵石县静升镇王家大院的双面石刻透雕一字照壁，壁心为海水云龙牌坊，画面跌宕起伏，旋涡状卷云与曲线形成的连绵不断的海水赋予图形以强烈的动感，双面石刻透雕工艺极大地增加了影壁的技术含量、形式与技巧上的观赏价值。

福建泉州一带影壁用松枝烧制的红色雁只砖砌筑，规格尺寸略小于现代的普通砖，斜砌、组砌或砖片镶嵌拼贴等综合运用。中间石刻"福寿"文字，色彩绚丽，对比强烈，具有浓郁的地方特性。

房顶影壁在部分地区也很盛行。山西平遥、太谷、祁县民居通常设置在正房背面女儿墙上，藉此提高正房屋顶高度，砖砌镂空，手法朴素自然。符合风水观"前低后高，子孙英豪"的学说；福建地区部分屋顶影壁则显得更加飘逸舒展。如福州林则徐故居屋顶影壁，两翼反翘，四周彩绘，壁芯灰塑圆寿图案，环绕纹样饰以四个蝙蝠，吉祥祈福意愿浓烈。

云南大理白族自治州的民居中不设独立的影壁，它既是院墙又是影壁。一般有一滴水、三滴水两种类型。前者为整座壁体，后者为三座壁体的组合体，两边低，中间高，翼角反翘。檐口装饰下面用砖砌凸线条构成框档，按方、长方相间的规则组成若干小框，框内装饰有彩绘、镶嵌大理石、题诗词书画等。并将框档延伸至影壁两边；若为三滴水影壁，此法仅限于中间主体。壁面题词多为名家题赠，镌刻精美流畅。内容多为"紫气东来"、"彩云南现"、"旭日东升"、"银苍玉洱"、"苍洱毓秀"、"人寿年丰"、"琴鹤家风"、"清白传家"等赞颂盛世、吉祥喜庆之词语。白族民居影壁形成了额枋、檐下及左右两边装饰精美雅洁的形式和格局。

白族民居影壁集白族装饰艺术之大成，几乎汇聚了白族营造、装饰的所有工艺，在有限的面积中，白族匠师发挥聪明才智，假借石作、泥作、灰塑、彩绘、镶嵌等众多工艺技术将图案、纹样、山水、风景、书法、色彩等诸多元素和谐整体地凸现出来。

白族民居影壁的另一特征和成就是壁芯雪白光亮，无一装饰。这是因为白族民居朝向大多坐西朝东，一般正午后即无日照，采光质量较低。雪白光洁的影壁担纲了日光反射板的功用——借助光反射以改善、提高正房的光源质量，这也几乎成了白族民居影壁的基本功能之一。

各地影壁，多以砖、石、泥作和灰塑为主，材料运用基本相近。唯见山西襄汾县城关镇丁村建于清雍正九年四合院影壁，壁身用木板浮雕，仿明中叶画家吕纪"风竹惊鹤图"，底板红色，翠竹、山石呈绿色，丹顶白鹤振翅欲飞，神采奕奕。在全国砖石影壁"一统天下"的格局中可谓特例。

3-9 云南大理州白族民居影壁雕饰。

3-10 清代河南社旗县山陕会馆琉璃影壁。

3-11
清初山西襄汾丁村民居木雕影壁，仿明代画家吕纪"风竹惊鹤图"。影壁设色。

二、屏 门 屏 壁

（一）屏门

屏门，又称仪门、中门，是室外影壁与室内板幛屏壁的变体形式。传统庐舍民居中常见的屏门无外乎两种类型：一类是垂花门式和座屏门式。在庭院则界分内外，或与墙垣一体。特点是阻挡视线、增加层次、丰富空间、开阖自如，北京四合院内的垂花门即属此类；另一类设置于大门内，间距在 1.3～1.6 米之间，当外门敞开时，它成为与户外空间重要的分隔构件，保证了厅堂空间的私密性。平时人们从两侧进入，使入口部分隔透一体，强化了多进空间序列的前奏。一般而言，屏门仅在重大礼庆（包括婚、丧、寿、祭祀等），贵宾光临出入时方能打开。前者屏门在北京等民居中较为常见，后者在赣北（婺源、景德镇）、徽州、闽北、闽东、晋南一带多进式大中型民居中十分普遍，平时屏门紧闭，出入经由两边耳门通达。传统礼制气息浓郁，内外分明。

从实际出发的功能来看，室内屏门首先具有分隔空间的功能：即将厅堂礼仪场所与后面家庭内室起居场所分离，公共空间与相对私密空间界分隔离——体现了三代、秦汉以来形成的前殿后寝的平面格局；其次，具有阻挡视线和控制行为的功能：居中屏门、两侧通道，视线自然转向。这种"曲径通幽"、"先抑后扬"式的行进路线、空间变化而非一览无遗式的状态、气局，与中国古代文化和艺术中的"含蓄"、"内敛"、"藏而不露"等特质、取向、体验和特征是"声气相洽"、遥相呼应的。

从室内屏门的衍绪演变而言，我们以为，该形式、格局最初应是滥觞于黄河流域，晋、唐时陆续南迁至赣、徽、闽等广大南方地区，又因斯地山高林密，交通多有不便，遂使涵泳传统"门堂之制"、"前殿后寝"、"内外有别"等"礼"味十足的仪门、屏门流传有绪，完好再现。

各地屏门样式不一，又因户主的社会地位、经济实力、意趣口味等歧出多样。山西省襄汾县城关镇丁村的清代乾隆十年所建四合院，屏门高大，通体黑漆髹金，显得庄重而高贵；北京四合院屏门不如晋中、晋南民居屏门高峻，装饰、雕镂和漆髹颇为醒目、炫丽、富贵和奢华，主要以大红、翠绿、金黄、浅蓝等色为主。徽州、赣北、闽东、闽北等地民居宅院中的屏门，由于院落比较紧凑，多以素板构成，也有少数富丽繁冗的样式。例如徽州黟县宏村承志堂，屏门上端梁枋雕镂"百子闹元宵"图，整整 100 个男孩，有舞龙灯、狮子

3－12 清代北京四合院垂花门背面。

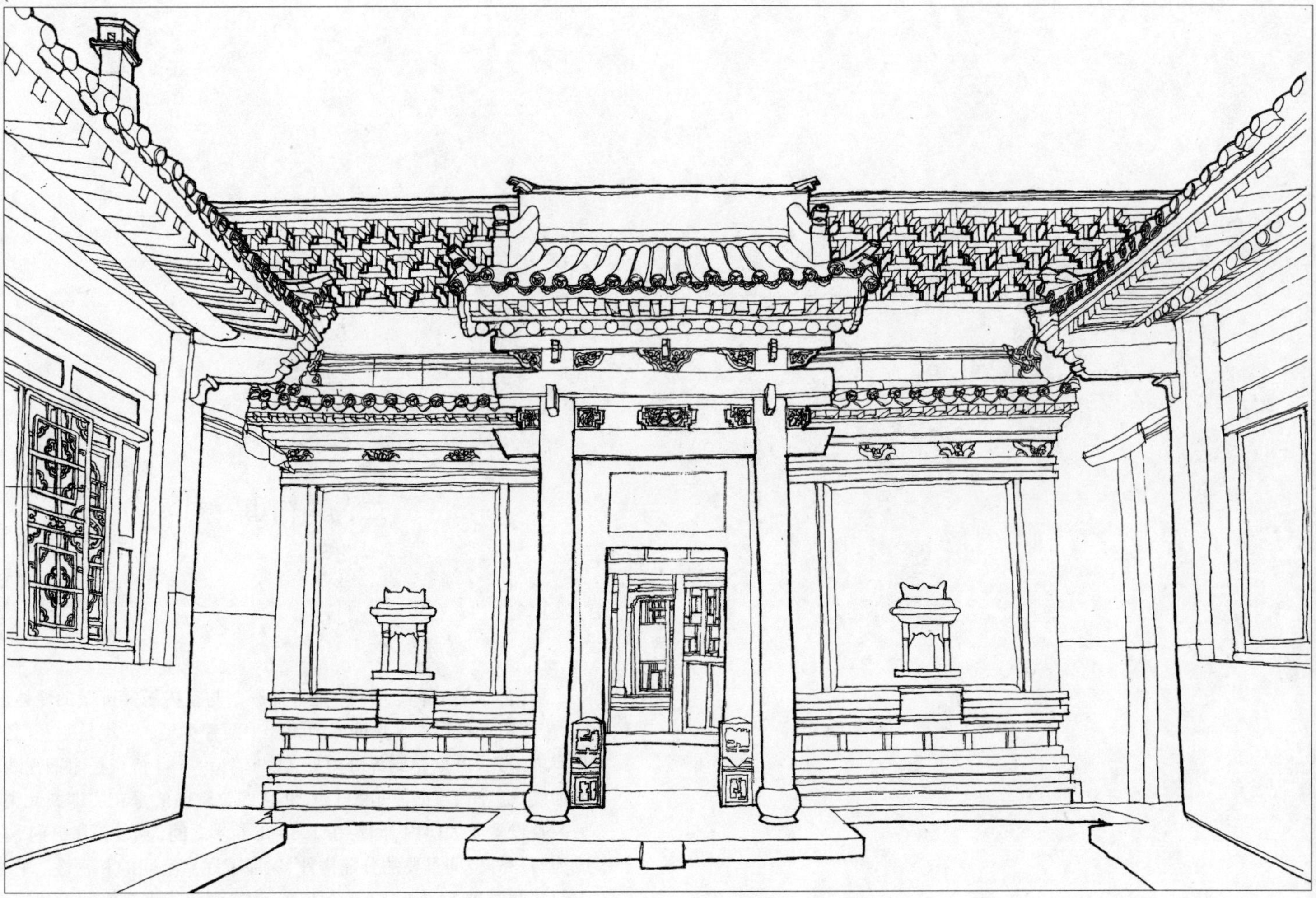

3－13　清代山西平遥南街民居垂花门(门已拆)。

灯、凤灯、鱼灯及其他各式各样花灯的,有踩高跷、旱船的,有敲锣、打鼓、放鞭炮、吹喇叭的,人物千姿百态,活灵活现;东西两侧门洞上方,木雕古钱图案,既像古元宝,寓财到之意;又像"商"字,七品以下小吏只能从边门出入,从"商"字下边进出,而"商"人则高高在上,隐寓着在传统"重农抑商"、"重本逐末"的社会结构和环境氛围中徽商为提高自身社会地位的良苦用意。周围木雕分别为"董卓进京"、"三英战吕布"、"甘露寺"、"长坂坡"、"定军山"等三国故事。正对额梁为"唐肃宗宴官"图,三十多个官员,或弹琴、或弈棋、或读书、或作画,皆各行其是,各具姿态,鬼斧而天工。

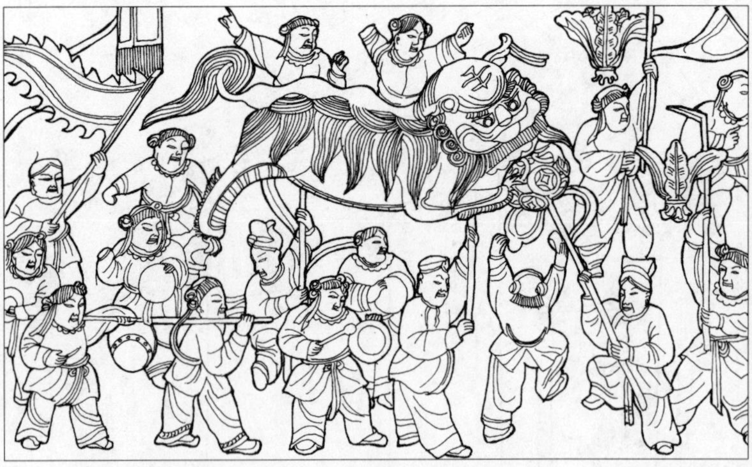

3－14　清代徽州黟县宏村"承志堂"梁枋描金木雕(屏门上)。

清代李斗在撰述清式营造技术及制度的著作《工段营造录》中,对屏门也有详述:

> 插屏门高六尺一寸,宽三尺一寸六分,内槅播木二,二面雕凹面汉文夔龙、柱子二、托枨一、锁砌枨一,背后闸挡板一、二抹大框一、篷牙一、跕牙二诸做法。

以上可见,迨至清中期,屏门即趋于规范。而且据此推断,当时屏门数量也较为丰繁,具有普遍性,故在《工段营造录》中特此述及。

(二)屏壁

在建筑室内空间中,人的眼睛不太习惯或不太善于忍受

3－15 明万历《樱桃梦》插图。

3－16 屏隔内外。清代浙江东阳木雕。

3－17
清代福建闽清县坂东民居室内屏壁。

空茫模糊的视域和境界，需要一个视线的聚焦点或方位，抑或是舒适的停顿留滞点。在焦点或停留点寻获之后，此时人的视线才有逐渐转移并注意相邻处的物事的可能。针对人眼睛不停运动、"扫描"的特点，在室内空间中即在人的视觉上形成一个中心，就不是可有可无、随意安排处置的事了。

中国古代建筑、传统民居建筑的厅堂明间轴线的尽端，即厅堂明间后金柱之间，一般都以屏壁阻隔。从而使屏壁面门处（入口）具有空间定向和构图中心的作用，并在视觉上形成一个中心和底景。围绕着这个中心和底景，进行重点陈设和摆设。

屏壁背面或者是通往内院私园的通道，抑或是上下楼梯处，或者就是建筑轴线的终结——墙壁。

从空间序列上看，从影壁、庭院至厅堂，从户外到室内，堂屋明间的屏壁应被视为这一过程中的高潮。如果说影壁是"起"，大门院门是"转"，庭院是"承"的话，无疑，厅堂屏壁当归"合"，一个独立完整空间序列的收头部分。

循此可见，中国古代建筑，包括民居建筑的空间观念中，从来都是将室内和室外、入口与庭院等视为一个整体来处理，注重不同功能、不同形式的空间场所间的相互关联，从而使对空间的感受和体验建立在一个连续变化着的景观序列基础上，凸现了建筑空间的时间特征。对于室内屏壁而言，室内空间的阻隔、视线的阻挡以及人群动线的控制、定位，又递进一层强调了空间景观的变化，彰显了空间的层次性和时间性。

从构造、装修和形式上看，古代屏壁约略有两类，一类是用在明间堂屋后金柱之间，直对正门的屏壁，整块和分四扇组合的都有。清代则多用木板壁、四扇木板屏门或槅扇构成；另一类是装置在明间的后侧金柱间的太师壁。太师壁与屏门或槅扇构成的屏壁不同之处在于：屏壁为全部封闭，太师壁两旁对称开两小门，中间装板壁、编竹抹泥墙，抑或上部置格、下部装板，通透与阻隔俱存。

作为厅堂室内视觉聚焦和向心力的集合原点，屏壁上的装饰形式异彩纷呈，纷披夺目。常见的有居中悬挂中堂卷轴画，上部匾额，两侧对称槅联；或以四、六屏联木板年画一字展开，抑或篆隶正草书法四屏联布置，等等。也有直接镌刻诗文于板壁上，文采斐然，填髹漆金，更增装饰意味；琢绘山水于屏壁上，清超高雅，造化无穷，增润无限的大自然的风韵和意蕴。实例如苏州狮子林燕誉堂、曲园春在堂等。至若衙署建筑室内屏壁，则多绘髹红日出水、猛虎风啸，藉以象征秉公执法、光明磊落、威慑庄严的品格和主题。

3-18　湖南凤凰县沱江镇民居护栏雕饰。

三、隔断栏杆

如果将前述影壁照壁、屏门、屏壁等大都"存在于基地的边界和各个单元之间"⑤的屏障系列界分为"视觉阻隔隔断"，并将之转换成传统民居建筑的初步划分分隔概念的话，那么，我们则可以将那些依附于建筑柱间梁下的室内外空间中的分隔件，如各类镂空槅扇、月洞、窗格、圆光罩、八方罩、花瓶罩、芭蕉罩、飞罩、落地罩、天弯罩、栏杆罩、栏杆等在空间环境中对人的行为并未完全起控制作用，但却在"隔而不断"、"似隔非隔"的通透的形式中，对人的心理、生理和行为及视觉上产生影响和作用的隔断系统，称之为非视觉分隔隔断系统。作为"视觉阻隔隔断"暨初步划分分隔的细致化和深入化，非视觉分隔隔断系统的方位也由房屋基地、边界、通道等转而集中于住宅单元内部空间为主的分隔与联系上。

影壁照壁等为主的"视觉阻隔隔断"系统"是按不同使用者集团划分的。每个集团独自占用一个部分，而每个部分又通常是一个万物具备、不假外求的单元"。在这样的前提下进行"视觉阻隔"不仅是可行的，而且是适宜的，也由此构成传统民居建筑中"外封闭"的基本特征缘由之一。循此而进，如果"一旦进入单元这一层次，人们就几乎不再感到任何分隔了"⑥，这里的分隔当然指的是"非视觉分隔隔断"系统，既然穿越重重屏障——影壁照壁、大门院门、屏门屏风、屏壁板幛等，确乎再没有必要对行为再度掌控，但是适当的心理提示、生理感觉以及视觉停顿还是必要的，更何况如栏杆等还具有一定的倚凭防范的安全功能。如此，相对应"外封闭"形态的，是"内通透"的格局，同样构成了古代建筑暨传统民居庐舍的基本特征之一。

室内通透的特征和意象，是建立在大量分隔的前提和基础之上的。现代建筑学家刘致平先生指出，隔断"有它的伸缩、灵便、活动以及雄伟的性能。它又常能将室内各部不同功用的地区予以明确化，能互相通连，而又互不混淆，这确是最大优点。"⑦可以这样说，没有各式分隔，包括"视觉阻隔隔断"和"非视觉分隔隔断"系列，则不能产生古代建筑、传统民居庐舍室内通透的特征、意象和效果，这种分隔在平面上、立面上始终占据着绝对优势的比例。层层分隔，虚实分隔，映射着华夏民族对住宅环境文化思考的特色、角度和模式。

传统木构架梁柱结构与围护体系形成的是一个基本的框

3-19　西藏日喀则地区萨迦镇民居栏杆。　　3-20　苗寨民居栏杆。

3-21　新疆喀什维族民居本木栏杆。

3-22　清代南京熙园不系舟木雕圆光罩。

3-23
清代北京贵
胄府邸中的
落地罩。

3-24
用罩分隔的空
间效果——隔
而不断。

架,还不能完全满足人们实用生活中多方面的要求。因此,必然会对原有结构空间进行再度划分,深度分隔,构成空间形态上的层次性,进一步满足人们生理、心理、行为诸方面的需求。罩就是空间再划分的具体手段,空间层次的载体。

罩,是一种依附于柱间和梁下的空间分隔件,也是室内虚实空间划分的一个重要元素。罩的使用大约始于明代,盛于清代。罩应用既广,形式亦很丰富,安装于室内进深方向或面宽方向柱间,造成室内既有分隔、又相联系的环境气氛,具有很强的装饰性,因此,除了围护的功能外,又是室内重要的装饰艺术构件。

依罩的性质和形态看,可以粗略划分为两大类,一类是承天启地、上下联结的,计有腿式落地罩、栏杆罩、圆光罩、八方罩、花瓶罩、芭蕉罩、几腿罩等;另一类是连结上部(柱间枋下、外廊檐柱之间)、对上部空间进行分隔、装饰事项的构件,如天弯罩、飞罩、挂落等。

总体上看,落地式罩在立面上落幅饱满,占据相当比例,其组合构成具有实实在在的人的行为阻隔性,在一定程度上掌握和左右着人的行为规则、空间定位,涵寓着潜在的强制性因素。当然,就落地式罩的装修构成和形式组合而言,阻隔与通透相结合者有之,通透为主、间或阻隔为辅也有之,等等,不一而足。归根结底,落地式罩还是以通透为主的比例占绝大多数,所彰显的还是玲珑剔透、美轮美奂的装饰意匠和视觉美学的内蕴与风采。

传统民居建筑中运用落地式罩的佳构良例颇多。其间,苏州拙政园的三十六鸳鸯馆、留园林泉耆硕之馆和狮子林燕誉堂等尤为出色。这种两面厅的进深较大，脊柱落地，将整个室内空间划分为两部分，采用落地式罩分隔，梁架一面用扁作，一面用圆料，似两厅合一。通常南厅宜于冬春季，北厅适于夏秋季使用。真可谓珠联璧合，以一幻二，灵活运用落地式罩的模范。

联结柱间枋下，旨在对上部空间进行分隔、装饰处理的天弯罩、飞罩、挂落、花牙等构件，其制式大同小异。一般意义上而言，天弯罩和飞罩两端下垂较长；挂落较短。天弯罩和飞罩在北方传统民居中广为运用，南方则多用挂落。天弯罩、飞罩的花纹有藤茎、乱纹、雀梅、卐字等，材料多取银杏、红木、花梨等高档硬木精心制作。

江南一带的挂落，种类不及北方，然玲珑精致、高雅清丽则远超其上。作为悬装于廊柱间檐枋下的木制花格，其构造为作一三边框用榫卯固定于柱上，边框两侧下端雕镂攒插成如意纹等式样，一端榫接，另一端以竹插销联结于边框上，也可拆卸。式样主要有套方、万川、冰裂纹等，底边下端多呈凹凸变化状。

形式各异的罩所产生隔的意象和示意性，在传统民居室内产生了更多的模糊和暧昧空间、虚拟和心理上的空间。这种模糊、暧昧、虚拟乃至"流动"空间的特性，或者说空间的"隔而不断"，内外渗透，将中国气派、中国意蕴和中国风格的室内空间中分隔与通透这对要素，演绎得淋漓尽致。

通常情景中，分隔或阻隔促使客体物象与主体观者之间产生不易逾越的空间距离，不沾不滞，客体物象能独成绝缘，自成境象；中国式的分隔与阻隔（指非视觉分隔隔断系统）系列并不彻底，或者换句话说，在做分隔与阻隔时通常将通透也一并综合考虑了进去，形成了有隔有通、实中存虚的朦胧曲折之美。

中国古代建筑、传统庐舍民居室内隔断的形式有活动式和固定式两种，从围合通透程度上又可分实隔、虚隔、高隔和低隔数种。从功能上看，也可以分为间隔式和立体式两类，前者为分隔空间用，后者可做成柜式隔断。隔芯部分大多做成博古架形式，具有实用和装饰的双重价值。

博古架，又称多宝格，是一种兼有小木作装修、家具双重功能的室内构件。主要用于进深方向柱间，用以分隔室内空间，由博古架分隔开的两个空间需要连通性，并可在中间或一侧、两侧留出通道，供人行走。博古架色泽多为深褐色，花格通透呈非对称状，在不对称的划分中求平衡，十分巧妙，内中多陈设，布置各类古董、瓷器和工艺品，若组合得体，可使境界错综，意趣横生，造成富贵、典雅、优美、雅致的高尚气氛。

碧纱橱作为由槅扇所构成的次空间，通常安装于室内进深方向柱间，每樘碧纱橱由六扇六上格扇组成，其中两扇为活动扇，可以开启，以供人出入通过，其余都是固定扇，不开启，开启的两扇其外侧还附以帘架（如棉帘、竹帘、纱帘、布帘），起到保温、通风、遮挡视线的作用。碧纱橱具有极强的装饰性，上面可绘花鸟虫鱼、梅兰竹菊、人物故事，或题诗赋词，与书画艺术融合一体，是传统室内环境中比较精美和富有艺术气氛的物品。

清代小说《红楼梦》第三回中叙及有碧纱橱，林黛玉初到宁府时，奶娘来请问黛玉之房舍。贾母说：

"今将宝玉挪出去，同我在套间暖阁里，把你林姑娘暂安置在碧纱橱里。等过了残冬，春天再与他们收拾房屋，另

3－25　清代扬州寄啸山庄木雕花罩。

3－26　清代苏州狮子林石舫木雕花罩。

3－27　清代山西平遥城关镇民居花罩。

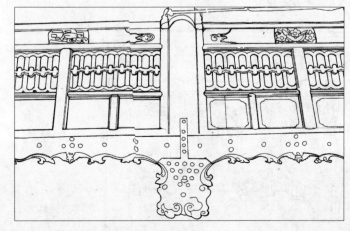

3－28　清代山西沁水土沃柳氏大院花牙。

3-29　清代苏州狮子林石舫木雕花罩。

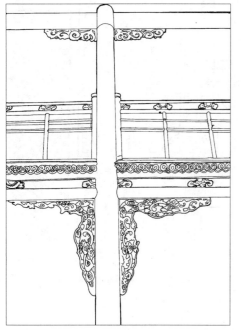

3-30　甘肃回族民居廊下帘架。

3-31　山西民居楼檐下花牙。

作一番发置罢。"宝玉道："好祖宗，我就在碧纱橱外的床上很妥当，何必又出来闹的老祖宗不得安静。"……是晚，宝玉李嬷嬷都睡了，他(指袭人，引者注)见里面(碧纱橱内，引者注)黛玉和鹦哥犹未安息，他自卸了妆，悄悄的进来，笑问："姑娘怎么还不安息？"黛玉忙让："姐姐请坐。"袭人在床沿上坐了。⑧

从上述《红楼梦》中引述的段落上下文看，碧纱橱并非是今人在文章和著述中谈及的"槅扇"，而是由槅扇在室内进深方向分隔出来的、具有隔而不断性质的"房间"，是大空间划分出来的小空间，有点像今日住宅中的直套型空间中的走廊式"房间"。一般有碧纱橱的室内，通常屋舍比较闳阔和深远，规格比较高。估计后来许多人家嫌空间逼仄，去掉了两层分隔(碧纱橱必须呈两层分隔才能构成"房间")，而仅留一层分隔，但名称却沿用下来了。

用于室内的槅扇通常比外檐的槅扇门更为考究。清代北京地区的王公贵胄府邸里的槅扇，多用硬木所制，在清代"尚黑不尚黄"的色彩趋向影响下，硬木槅扇染髹成黑色或深褐色，槅心部分大率以灯笼框纹样出之，框旁甚至运用景泰蓝镶嵌；框心内裱贴有微型书法、国画；槅心正反两面一致，中间还隔夹着浅蓝、浅绿色的纱罩，甚为精美。

槅扇的绦环板和裙板上也予以相应的艺术处理。比如在裙板上刻琢团花纹样，在绦环板上以浮雕手法镂雕吉祥图案等等。

顾名思义，帘架，也就是悬挂门帘的架子。严冬可悬棉帘以御寒增暖，酷暑可张竹帘、珠帘以通风纳凉，既可用于室内各单元空间的分隔(如安装于碧纱橱上)，也可用于院落大门(如槅扇门)上。通常是在门扇两边外侧装置竖向的木摇梗(户枢)作转轴用，上下纳入门楹和门臼中，如此便不影响门扉的启闭。

从现存实物来看，以晋中如太谷、祁县、平遥、介休和晋南襄汾县丁村、陕西关中地区以及甘肃临夏回族自治州等地最为精美和普遍。

英国著名学者李约瑟博士称，东亚文明为竹文明。点出了中国传统人居环境文化中的一脉尚竹情怀：以竹箭为猎，竹简行文，丝竹操音，中国古人很早就跨入了竹的自觉阶段。至北宋文豪苏轼"宁可食无肉，不可居无竹，无肉令人俗，无竹令人俗"既出，竹与文化联姻，逐渐泛化为一种高雅的社会风尚。自然意义上的竹的特质——清高、幽雅、刚节、虚心，转而比附、隐喻为士阶层的道德情操和价值尺度。

以竹制帘，是中国古代居住建筑及装饰艺术中的一大特色。据汉刘歆《西京杂记》载："汉诸陵寝皆以竹为帘，皆为水纹及龙凤之像。昭阳殿织珠为帘，风至则鸣如珩佩之声。"可知汉代已经使用竹帘。

与其他器物构件一样，竹帘经历了注重实用，旋向实用与审美相融、由粗砺至华美简约的嬗递演变。从品类上看，大致有画帘、绣帘、漆帘、素帘等之别。

画帘，系以细丝将竹片连缀而成后，施以笔墨丹青于上。四川省梁平县盛产画帘。据《梁平县志》，该县所产竹帘，"细如毫发密如丝"。清光绪年间的画帘，用光滑纤细的竹丝作纬，蚕丝为经编织而成，旋在帘上绘有山水、人物、花鸟、走兽等。

竹帘上綮以色彩谓之漆帘，多用于贵胄、缙绅、官宦、内廷和商贾之家。《金史·舆服志》："皇后重翟车，有车罗明金生色云凤幔一，红罗明金缘红竹帘二"；《红楼梦》大观园中则有"金丝藤红漆竹帘"、"黑漆竹帘"悬置，等等。

竹帘的设置，《释名·释床帐》："帘，廉也。自障蔽为廉耻也。"《说文·竹部》："帘，堂帘也。"清段玉裁注："帘，施于堂之前，以隔风日而通明；帘，析竹缕为之，故其字从竹。"据此可知，竹帘的功用在于阻隔视线，障蔽户牖，界分内外。现代古建筑学家陈从周教授在谈到竹帘时说道："帘在建筑中起'隔'的作用，且是隔中有透，实中有虚，静中有动"，"古人在建筑中，帘与屏两者常放在一起，都是起不同的'隔'的妙用。帘呢？更是灵活了，廊子里、窗上、门上、室内，有了它，就不一样"。它"通风好，隔景好，帘影好，遮阳好，留音好，隔音好，而且分外雅洁……几乎好说有帘如无帘，可说是有景与无景，静止的环境，产生了动态，而动态又因声、光、影、风、香……起了千变万化的幻境，叹为妙用啊！"⑨

正如陈从周所叙述、归纳，竹帘有诸多优长。它的运用和演化，其精神价值、审美特征已经超越了竹帘本体的物质和经济价值。历代文人雅士，俱格外钟情于竹帘，使竹帘、传统庐舍厅堂氤氲了优雅、清超的文化气息。唐元和十二年，诗人白居易在庐山筑草堂，有《草堂记》曰："草堂成三间，……砌阶用石，幂窗用纸，竹帘纻帏，率称是焉。堂中设木榻四，素屏二，漆琴一张，儒、道、佛书各三两卷。"草堂固简，陈设也素，格局气象颇大，融秀美山川为景底，堪为佳构。明代苏州人文震亨在《长物志》中详细描述了竹帘的妙用、雅趣和精蕴：

> 长夏宜敞室，尽去窗槛，前屋后竹，不见日色，列木几极长大者于正中，两旁置长榻无屏者各一，不必挂画。北窗设湘竹榻，置簟于上，可以高卧。几上大研一，青绿山水盆一，尊彝之属，俱取大者。置建兰一二盆于几案之侧，奇峰古树，清泉白石，不妨多列。湘帘四垂，望之如入清凉界中。⑩

清代文士沈复的竹帘之用更觉简洁和俭省，请读：

> 贫士起居服食，以及器皿房舍宜省俭而雅洁。……夏月楼下去窗，无阑干，觉空洞无遮拦。芸曰："有旧竹帘在，何不以帘代栏？"余曰："如何？"芸曰："用竹数根，勤黑色，一竖一横，留出走路，截半帘搭在横竹上，垂至地，高与桌齐。中竖短竹四根，用麻线扎定，然后于横竹搭帘处，寻旧黑布条，连横竹裹缝。既可遮挡饰观，又不费钱。"此"就事论事"之一法也。以此推之，古人所谓竹头木屑皆有用，良有以也。⑪

尽管物质条件菲薄，并不妨碍居处与身心的和谐，精神上的恬宁。况且竹帘在垂卷之间、隔透之间、内外之间，融合了日、月、风、霜、雨、雾、花、香、鸟、影，竹帘的素雅、自然，与文士们心仪内圣的平和、散淡、虚静、清超的文化性格、深层心理结构和高蹈情怀志向相契合。空灵疏淡、虚实相生的竹帘，在传统居室文化环境中将生活的细节艺术化，在空灵疏淡、虚实相生的空间构成中具有独特的功效和意蕴。

建筑栏杆具有悠久的历史。在距今六七千年前的浙江余姚河姆渡新石器时期聚落遗址中，就已发现有木构的直棂栏杆。此外，在周代铜器如春秋时期的方壘上也有卧棂栏杆的表示。汉代的画

3-32　清代山西襄汾丁村民居帘架。

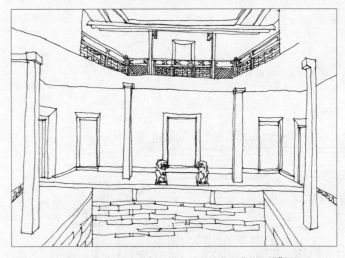

3-33　福建漳浦赵家堡——南宋赵室后裔居住的"完璧楼"栏杆。

3-34　西萨拉萨八廊街民居栏杆。

3-35 明万历《古今列女传》插图中的石质栏杆。

3-36 清代徽州民居窗栏木雕中的栏杆图形。

3-37 福建土楼建筑中通廊及栏杆。

3-38 清代川滇边界泸沽湖土司府邸中的栏杆。

像石和陶屋明器中的栏杆形象更为丰富，其中栏杆的望柱、寻杖、阑板等都已经出现，望柱头端亦有装饰的迹象，至于阑板，其纹样也已有直棂、卧棂、斜格、套环等数种。

唐代的木构阑式富丽繁缛，寻杖和阑板上还绘制有各式彩色图案纹样；迨至宋代，一层阑版"单勾阑"与二层阑板"重台勾阑"俱存，并趋于定型化。

明清时期的栏杆既有安装于走廊两柱之间的，如底层檐廊外端、二楼檐廊外端等各式半廊、全廊、回廊等处，也有设置于地坪窗和合窗之下的，以成栏杆式木槛墙。更有挑出楼裙的栏杆以及靠背栏杆等，充分利用木材力学特性，合理使用材料，从而达到争取使用空间的一个重要手段。

中国古代建筑中栏杆的重要性，或者说栏杆何以能成为中国建筑中的主要构件之一，最主要的原因在于它与中国古代建筑立面三要素中(屋顶、墙身、台基)的台基有着密不可分的关系。正如李允鉌先生在《华夏意匠》一书所指出的那样："'栏'必然随着'台'而至，台基的形状和构图主要通过栏杆而表现。其次力求'空间的流通'(flow of space)是中国建筑的一种基本设计意念，在空间的组织和分隔上，常常喜欢要有规限而又不封闭视线，因此使用栏杆的机会就特别多。由于使用的机会多和在视觉中地位的重要，很自然就会把栏杆的设计重视起来，促使它在构造上和形式上都发展到一个很高的水平。"[12]

其实李先生有关栏杆历史演变、制式及特征的研究大多是围绕宫殿建筑而展开的，虽然民居建筑中的栏杆与此颇有距离，但是深受其影响也是显而易见的。譬如在栏杆的起始和终结收尾之处，"多半还有附加另外的图案作为引导和收束，常见的就是在几层卷瓣之上放置圆形'抱鼓石'，也有用水纹或者瑞兽作主题"[13]。这点在清代广州陈家书院正厅月台石质栏杆暨石雕瑞兽望柱、石雕鼓状卷瓣纹等得以完全体现。之所以如此处理，初看"表明在任何中国建筑的构图上都是有'始'有'终'，很少突然而来以及突然地消失"[14]。亦即我们平时在设计施工中常说的起步、收头交代清楚的意思，实质底里反映了中华文化重圆通、讲系统的整体思维意识。

从栏杆的构成看，通常可以分为栏杆扶手(寻杖)、下面的栏板和两旁的望柱。望柱又可分柱身和柱头两部分。

作为一种低隔、倚靠的隔离构件的栏杆，因使用场所的不同而产生一定的差异，江南地面通常在面街临水而居的房屋窗外结合设置栏杆及靠背，各地庭园建筑中的处理，更是形式多样，轻巧灵活。譬如在近水的厅、堂、亭、轩、阁、馆、廊、斋、台、榭等处，在临水一方设制木制曲栏座椅(也称鹅颈椅、飞来椅、美人靠、吴王靠)，休憩、眺望、赏景俱佳，同时也强化了建筑外观的变化，为房屋形态面貌增添了意趣。一般在建筑的窗腰下槛墙处安装栏杆与护板，夏季拆卸去护板以裨通

3－39　清代徽州民居中的栏杆。　　　　3－40　清代广州陈氏书院石栏杆。　　　　3－41　民国甘肃临夏市马宅内天井与车木栏杆。

风纳凉。

　　建筑栏杆中低者谓之半栏,上设坐槛,又称栏凳。此类大多以木构出之。

　　木制栏杆式样繁多。其栏板部分常见的有冰裂纹式、拐子纹式、井口字式、套方式、凹字纹式、锦葵式、条环式、笔管式、尺字式、镜光式、短栏式、卐式、回纹式、乱纹式等。最讲究的当推各类花式,以花卉、植物、祥瑞等纹样为主,匀称细密,流畅对称。

　　除木制栏杆外,尚有石料、铸铁、琉璃瓦料、砖刻等材质构成。

　　石质栏杆在宫殿建筑中最为普遍。传统民居建筑中大多集中于寺庙道观和祠堂建筑中,形式与雕琢风格各有特色:广州陈家书院(陈氏祠堂)石栏杆的扶手、栏板均用高浮雕手法,人物、花草凹凸分明,繁冗密匝,望柱上雕以狮子,形态可人;安徽歙县呈坎祠堂栏板上雕饰双狮绶带,通体灵动,构图完整;黟县西递村胡氏宗祠"敬爱堂"内的栏板以当地黟青石筑造,雕饰效果别具一番风味。

　　铸铁栏杆在清代及民国时期比较盛行。例如建于晚清民国初年的苏州东山镇春在楼(雕花楼)二楼走廊栏杆、浙江湖州南浔镇"嘉业堂""藏书楼"栏杆等。即为铸铁。就连闽西南部分客家土楼走廊内的栏杆,也是部分族中木材商贾在上海定制后运回家乡安装上去的。

　　砖材作栏杆较为罕见。笔者仅见一例于晋中市榆次区常氏庄园宅邸,二楼栏杆俱由砖雕构成,令人叹为观止。

3－42　山西民居中栏杆。

3－43　新疆喀什维族民居车木栏杆。

3－45　民国苏州东山镇雕花楼铸铁栏杆。

3－44　清代北京四合院游廊栏杆。

3-46　清代江苏常熟"两代帝师"翁同龢故居"彩衣堂"顶棚。

3-47　清代浙中民居檐廊顶棚。

四、顶棚铺地

（一）顶棚

明清时期庐舍民居的顶棚，一为宋代遗制彻上露明造；二为高粱秆扎架下面糊纸，或细竹竿扎架铺敷芦席的"简易"顶棚；三为木顶格等三类。

彻上露明造裸呈屋顶天花构造，明快大方，在许多省区的明清住宅中均用此法。第二种"简易"顶棚即"顶格"，使用者大多是黎庶百姓阶层，普通家庭意欲覆顶装饰，多以贴梁、边抹、木钓挂、槏子、板壁、糊纸、扎竹苇席和秫秸架子等。此外，还有以竹篾编织作顶棚的形式："近日有组织竹篾为顶篷者，民间物耳。"[15]

清初李渔在《闲情偶寄》中谈及木顶格时写到：

> 精室不见椽瓦，或以板覆，或用纸糊，以掩屋上之丑态，名为"顶格"，天下皆然。[16]

然而顶棚覆盖颇有讲究。一般普通士庶之家是不能运用藻井、井口天花和海墁天花的：

> 屋上履椽，古人谓之"绮井"，亦曰"藻井"，[17]又谓之"覆海"，今令文中谓之"斗八"，吴人谓之"罳顶"。唯宫室祠观为之。[18]
>
> 忌用"承尘"，俗所称"天花板"是也；此仅可用于廛宇中。[19]

在礼制官式建筑制度的限制下，通常高级第宅大多采用木顶格进行装饰。一般系用若干块长条形格木网架，固定在梁架上，构成顶棚的骨架上面糊纸或者彩绘处理。山西晋中市祁县乔家大院内部分院落厅堂明间顶棚多为木顶格天花，在方格内彩绘稻、菽、稷、黍、麦等五谷粮食，也有绘制蝙蝠等，分别寓意和象征"五谷丰登"、"五福捧寿"之意。清中叶前后始，也开始运用纸张印成各式吉祥的天花纹样，如水草纹样（谓压火样，茎皆倒垂殖）裱糊在顶棚上，称为"软天花"。笔者在徽州黟县屏山村"有义堂"敞厅天棚中看过"软天花"，纹样装饰得体，效果颇佳。

木顶格顶棚构架大多为方格状，形如井字，所以又称为井口天花。

在木顶格顶棚中，还有一种直接在顶棚素木板上雕镂的顶棚，工艺上多采用线刻、剔地和贴雕手法，在浙江中部的东阳、义乌等县的府邸庐舍中比较流行。

这种木顶棚雕刻装饰常在天花中央浅刻或剔雕出圆状和自由式团状，内外层圆心环绕多者有四圈，中心雕琢山水、人物、麒麟、戏曲故事，深浮雕较多，也有少数镂雕；围绕中心的层层圆环分别雕有万纹、团花、卷云、缠枝牡丹等纹样，中间包袱内穿插以松、竹、梅、石等类小品浮雕。团花圆心四周，分别饰以龙凤纹、琴棋书画纹、拐子龙纹等，与平顶檐廊天花装饰大致相同。

从室内室外比较看，室内空间较高而室外房檐却较低，欲使里外平齐划一，就只能舍高就低，把木顶格造得与檐口持平。这样一来，遂使得原本高直宽敞的空间白白浪费掉了。也有人不忍心舍弃这个空间，"竟以顶板贴椽仍作屋形，高其中而卑其前后者，又不美观，而病其呆笨"[20]。显然，李渔对这种"没有创意"的做法不以为然。于是，他设计了一种新式样，既无"呆笨"之感，又颇多变化，且花费无多：

> 以顶格为斗笠之形，可方可圆，四面皆下，独高其中。且无多费，仍是平板之板料，但令工匠画定尺寸，旋而去之。如作圆形，则中间旋下一段是弃物矣，即用弃物作顶，升之于上，只增周围一段竖板，长仅尺许，少者一层，多则二层，随人所好，方者亦然。[21]

除了上述三种顶棚构造与装饰形式以外，江南地区一些大型建筑室内也往往做二层假屋顶，通常以檩、椽为骨架，上铺经过细磨的望砖，构成"顶棚"。并多在前廊处将椽雕琢成各种曲线，依据曲线的形态，有鹤胫轩、菱角轩、海棠轩等多种形式的轩廊。既朴素大方，又精工雅致，具有较强的装饰美化功效。从空间上看，厅堂室内的彻上露明造与厅堂前檐廊顶部的顶椽轩廊，即不同的顶部装修处理，产生了不同的空间感觉和意象。也有一些大中型住宅厅堂的前廊采用吊顶天花，在中间设计长方形、八角形的浅天花井，或将预制的木雕构件、线脚等粘贴镶附上去，或与弯椽轩顶结合使用，使得狭长的檐廊空间具有较大的完整性，弱化和消弭了檐廊狭长的空间特征，装饰意味异常浓烈。

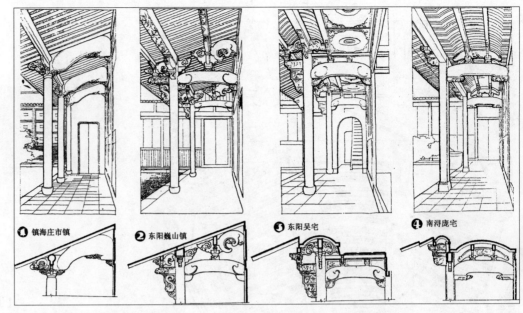

① 镇海庄市镇 ② 东阳巍山镇 ③ 东阳吴宅 ④ 南浔庞宅

3-48 浙江民居檐廊顶棚处理。

3-49 清代浙江东阳民居顶棚木雕装饰。

3-50　云南大理州白族民居檐廊顶棚木雕装饰。

3-51　云南大理州白族民居檐廊顶棚与铺地。

3-52　云南大理州白族民居廊下铺地。

（二）铺地

古代庐舍民居室内铺地，约略有石板、土地、木板和砖块四大类。以土为地，是最原始和最普遍的形式，"古人茅茨土阶，虽崇俭朴，亦以法制未尽备也"[22]。李渔认为，以土为地"惟幕天者可以席地"[23]。而且"土不覆砖，尝苦其湿，又易生尘"[24]。于是，李渔想出了用三和土铺地的方式："以三和土甃（zhòu）地，筑之极坚，使完好如石，最为丰俭得宜。"

三和土铺地既经济，又简便可行，颇得人们喜爱。但"又有不便于人者，若和灰和土不用盐卤，则燥而易裂；用之发潮，又不利于天阴"[25]。

木板铺地也是十分普遍的形式，明清遗存民居以木铺地比比皆是。一般略有经济实力者均以木铺地，尤以铺敷于楼层上最为普遍。

相比较而言，青砖墁地最富有中华居住文化特色。明清时苏州的陈墓（现为锦溪镇）、陆墓所产青砖，闻名遐迩，并以"金砖"运用于紫禁城及其他宫殿。

青砖有磨光和原砖两类。色泽黝黑微泛青光，墁地则兼收沉稳、内敛和防潮、避炎之功效，其色与素壁深柱浑然一体，黑白分明。古建筑学家陈从周教授在谈到青砖墁地的构造工艺时说道：

> 上加石灰夯实，其上铺沙，墁方砖。亦有不铺沙者。讲究者在方墙下四角倒置四瓷，隙间填沙，徽州扬州其法相同。复有方砖下砌成地弄的，总之上述做法其目的为防潮。[26]

一般来说，磨光细墁地面的砖块，事先均需加工砍磨，如此可收平整美观之效。拼铺形式有十字缝、拐子锦、褥子面、人字纹、套八方等。因磨光细墁所用为条砖，所以形式比较多样和自由。

原砖粗墁地面相对比较朴素、简单。所用砖块无需加工砍磨，挑选大小、厚薄、色泽等较为一致者，径直铺敷，操作省力而简便。

金砖是一种大方形砖块，做工十分讲究。通常以淋浆焙烧而成。金砖所墁地面，大多为宫殿建筑室内、宗教建筑室内、园林建筑室内以及贵胄缙绅、富豪商贾的钟鼎阀阅之家的厅堂室内，具有庄重、华美、大方、高雅的审美意象。

金砖墁地的做法工艺与砖墁磨光大致无二，但在墙角、门槛等处，常以条石作为收头处理，使地面更趋完整。苏州明清园林建筑中，尤其是主要厅堂建筑室内地面，大多均为金砖墁地。

旧时徽州地区富贾士绅之家的正厅堂屋中，砖墁要须直线，俗称"金条砖"，显得庄重和大方；后堂铺地则多取斜置45°形式，民间谓之"开用格"，以符合自由自在的家庭气氛。

江南一带冬季湿寒，砖墁卧室不胜于寒。于是一俟冬季，便在砖墁上设置地屏，以增暖意：

> 则冬季上置地屏，其构造乃用大约三五厘米厚的木板，下置搁栅三根，四隅以四矮脚承之，宽为三尺，长为四尺，可自由移动，按房间大小安置，一般每间纵向块数按步架决定，即每一步架距离置地屏一块，横向则按面阔大小而定数之多寡，其高度约低于石鼓顶面一寸。[27]

无论运用什么材质和形式墁地，只要筹画谋篇得当，设计精心相宜，都能做出合适宜人的铺地效果。例如采用原砖粗墁，让不规

则粗砖大小相间,方圆结合,就能营构出别致的墁地图式:

> ……但能自运机杼,使小者间大,方者合圆,别成文理,或作冰裂,或肖龟纹,收牛溲马渤入药笼㉘,用之得宜,其价值反在参苓之上。㉙

> 砖墁铺地的肌理,约略有十字缝、拐子锦、褥子面、人字纹、套八方等。

贵胄钟鼎之家或殷实之户,也运用棕毡铺地,一彰其华,二增其暖。李斗谓棕毡曰:

> 铺地用棕毡㉚,一胡椒眼为工,四周用押定布竹片,上覆五色花毡㉛。毡以黄色长毛毡毹为上㉜,紫绒次之,蓝白毛绒为下,镶嵌有缎边绫边布边之分,门帘桌凳椅炕诸套同例。㉝

一般棕毡铺地,多取局部铺敷,在北方比较盛行。

3-53　清代山东栖霞县牟氏庄园"西忠来"宅院铺地。

3-54　清代山东栖霞县牟氏庄园"宝善宝"堑墙图案,与铺地图案同中存异。

注 释

①② 参阅荣斌:《屏障与传统建筑》,载《建筑师》第 35 期,中国建筑工业出版社 1989 年版,第 88 页。

③ 参阅《中国大百科全书·〈建筑·园林·城市规划〉》卷,中国大百科全书出版社 1988 年版,第 588 页。

④ 马炳坚:《北京四合院》,北京美术摄影出版社 1995 年 4 月版,第 20 页。

⑤⑥ 缪朴:《传统的本质》,载《建筑师》第 36 期,中国建筑工业出版社 1989 年版,第 60 页。

⑦ 刘致平著:《隔断》,载《中国建筑美学文存》,天津科学技术出版社 1997 年版,第 299 页。

⑧ 清·曹雪芹、高鹗著:《红楼梦》,岳麓书社 2001 年版,第 22 页。

⑨ 陈从周:《说帘》,载《帘青集》,同济大学出版社 1987 年 5 月版,第 20、21 页。

⑩ 明·文震亨:《长物志·位置》。

⑪ 清·沈复:《浮生六记》。

⑫⑬⑭ 李允鉌著:《华夏意匠》,香港广角镜出版社 1984 年版,中国建筑工业出版社 1985 年 4 月重印,第 251、255 页。

⑮ 清·李斗:《工段营造录》,上海科学技术出版社 1984 年版。

⑯ 清·李渔:《闲情偶寄》卷四,时代文艺出版社 2001 年版,275 页。

⑰ 藻井:屋内顶棚装饰装修的形式之一。古称天井、绮井、圜泉、方井、斗四、斗八等,清代称"龙井"。与天花功用相似,形式有别,主要在于:天花用木条相交作成棋盘式方格,上覆木板;藻井则用木块叠成,口径较大,结构繁复,多用于天花中最重要的部位,穹然高起,如伞如盖。

⑱ 宋·沈括:《梦溪笔谈》卷十九,时代文艺出版社 2001 年版,第 173 页。

⑲ 明·文震亨著:《长物志》卷一。承尘:即天花板。廨:官署。廨宇,即官舍。

⑳㉑ 清·李渔:《闲情偶寄》卷四,时代文艺出版社 2001 年版,第 275 ~ 276 页。

㉒㉓㉔㉕ 清·李渔:《闲情偶寄》卷四,时代文艺出版社 2001 年版,第 277 页。

㉖㉗ 陈从周:《苏州旧住宅》,载《世缘集》,同济大学出版社 1993 年版,第 177、178 页。

㉘ 牛溲马渤:语出韩愈《进学解》:"牛溲马勃,败鼓之皮,俱收并蓄,待用无遗者,医师之良也。"牛溲,牛溺。马勃,马屁勃,属担子菌类。此比喻废物利用。

㉙ 清:李渔:《闲情偶寄》卷四,时代文艺出版社 2002 年版,第 277 页。

㉚ 毡:用动物毛经湿、热、挤压等物理作用制成片状的无纺织物。

㉛ 五色花毡:亦称"彩毡"。先将羊毛染色,再依图案需要铺压而制成的毛毡。

㉜ 氆氇:藏语音译。为藏族制作衣服和坐垫等的羊毛织品。明·曹昭《格古要论》:"普罗,出西蕃及陕西甘肃。亦用绒毛织者,阔一尺许,与洒海剌相似,却不紧厚。"

㉝ 清·李斗著:《工段营造录》,上海科学技术出版社 1984 年版。

4-1 清代云南大理州剑川槅扇木雕图案。

第四章　天工意匠

　　中国传统民居建筑的内外、上下、左右和前后，是一个被工艺技术和艺术密布包容着的世界，随处可见不同部位的木雕、石雕、砖雕、陶塑、灰塑、泥塑、嵌瓷、琉璃、石膏花饰、金属雕铸、彩绘等装饰。这些富有中国特色的装饰、工艺特征、艺术样式和艺术风格，是中国传统文化的组成部分、中国古代建筑的基本特征之一。

　　中国传统民居装饰装修的基本工艺特征，是充分运用各类适宜的工具，如木作中"揣长搣大①，理木有屧，削木有斤，平木有铲，析木有锯，并胶有橘，钉木有楗，檃括蒸矫"②等，径直在构造材料上施行设计和艺术加工，"以制其拘"③。在把握和利用材料性能、质地的前提下，有选择地融会传统艺术文化中被普遍受众欢迎的题材内容，以不同的艺术样式（如绘画、书法、雕塑、图案）予以表现；针对不同的材质和客观要求，因地制宜，相应采取不同的加工和工艺处理手法，以适应或满足材料、自然条件及业主等不同方面的不同要求。也因此构成了不同类别、不同规格、同一类别不同位置的民

4-2 民国时期浙江攒插与透雕工艺的圆光、万字锦地槅扇。

4－3 晚清民初云南大理州剑川槅扇木雕。

居装饰装修的艺术和工艺特征、同一类别、规格的民居装饰装修在不同区域环境中所采取的工艺技术及其彰显的工艺特征和艺术风格，并形成了不同地域的工艺流派和倾向，具有鲜明的地方特色。

中国传统民居装饰装修的工艺及其特征，既有各类制度、则例和规范习俗的制约和渗透，又显示出灵活多样、不拘一格的创造性活力。这种普遍而恒常的现象、模式和特征，显然是建构在经验技术方法基础之上的，但也不乏科学的基因藏匿蕴含其间。所谓"造千庑万厦于斗室之中，不溢禾芒蛛网于层楼之上。估计最尊，谓之料估先"④。一切工艺技术问题，包括用料、用工、用时等尽在匠人丰富纯熟的技艺和经验中一一予以解决。富有经验和工艺技术谙熟的百工艺匠进行着从设计、构思到制作、安装的全过程的"完全"工作，虽说并无科学理论的指导，但所制作的产品却也基本符合科学原理。

诚然，我们也认识到，以工匠经验技术方法及其工艺特征为圭臬的操作模式，所制作产品物象本质上毕竟简单，很难担负起高度综合、复杂系统的重大工程，在技术的精度、施工的效率以及管理的科学性等方面，已很难胜任日新月异的建筑装饰事业的发展要求；同时，我们也清醒地感觉到，传统民居装饰装修暨各类工艺类别中普遍存在着的"尚微巧"意识和倾向，其深层底里透泄和暴露出农业经济结构社会中小农经济意识暨对自身经济利益获取的取向，鬼斧神工类技艺的炫耀，这种技进于熟、精、细的自慰满足之态，自醉于绝活绝艺之类的展示性技艺的范围中，很容易偏离技术与艺术相统一的追求目标和境界，从而导致一些作品整体性的靡弱和

繁琐。因为在艺术和工艺技术、在实践和艺术存在方式上，技术与艺术之间的统一或同一，"只有在精熟的技术与艺术的理念、企图取得和谐和高度一致的情况下才能出现或趋于完美"⑤。传统民居装饰艺术方能凸现出"技进于道"、"大匠不雕"的自由境界和无限风采。当然，这与历史上千百年来形成的生产方式以及社会、经济条件是密不可分的。

4－4
晚清民初云南大理
州剑川槅扇木雕。

4－5　明代徽州民居崔替——彩绘木雕。

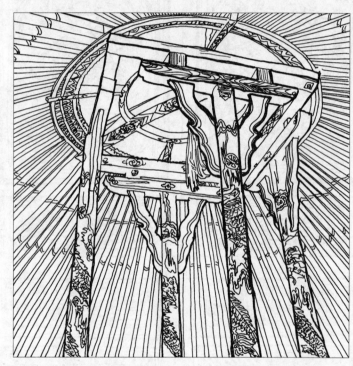

4－6　蒙古包顶内部结构与装饰。

一、木雕石刻

（一）木雕

中国古代木雕艺术具有悠久的历史，几乎与木构建筑同步发展。远在奴隶社会的春秋时期，木雕工艺在《周礼·考工记》中即有记载，而且分工已经专业化。如"刮摩之工"（雕工）就有五类，分别是：

　　玉人——作玉器
　　榔人——刮木工
　　雕人——雕工
　　矢人——作矢
　　磬氏——作磬

迨至宋代，《营造法式》中类分雕作。其中规定的雕法有混作、雕插写生花、剔地起突卷叶花、剔地洼叶花、平雕透突诸花和实雕⑥等。此外，宋代木雕装饰已经开始出现糅漆贴金。

清代工部《工程做法则例》将木雕石刻称为"雕錾作"。随着封建社会晚期雕刻品种增多而名目繁冗，工艺技法趋于立体化和精细化，出现了透雕、镂雕、玲珑雕等多层次的雕刻样式和手法以及嵌雕、贴雕等趋于表面装饰化的新工艺。所以，清代《工程做法则例》中对雕工没有具体规定。

中国现存建筑木雕，以宋代为最早。唐以前的木雕实物已不复存世。最著名的遗存为太原晋祠圣母殿上的北宋木雕缠龙檐柱。以木雕工艺品的范域看，浙江河姆渡新石器文化聚落出土的木雕鱼、长沙马王堆和湖北云梦出土的汉代彩雕木俑等，无论雕刻、彩绘俱十分精美，弥足珍贵。

明清时期是中国古代木雕技艺发展的全盛阶段，木雕装饰在建筑中得到前所未有的、更广泛、更普及的运用。所雕题材和内容逐步大众化和世俗化，图案、纹样和图形趋向浓厚的自然生活气息，拓展了木雕的受众面；木雕技法的进一步完善和丰富，满足了社会各阶层人士的不同经济及审美方面的需求。线雕、隐雕、浮雕、通雕、混雕、嵌雕、贴雕等各臻其美，层出不穷；就木雕技艺风格而言，既有纵向历史方面的演变衍绪，明代风格简约洗炼，朴茂隽永，大方而实用，形象飘逸灵动，丰满而劲捷；清代风格华丽繁缛，密匝细腻，精进而婉约，形象趋向宏阔和玲珑，构图落幅程式化。也有同一时期不同民族和地域的木雕技艺特色和风格差异。淘为异彩绽

4－7
清代福建永安县槐南乡"安贞堡"窗牖——族中子弟传统教化的载体。

4－8 奕奕生辉的清代河南开封市山陕会馆梁柱木雕。

4－9 陕西三原县孟店村民居槅扇门裙板：称华的色泽、精硕的刀法。

放，纷披夺目。

中国古代木构房屋建筑，除却屋面、墙体等运用土、砖、瓦、石料外，大部分皆由木材构成，这也是木雕刻琢在传统民居装饰装修中占有绝对比例和份额的直接因素。为着美观和增加档次规格，满足古人内心底里求富、求贵、求丽、求平安的愿望和希冀，旋对露明的木构部分进行雕镂刻琢。

中国古代建筑木雕刻饰艺术，包括建筑梁架构件、外檐和室内装修，是建筑结合构架、契合构件形状、利用和发挥各类木材优越的物理品性、条件和质素，借助刀、锤、钻、锯、刨等工具，运用多种艺术和技术手段进行雕刻加工、丰富、美化建筑形象的一种雕饰门类。在不影响房屋使用安全和牢固原则的前提下，将设计意匠、艺术构思形象化地、逼真和艺术地表现出来，具有经久不衰的、特殊的艺术魅力。

由于木材忌日晒雨淋（易翘曲变形、损毁），所以传统木雕绝大多数集中于檐下和室内，如梁枋、雀替、斗拱、花牙子、斜撑、牛腿、槅扇、窗棂、屏风、隔断、栏杆、花罩、挂落、神龛、佛帐等部位上。不同的部位构件，鉴于其形态、形状、位置及与人的接受视域的高低远近的差异，所雕内容、题材，所用技法、材料，均有所区别。一般而言，房屋梁架等高远之处，大率采用通雕法，外观表现简朴粗犷，敦厚沉穆；门窗、屏罩等处则常用浮雕或镂雕，尽显精妍细丽，以神近视；明间檐枋，因处于入口最主要部位和观者主要或中心视域，均予以重点关照，常以圆雕和透镂雕为主；又因构件为狭长形，适宜于雕刻长卷式画面或连续展开型图案。如河南省社旗县山陕会馆悬鉴楼戏台明间额枋一字展开六折《白蛇传》场景，会馆主入口上部额枋的"八仙骑兽"图；大拜殿前檐两次间额枋"蟠桃会"、"八仙过海"画面；大座殿前檐额枋的"群仙会"、"八爱图"雕，后檐贯穿明间及两次间的"十八学士登瀛洲"与"十八学士秉烛夜宴图"、东山面两次间的"职贡图"和西山面两次间的"十八罗汉渡海"等。其场面宏大，雕刻精致，工艺丰富，具有较高的艺术价值。

中国古代木雕材料大多用楠、樟、椴、榉、榆、杉、黄杨、柞、松、桦等木，雕刻后用水磨、染色、烫蜡等工艺处理，使木质表面光滑润泽，具有良好的视觉和触觉效果，并保护了木雕。

总起来看，木雕类别大致有线雕（刻）、浮雕、透雕、圆雕、嵌雕、贴雕等。也有些类别其义趋同，只不过称谓不同，例如有些透雕与圆雕，几无二致。现将木雕工艺技法略述如下：

（1）线雕

也称线刻、阴刻。顾名思义，以阴线为表现手段，在平面上施以刀工，唯做线处理，是木雕历史上最悠久、技法最简单的一种做法。线雕在木材上表现力有限，汉唐以前常用此法，宋以后迅速减少。线雕作品唯需填色，才能提高分辨率。实例如苏州狮子林燕誉堂屏壁线雕书法和山水图卷。

（2）浮雕

属采地雕法，是木雕技艺中最普遍的一种做法，也是木雕的基础。通常是先在木板上进行铲凿，逐层加法形成凹凸画面。如北方使图形画面层次分明，刚柔相济。宋代称为剔雕或隐雕，有高、低浮雕之分。浮雕通常用于屏风、槅扇、槛板、栅栏门及家具等构件上。

（3）透雕

透雕具有立体感强、层次丰富和工艺要求高的特点。通常先在木料上绘成图形纹饰，然后按图细心琢刻。通透处贯通，凹凸处铲凿，形成大体轮廓后磨平至光滑，及至精雕细刻，细腻丰厚，充分凸现木材质地的可塑性。常用于屋架、雀替、槅扇、屏罩、挂落、栏杆、窗户和家具等上。

明清后透雕也称漏雕或玲珑雕，细分之又有单面、双面之别。所谓单面透雕，所雕纹样、图案咸以正面为主，背面不作精细加工；双面透雕正背面均精雕细琢，既有正反纹饰一致的，也有正面纹饰不一者。山西省襄汾县丁村明清民居的檐枋、斗拱、柱头翼形拱、柱头穿插枋华头、雀替等处透雕玲珑秾华，妍秀空灵，且数量众多，洵为珍贵。

（4）圆雕

圆雕就是立体雕，也称混雕。它取浮雕工艺为主，间或有透雕、线雕，是各种雕法的综合体，因此较能显示木雕技艺的高低优劣。一般运用于梁架、牛腿、雀替、屏罩、佛龛等处。

（5）嵌雕

嵌雕是浮雕与透雕的结合体。其做法是在木板平面上依据图案纹饰轮廓剔出凹状槽底，旋将镂刻完的木雕纹饰插镶贴嵌进去，再行修饰打磨。嵌雕可利用"图"与"底"的质料差异，如在深色乌木上镶嵌浅色楠木雕成的图案纹饰，冷暖分明，深浅彰显，别有一番装饰效果。唯此做法费工耗金，难度较高，工艺复杂，仅有少数贵胄豪富问津。主要用于门罩、屏风和槅扇门上。

（6）贴雕

与嵌雕工艺类似但比嵌雕简易和顺平。一般在木板表层上，胶粘上所需镂镂完的纹饰，构成外凸，贴而不嵌。所贴纹饰小木构件分头制作，两者结合赖于胶粘。也有辅以铁钉、木楔或竹钉，以固其体。因贴雕既具有嵌雕的部分优长，如分色和凹凸立体感，又价廉，因此也受人们的欢迎。

中国传统木雕工艺不仅类别繁冗，工序复杂，而且分工也十分细密，行业队伍蔚成气象。清乾隆年间李斗根据明清时期江南地区木工专长的区别，厘定、界分出雕銮匠、包镶匠、镟匠、雕匠、攒竹匠数类。各自工作范围、职责昭然若揭：

雕銮匠之职，在角梁头、博缝头（博风，引者注）顺梁额枋箍头、挑尖梁头、花梁头、角云、拱番草素线雀替、角背、绦环、拖泥、牙子、四季花门簪、荷叶枕墩、净瓶头、莲瓣芙蓉垂头、柱连楹、疤疤楹雕座、荷叶帘架墩、大小山花结带、麻叶梁头、群板（此处通裙板，引者注）满雕夔龙凤博古花卉、起如意线、三伏云、素线响云板、菱花梅花钱

4-10 清初山西襄汾丁村民居木雕——凤戏牡丹。

4-11 甘肃临夏市大拱北大门门柱木雕。

4-12 门罩——仙芝祝寿。

4-13　明代徽州民居廊门浮雕——花鸟。

4-14　晚清民初浙江民居槅扇门裙板浮雕——博古。

眼、起线护炕琴腿、圈脸番草云、槅扇撺眼、象鼻拴、玲珑云板、连筅板、琵琶柱子、荷叶、壶瓶牙子、支杆荷叶、采斗板、伏莲头、燕尾、折柱……⑦

由此可见，明清时期江南地区的雕銮匠所司职范围就是装修与木雕雕花的活计。与镟匠有所不同：

镟匠职在鼓心、圆珠帘、滑子、净瓶、大垂头、仰覆莲、西番莲头、束腰连珠、镟牙、粗牙诸役……⑧

镟匠所雕咸为小构件，且以圆状类木构为主，看来，所用工具与工艺相信是有一定差异的。

李斗在《工段营造录》中阐述的雕匠与人们一般理解或认识上的雕匠出入颇大，请读：

雕匠有假湘妃竹花栏做法，楠柏木挖做竹子式、挂檐上板贴半圆竹式，竹式有如意云、圆光、连环套、万字团诸名……⑨

文中雕匠所作皆为仿竹雕法。李斗没有详述所雕用于何处，但据文中所述，当是栏杆、罩、挂落等处无疑。

此外，还有攒竹匠、水磨茜色匠等：

攒竹匠职在刮黄、刮节、去青、去网成开，做榫窍（通卯，引者注）有十三合头、九合头、五合头攒做之分，胶以缝计……⑩

水磨茜色匠，职在象牙净瓶、阑干、柱子、凹面玲珑夔龙书格、牙子、如意、画别诸役……⑪

综上所述，得以窥见明清时期江南一带木雕行业的概况。其分工之细、职责之清、要求之明，实为绝无仅有。仅配合木雕工种的就分有水磨、烫蜡、干磨等，以及前述茜色匠等等。

从李斗《工段营造录》中镟匠所司职的一些细小木构、雕匠及雕銮匠所雕镂镂琢的木雕部件看，当时的木工雕凿工具应该十分齐全和优良，否则决无制作雕镂如此细密、多样、高级和考究的活计之可能。正如宋应星所云："金木受攻而物象曲成，世无利器，即般倕安所施其巧哉。"意思是说即便如鲁般（班）类大师，如果没有利器（这里可引申为各类齐全完善的工具），遑论施展才艺。事实上，自明后锤锻技术得到长足发展，炼铁业发达。据《天工开物》载："凡健刀斧皆钢包钢整齐，而后入水淬之，其快利则又在砺石成功也。"可见，明、清两代木雕器具种类繁多，是能够适用于各类木器、木构的雕凿刻镂，包括竹、藤、柳、漆器加工工艺需要的。如平口刀凿，用于打坯、剔地和铲平；圆口刀凿多用于弧形底面的剔地，雕镂下凹的纹饰；斜口单刀重在刻线、剔地以及削、扦等；三角刀刀口为V形，主要用于线刻，"刀法可以模拟绘画的用笔，还可以刻制纹理，表现景物的质感"⑫。

从传统民居建筑木雕的创作和雕刻制作的整体而言，大体上有如下若干步骤和程序：

（1）规划构思

这是民居木雕的起步阶段。主要内容是决定、斟酌木雕在建筑中的布局、落幅、部位、数量、尺寸、样式和纹饰；推敲和考虑木雕这一"局部"艺术样式的呈现与建筑整体的比例、份额、侧重以及大小、多少等之间的各种关系。这类工作通常由经验丰富、谙熟建筑施工和木雕技艺特点的匠师担纲。

（2）设计放样

木雕的设计大多按照本地区、本帮别流派盛行的"粉本"传统以及木雕的限制和"格式"进行，也有匠师在"粉本"的基础上，依势赋形，融合业主的要求、风俗的演进和采众家之优长，予以综合性的改良和创新。放样，就是根据设计图样的初稿，复制到各类指定的建筑构件上。一般有两种方式，一种是直接放样，即"直接参照设计粉本在构件和木坯上用线描画，同时做些小范围的调整工作"；另一种为靠模放样，即事先制成一样板，"靠在构件上，复描样板上的花样。靠模放样一般都是在那些要求花样相同的构件上实施的，或者用于对称刻件的花板上"[13]。

（3）刻凿大体

顾名思义，刻凿大体就是刻琢粗坯，着力于大形态、大块面和大层次的雕凿，体现木雕的基本图形和初步形状。

（4）精细雕琢

在大体刻凿的粗坯基础上，根据不同形状、不同花饰和不同表现特点，深入、细致地进行精细加工，使形象逐渐清晰、明朗；在此基础上进一步施行线刻、打磨、修光等整理工作，完善木雕的整体风采。

（5）染色漆鬃

木雕刻琢完成后，也有些地区通常还要进行染色或漆鬃的后续工作。染色指运用水溶性染料涂抹于木雕上，可使木雕与木构梁架等构件趋于视觉观照上的统一，自清代乾隆年间始比较盛行，直至道、咸年间；漆鬃为在木雕构件上涂刷油漆，以保护木构防止腐蚀，也有在木雕上描金施色。如徽州黟县宏村"承志堂"及潮汕地区的木构梁架、龛橱等。

中国古代木雕艺术源远流长，技艺高超，地域分布几乎遍及华夏大地。其时间纵向之绵长，其空间横向之广袤，可以说举世无双。从分布状况看，约略可分为三大核心区域。第一区域为黄河中下游的北方地区，可以北京、山西、陕西、河北为代表；第二区域为长江流域一带，相对集中分布于苏、浙、皖、赣、湘、蜀一线，尤以浙江东阳、义乌，江苏苏州、扬州，安徽徽州为典型；第三区域集中在东南沿海的粤、闽山区，以福州和潮汕地区最具特色。

在辽阔少数民族地区中，贵、湘、桂、川交界的苗、土家族、藏、青、川、陇等地的藏族以及云南大理州的白族民居建筑的木雕较为突出和盛行，尤以大理剑川木雕最为发达。

1. 徽州木雕

安徽南部古徽州地区的歙县、绩溪、休宁、祁门、黟县以及现属江西省的婺源县，是中国迄今为止保存、维护最为完整完善、面积最大、年代最为久远的古民居聚落区域。

徽州明清民居，凡月梁、梁头、瓜柱平盘底、叉手、雀替、斗拱等

4-15　晚清民初浙江民居槅扇门裙板浮雕——博古。

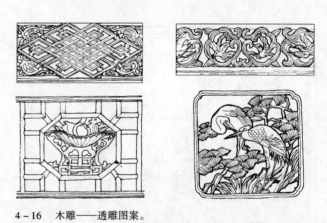

4-16　木雕——透雕图案。

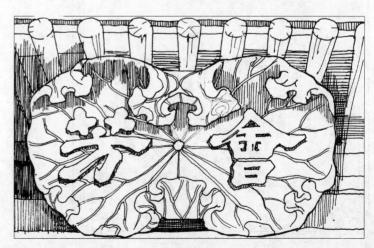

4-17　清代山西祁县乔家大院荷叶浮雕匾额。

4－18　清代徽州黟县民居门扇木雕炉瓶纹。　　4－19　清代徽州黟县民居门扇木雕书香纹。　　4－20　清代徽州黟县民居门扇木雕山水纹。

4－21　清代徽州民居槅扇浮雕（局部）。

4－22　清代浙江东阳民居窗扇裙板——剔地、线刻。

4－23　清代徽州民居中枋浮雕（局部）。

都以精美的雕花装饰，使结构和装饰融为一体。并通过木雕，极大地赋予了徽州明清宅邸庐舍相对硕大、坚固、规整、敦实的形体、空间及意象以灵活、意趣、精蕴、缜密、韵致和象征的意义及价值。就拿民居梁构造来说，上承重压，背负屋面，感觉有力量下沉之意。邑中百工艺匠旋在梁驼上雕饰以仙鹤、芙蓉等图形纹样。仙鹤展翅高翔，亭亭玉立，其升腾、飘逸、飞飏姿态的传情达意，导向指示，遂使梁架的重荷感在人的视觉中得到有效的"释放"、"消失"和"减负"。

徽州木雕大多出自本土邑中艺匠之手。所雕题材虽为传统之模式，却能不拘一格地追求意象的表述，以想象、夸张为圭臬，运用装饰性处理手法，将自然的物象、生活的体验观察、愿望理解等予以主观色彩，依凭着形式美的法则对各种物象形体以丰富的想象力、旺盛的创造力进行高度的提炼、概括、整合和提高，充分利用木雕工艺、材料等技术元素加以表现，在民居门罩、门楣、梁枋、槅扇、窗户等部位创造了无数精巧雅致、古朴细腻的木雕艺术精品。

黟县宏村，明清民居有133幢。每户民居的梁、柱、门、坊、槅扇、门窗均精雕细琢。如清末盐商汪氏建于1885年前后的承志堂，建筑面积达3 000平方米，规模宏大复杂，雕梁画栋，极尽变化奢华之能事。木雕"渔樵耕读"、"百子闹元宵"、"唐明皇宴客"、"董卓进京"、"三英战吕布"、"长坂坡"等图，刀法纯熟洗炼，构图经营高妙，人物刻画生动而传神，令人目不暇接。木雕细刻，贴金箔约100两，费时四年始告完成。

休宁县大坑口村龙川胡氏祠，明嘉靖年间所建，规模宏大，前后三进。方梁面雕饰精致图案，刻有"九龙戏珠满天星"与"九狮滚球遍地锦"等，两旁木梁均雕刻戏文人物。梁托均刻有彩云飘带，中间镂出狮虎、龙凤，正厅两侧为高达丈余落地槅扇门，上部格心满饰镂空花格，下部平板雕花，内容以荷为主体，间以水禽。正厅一排槅扇，雕花部分以鹿为中心，以山水花草竹木衬之。后进为寝室，窗门全部雕饰花瓶，以浮雕与浅刻技法出之，其间小片花板镂刻文房四宝与八仙道具书画卷之类题材，精致而玲珑。

徽州民居中的木雕技艺巧夺天工，精致绚丽。由于受到明代住宅等级的限制，加之地理环境的苛刻，徽商经常出门在外，出于安全因素，住宅外部形体朴素淡雅，造型封闭简单。可是一入大门踏进院落，印象为之一变。木雕重点在于：面向天井的栏杆靠凳、楼板层向外的挂落，梁柱的节点，如雀替、槅扇门窗等。由于相对集中使用装饰，使以水平线条为主的雕饰较繁冗的栏杆，与上下两层以垂直线条为主，体形比较素净的木板壁和花格窗棂构成对比意向。

徽州木雕流派、风格的形成得益于明清徽州及苏浙文人画派

的影响，民间木雕工匠艺人的思想意识中渗透着儒、道、释思想、程朱理学及价值观，这些都充分凸现聚焦在木雕的题材和技法上。

徽州木雕根据建筑的构件和表达的内容，相应采用圆雕、平雕、透雕、镂空雕、高浅浮雕和线雕等表现手法。既与建筑整体和谐统一，又成为民居建筑上的绚丽之处。木雕表现的内容主要包括：人物、山水、花卉、飞禽、虫鱼、云头、回纹、八宝博古、文字楹联、几何形体、戏曲故事、神话传说、水果、生活习俗等，分为写实具象、抽象变形两类手法。

徽州木雕题材多样。如黟县西递村民居木雕中就有：五福捧寿、福禄寿喜、麒麟送子、百子团聚、龙凤呈祥、四季如意、年年有余、五谷丰登、六畜兴旺、鲤鱼跳龙门、百鸟朝凤、苏武牧羊、羲之爱鹅、蟠桃盛会、天女散花、草船借箭、桃园结义、武松打虎、俞伯牙碎琴痛知音、关云长千里走单骑、东坡题壁、岳母刺字、杨家将、梁红玉击鼓战金山、文丞相宁死不屈、史阁部死守扬州等等，在素壁黛瓦、封闭谨严的徽州民居内铺陈了一幅幅人情世俗的社会生活画面和波澜壮阔、激荡人心的中华历史图卷，极大地丰富了山居生活的内容，增润了黎民百姓的生活情趣和艺术文化氛围，扩展了百姓的审美视角领域，使其在潜移默化中得到美的熏陶。

当然，其中也有为数众多的宣扬封建伦理道德等陈腐思想观念的说教，如天官赐福、重男轻女等。

徽州木雕手法丰富。徽州艺匠刻工汲取了徽派版画、徽派墨砚、徽派戏曲、徽派水墨、徽派印章金石等精华，融会、积淀于木雕技艺之中。如绩溪县龙川胡氏宗祠84扇木雕屏门槅扇，正厅两侧为10扇"荷花图"，配以鱼、虾、蟹、鸭等；正厅上首有22扇"鹿嬉图"，衬以山光水色，竹木花草。荷、鹿形象，维妙维肖，生动逼真，无一雷同。

徽州木雕简繁有度，线条流畅，凹凸分明，刀锋犀利。镂雕、透雕、深雕、浮雕与浅刻结合自然，浑然一体；构图精进巧妙，在限定划一的尺幅框格内（如槅扇裙板上）表现同一题材，姿态各异，千家万色。

徽州木雕材质大多选用乌、楠、梓、香榧、银杏、樟、榉、杉等木材，不涂油漆，仅糅以桐油。一则忌油漆遮掩木雕细节，二则裸呈、炫示质精工美，展示天然木纹色泽与肌理的朴素自然本色。

2. 东阳木雕

驰誉海内外的浙江东阳木雕，是中国四大木雕之乡。据东阳县南寺塔（建于北宋建隆二年，即公元961年）遗留的木雕佛像等实物考查，东阳木雕已有一千多年历史。清代宫殿中的木作雕斫有相当部分为东阳木工担纲，现北京紫禁城等处，尚保护有当年的东阳木雕作品。

东阳木雕体现在建筑上，主要施于梁架、斗拱、雀替、牛腿、顶

4-24　清代徽州（现江西婺源）延村民居正房木雕。

4-25　清代徽州黟县宏村"承志堂"梁枋描金木雕——百子闹元宵。

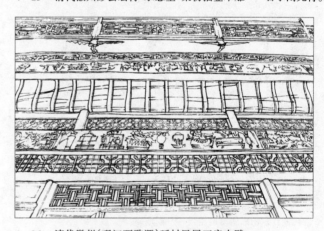

4-26　清代徽州（现江西婺源）延村民居正房木雕。

4-27　明代徽州民居梁驼木雕。

4-28　明代徽州民居槅扇木雕(浮雕)青蛙、鸳鸯与莲荷。

4-29　清代徽州民居窗栏木雕(局部)琴棋图。

棚、门窗、条屏、檩条、瓜柱、梁垫等处。是浙中地区木雕的代表,广义上也泛指周边的义乌、兰溪、金华等市县地区的木雕。

从东阳木雕发展的源流和历程看,约略可分为以下四个时期:

(1)明至清初:

此阶段的东阳木雕遗存稀少,施雕比较简洁,题材以花草为主,雕斫构件与木构梁架十分和谐协调。代表作品有名闻遐迩的明代建筑肃雍堂,为卢姓大族的公共厅堂,建筑规模、平面格局都十分显要突出。入口甬道由南至北折西往北,然后是依中轴线由南往北层层递进,左右对称。第三进为肃雍堂大厅,面阔三间,进深十檩,东西左右厢楼等高,气势恢宏。第四第五进之间有院墙石库门隔。轴线后端为乐寿堂四进,为家眷用房。

肃雍堂梁柱用材考究,砍杀细腻,前檐斗拱明间用平身科四攒,次间三攒,后尾斡杆挑住金檩;梁间不用瓜柱,皆以坐斗及重拱,梁头伸出柱外,构成圆雕精饰的雀替;脊檩下用云牌,俱精雕细镂,深浅结合,圆浮雕有机融合,清水交活,不油漆,不上色,技高艺精,纷披夺目,绚烂壮丽,堪为东阳建筑木雕艺术的珍贵遗产,具有较高的艺术文化和建筑方面的研究价值。

(2)乾隆时期:

清代乾隆时期是东阳木雕发展的强盛期。民居建筑中的构件强化了装饰性雕斫,雕琢工艺严谨细致,题材以龙凤、人物及吉祥图案纹样为主;构图紧匝,造型生动,物象刻画趋于写实,具有较高的艺术性。

(3)嘉道时期:

东阳木雕在清代中后期暨嘉庆、道光年间获得长足发展,成为东阳木雕的黄金时期。民间营造业空前兴盛,建筑木雕业队伍急速拓展壮大,分工渐细,制作精益求精,声誉鹊起。建筑木雕在严谨、稳健的"乾隆风格"上转向多样化和丰富性,且破除门户帮派的限制,博采众长,锐意创新。

(4)咸光时期:

国体的靡弱和经济的衰退影响了浙中的营造业,东阳木雕匠师外出北京、上海、杭州等地施艺的人数增多。就建筑木雕而言,出现了汲取绘画精髓滋养并运用至木雕的题材和技艺中的"画工体",和弘扬光大传统木雕技艺、继承和革新前人雕凿技法、功力的"雕花体"[14]。

东阳木雕以浮雕技法为主,间以深雕、透雕、圆雕、线刻、镶嵌等,雕工精湛细腻,刀法精熟,雕法"相势赋形",转换自然;因所雕部位之差异而巧妙区别运用不同雕法,有的放矢,法度谨严而又不失变化。例如在房屋梁架上大多运用浮雕线刻,以图案纹样为主;雀替、牛腿等处则以圆雕、深雕等为主,裨于人们视觉停顿、聚焦及观赏;门窗、条屏等构件,因接近视觉平行线及直视范围,宜于近距离观摩、赏析和藻鉴,所以大多以精湛细腻的浅浮雕出之。

东阳木雕布局丰满,借鉴传统散点透视、鸟瞰式透视等构图,突出主题,表现情节,具有以小观大的艺术效果;所雕画面层次分明,增减得体。图案常采用"满花"手法,画面布满纹饰,繁丽而不紊乱,形成了独特的艺术风格。

东阳木雕内容题材由戏曲人物、历史典故、神话传说、山水花鸟、虫鱼走兽、古典诗词、朱子家训、明暗八仙等组成,题材丰富,寓教于潜移默化之中;东阳木雕通常不上色,不髹漆,自然而富有材质美感,亲切而温润,格调高雅清超,并对周边地区的木雕情势产生了深远和广泛的影响。

3. 苏州木雕

明清时期的苏州木雕代表了江苏省的最高水平。

苏州木雕的基本特征一是运用广泛,举凡官衙、庙堂、寺观、民居、园林、家具等,无处不雕;二是做工精细,"苏式"在某种程度上与"细致"、"精巧"等词同义;三是苏州地区麇集了众多豪绅官吏、文人仕子和工商人士,这些人或见多识广,要求颇高;或争奇斗艳,求新求异;或文雅高蹈,天然雕饰。总之,较高的要求在客观上促进了苏州木雕的高水平的出现。

苏州东山的春在楼,技艺高超,是吴县香山匠人的佳构妙品。

春在楼的前楼,为单檐两层,作五山屏墙硬山造。庭柱呈圆,承重搁栅一律扁作。通体木雕计有"福、禄、寿"三星、"八仙"、"万年青"等图案纹饰。四架式轩上,以鹤颈曲橡,轩梁两端各雕镂塑刻凤凰一只。下部梁垫镂刻牡丹。包头梁三面,每面均以黄杨木雕刻《三国演义》戏文,共计三十四出。在头梁上方,施以券拱式样,均精雕细镂,极具雕刻塑镂之能事。

4. 闽粤木雕

广东木雕在历史上分为广州和潮州两大类,风格同中存异,俱以"金木雕"闻名于世。

广东金漆木雕,系以樟木雕刻,旋即髹漆贴金,金碧辉煌,工精秀美。其中广州木雕以建筑装饰装修为主体,工艺以浮雕、通花透雕、立体通雕等见长,刀法利落、流畅,极具雕塑感和装饰性,适合于高、远视距的欣赏。

潮州木雕重点集中在住宅中的梁架、瓜柱、过梁、斗拱、雀替、垂莲、门窗挂屏、座屏及家具之中。雕饰内容主要是荷、莲、卷草、鸟、鱼、虾、龙、人马等题材。木雕技法形式有浮雕、沉雕、圆雕和通雕四类,以通雕最为精湛,最具特色。通雕是融合各种雕法在一个画面上,表现多层次的复杂内容,全面镂空雕刻,玲珑剔透,层次丰富,可作面面观。

潮州木雕的彩饰髹漆别具特色,依照不同用途作多种髹漆,辅以金箔,如黑漆描金、五彩饰金、全面贴金等,浓郁华美、艳丽斑斓、金碧辉煌。木雕的精雕细刻,柔性的造型图案,结合高纯度、浓色相的涂饰髹漆,富有晋唐宋元传统民间色彩的艺术经验,表现出潮州文化题材表现的传统特色和中原文化的延续性,折射出潮州民众强烈的祈福心理和对美好生活的愿望。

潮州木雕以潮安、潮阳、揭阳、饶平、普宁和澄海等县较为集中和突出。

福州木雕题材丰富,如福州三坊七巷中文儒坊"六子科甲"陈承裘府邸,题材为梅、兰、竹、菊、桂、石榴、书卷、文字等。上杭街茶商蔡氏住宅,则以菩萨、罗汉、四星祝寿、金玉满堂等为主。前者在

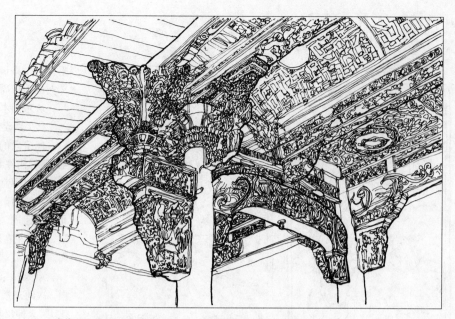

4-30 清代浙江东阳民居檐廊木雕——透雕、镂雕、圆雕、浮雕集于一身。

4-31 清代浙江东阳民居檐廊顶棚木雕——三玉兔。

4-32
清代浙江兰溪县诸葛村民居槅扇透雕。

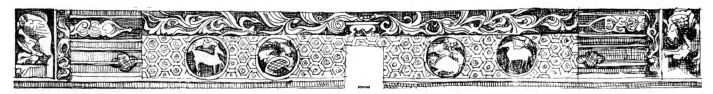

4-33 南京熙园不系舟舱阁木雕槛墙。

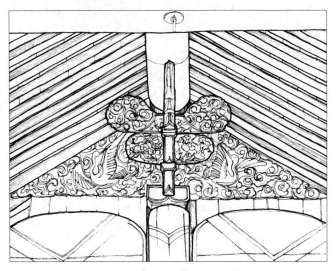

4-34 清代翁同龢故居"采衣堂"梁架雕饰"云鹤"。

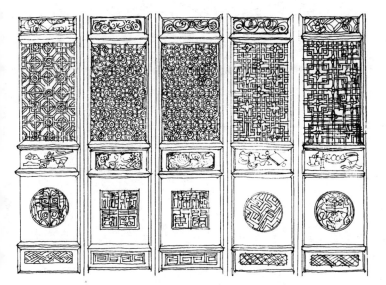

4-35 清代四川阆中县民居槅扇木雕。

4-36
苏州狮子林"水殿
风来"木雕栏杆。

4-37 裙板与花窗木雕。

表现形式上委婉清丽，协调呼应，整体感较强；后者沉穆浑厚，重彩饰髹以红、黑、金诸色，愈显精致华美。

福州木雕题材既有宗教内容，如菩萨、罗汉、观音、文殊、普贤、地藏、三清、八仙、姜太公、太极八卦等，也有自然的花卉鸟禽，如双狮、虎、大象、麒麟、牛、马、羊、鹿、猴、松鼠、鸟、鱼、鸳鸯、蝙蝠、蜘蛛、梅、兰、竹、菊、牡丹、荷花、茶花、桂花、玉兰、月季、石榴、葡萄、玉米、桃子、松树、花篮、花瓶、编织纹、缠枝花草等。

其他尚有以吉祥文字为题材的如福、禄、寿、禧、亲、忠、孝、乐、花开富贵、日进千金、日、月等，以及《三国演义》、《杨家将》等戏文故事情景等，大量运用在木构梁架、牛腿、雀替、门窗、家具、屏门、槅扇等建筑构件和装修方面。

充裕的森林资源、繁富的树木品类，如杉木、樟木、龙眼木、红木、黄杨木、金木、榕木等，为福州地区的木构梁架及其木雕提供了良好的条件。福州艺人根据木质，因地制宜施以相应的技法，以期相得益彰。如房屋梁架多用杉木，厅堂中间二榀抬梁式以花瓶人物深雕出之，梁托部分用浮雕，主次分明；纵向脊檩与中间两柱加牛腿，则以祝寿神仙圆雕施刻；半拱出拱部分也是龙狮等圆雕。穿斗式木构架间，则以云纹、花卉、祥瑞组合圆雕或镶嵌而成，并在表层贴金、髹彩，装饰效果十分突出。

福州文儒巷47号陈承裘故居厅堂两侧厢房槅扇门槅心支条中，极尽雕工刻匠之鬼斧神工，其形式和特征是在每扇（两边各四扇）槅心上分别雕镂瓶、壶、鼎、篮、斛等古意盎然的器具，器具内衬精确、细密、有序、规则的铸纹、回纹、菱纹和竹器类编织纹为底，器具的"粗"与底衬的细密的强烈对比，陡然强化了槅心的艺术观赏效果，在周围拐子龙纹样构成的槅心中卓尔不凡，鹤立鸡群，极大地增润了槅扇门的艺术感染力。其间器具的大小粗细疏密图底等对比处理手法，为笔者所鲜见。

福建省泉州一带的木雕与潮州木雕风格近似，受地缘及宗教勃兴影响较大，亦以金木雕为特色。

5. 剑川木雕

悠久的历史，丰富的林木资源，大量的能工巧匠，使云南大理州的剑川成为"木雕之乡"，名扬海内外。

自古以来，剑川白族木雕艺术就深受中原文化的影响。南诏、大理国时期的各种遗存建筑上，就留有剑川木雕的优秀杰作。及至元明清和民国时期，剑川木雕愈显纯熟和高妙。

剑川木雕广泛运用于民居建筑的众多部位。如梁柱、斗拱、横披、槅扇、窗户以及家具、观赏小品等。表现了广泛的题材，丰富的内容。而这些图案纹饰大多取自汉族中原地区的传统题材。如龙、凤、狮、象、鹿、马、鹤、雀、蝙蝠、卷草、牡丹、梅花等，值得关注的是，白族匠师们融合了本民族人民的生活情趣和审美观点，运用娴熟的技法，丰富的想象，雕刻诸如"二龙抢宝"、"凤穿牡丹"、"双丹朝阳"、"白鹤盘松"、"喜鹊登梅"、"鹭鸶"、"串莲"等富有民族特色的象征、隐喻图案纹饰。

大理剑川的木雕艺术,尤其集中在门窗构件上。而正房明间底层的六扇槅扇门,又是门窗之最。民居无论大小,规格不论高低,一律雕刻,区别在于雕工和髹漆的繁简粗细。普通槅扇门,其形式、比例和尺寸,已成定型,大型民居槅扇,为度量特制。雕工刻艺异常精美,用博古器皿、琴棋书画、飞禽走兽、八仙神器等组成"延年益寿"、"如意吉祥"、"福禄寿禧"等图案纹饰,借四时花卉、松竹梅兰表示一年四季,其他尚有"八仙过海"、"渔樵耕读"、"花卉翎毛"、"西厢故事"等等。以3至5厘米厚的木材,分二至五层透雕。如四层透雕,"先从正面开始,第一层雕仙佛人物、第二层雕云霞飞

4-38 清代福建泉州民居门窗木雕饰件——金漆涂饰的戏曲故事。 　4-39 清代门扇木雕——人字锦地、卷章。 　4-40 清代北京四合院垂莲柱。

4-41 清代泉州洪氏宅邸梁架木雕。

鸟、第三层雕葡萄图案、第四层雕斜'卐'图案。其中并掺用圆雕手法,使相邻两花纹的尖端部分,离开些许,远看去但见密密丛丛,前后穿插,上下透脱,叹为绝艺"[15]。

除明间槅扇门外,主房明间廊柱上的插梁暨露头,是木雕装饰处理的又一焦点。

大理白族民居梁柱木雕,明清之际以回文、云文、鳌鱼、夔龙、夔凤之类为主,民国时期演变成龙、凤、象、麟之类。艺术处理手法灵活,如有用贴雕法加厚梁头的左右两面,使其更加圆浑饱满,富有动感。

剑川地区民居中的部分挑梁,以阑额枋上加坐斗的形式出

4-42 清代闽清坂东歧庐窗槅木雕——赵云大战长坂坡。

之。廊柱插梁下的花坊、门头、檐口、枋、雀替等，多施以双面透雕，甚至连封檐板也雕成几何图案。雕法洗炼，形象优美。明代民居举架的柁礅、驼峰，皆满施雕饰。通体卷草纹式云纹，刀法深透，轮廓显明，雕工流畅，技艺精湛。

中国传统木雕艺术除了上述地区具有较高水准以外，尚有不少少数民族地区的木雕也颇有特色和个性。云南的佤族、台湾的高山族就是其中的代表。

佤族的木雕艺术主要体现在大房子[16]住宅上，内容为鸟和人物两类。比如立在大房子顶端叉木条上的木鸟，鸟翅膀紧贴身体，头昂尾张，颇有生气。大房子不同部位都有人物雕刻：屋顶上为男裸，双手弯曲向上，手持木棒，略弯作运动状，象征佤族人民不畏艰险、敢于挑战自然的民族性格；室内门板上，木刻男女交欢之景，裸男两腿弯曲，裸女双手往前叉腰，表现了佤族祈求繁衍人丁的朴素愿望。

佤族木雕主要有浮雕和圆雕两种形式，根据住宅的部位和表现对象的需要而采取不同的艺术手段。例如门板男女木雕即为浮雕形式，既利用了门壁的木板，又不至于占用空间，装饰效果明确，刻工简洁，整体感较强。

高山族擅长雕刻，木雕题材主要是人与蛇。

高山族木雕技法以浅浮雕形式为主，建筑木雕主要集中在立柱、檐桁、槛楣等处。檐桁、槛楣、横梁雕刻主要表现祭祀和狩猎等场景，构图饱满，内容充实；木雕图像作单行排列，人头多呈扁圆形，长额短鼻，额上多有三角或菱形纹样，蛇蜷状并与人头组合而成，作半圆覆于人头之上。檐桁木雕，部分施以彩色，一般以黑、白、红色较多见，或黑白并置，或红黑配合，构成一股对比分明、朴茂强健的原始气息。

房屋立柱木雕，是高山族建筑木雕中最重要的部位，扁平板状，厚度不等，以榉木、双叶松为主，高度在170～200厘米、宽度为26～56厘米之间，雕刻深度为6～10厘米不等。木雕题材以祖像为主，亦有以蛇纹、鹿纹或人头纹作填充者，也有在木雕上施彩涂绘的。

（二）石雕

中国传统民居建筑中，石材可谓比比皆是。合理地利用石料，既可以延长木构民居的使用年限（在许多特殊和"永久性"的建筑物上，如桥梁、塔、经幢、牌坊、门斗等处，石材获得广泛的应用），同时又丰富了传统民居建筑的品类和特性。从对古代建筑的遗存整理、发掘和考古方面以及对古籍文献等综合考察看，中国古代建筑设计是比较讲求"五材并举、百堵皆兴"的基本原则的，长时期地将石材性质定位、局限于房屋建筑的部分构件予以使用，体现出"典型的中国建筑是一种混合结构，尽量使用各类材料，使之能够各尽所能，各展所长"[17]。这样的认识和要求代表了当时的认识高度。在宋代《营造法式》中的十二类制作制度中，石作与木作、瓦作、竹作、泥作等并列，反映出编纂者从工程施工的视野角度类分行业，并将其纳入工程组织这一构架的系统中的特征。

4－43　清代云南大理白族民居门头雕饰与彩绘。

4－44　台湾高山族排湾木臼。

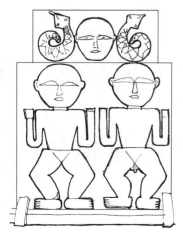

4－45
台湾高山族
板壁木雕。

4-46 明代徽州民居勾栏板石雕。

石材质坚耐磨，经久实用，防火防潮受力俱佳，其特质和优点很早就已被先祖所熟知。如楚灵王"阙为石郭"，《礼记·檀弓》有桓司马"自为石椁，三年而不成"的记载。至于《营造法式》石作制度中，仅打制坯型就有粗、中、细和褊棱、斫作和磨砻六道工序。雕饰制度的剔地起突、压地隐起、减地平钑、素平等四种雕刻类别，无疑是宋之前历代石雕技法的总结。

石雕技法种类大致有：线刻、隐刻、浮雕、圆雕和透雕五类。

(1) 线刻

一种素平雕法。一般是先将石面打平，再用砂石和水磨砻加工光滑，然后用工具刻凿、雕铸。线刻是一种具有悠久历史传统的雕塑技法，在汉代武梁祠画像、孝堂山像、沂南画像、河南汉墓画像石刻装饰线刻中，均有优秀作品出土珍藏。

(2) 隐刻

隐刻是平面线刻向立体化的深入。一般是将图形刻画成形，沿图形纹饰外略微剔凿些许，如此便见微凸的平面。若再剔凿深些，便十分接近浮雕的效果，这也是减地平钑雕法。

(3) 浮雕

宋代《营造法式》石作制度中的剔地起突雕法，就是隐刻和浮雕的结合形式。浮雕是民居石雕中数量最多、技艺最普遍的一种雕饰方法，具有相当的立体感和表现力。

(4) 圆雕

圆雕比浮雕更具立体感，细部深入，形象接近现实。

(5) 通雕

石雕多层次的剔凿，达到玲珑剔透、穿插层次的艺术风采。因其工艺复杂，耗时费力，要求较高，一般民居中极少采用。

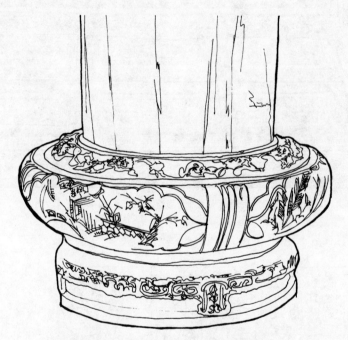

4-47 清代福建泉州杨阿苗宅青石柱础。

4-48 清代四川黔江民居石柱础。

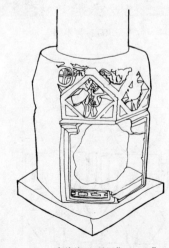

4-49 清代湖北利川"三元堂"石柱础。

4-50　明代徽州民居石雕构件"仙鹤祥云"。

石雕在民居中运用主要有两个方面：山区石材生产之地，成本低廉使石雕大量运用成为可能。比如福建、安徽等省区的众多民居普遍使用石雕就是例证；家境殷实之户亦多用石雕因其坚固，防火性能好，从北京、山西、江苏、浙江、广东、福建、江西、安徽等省区的明清实例来看，用石雕者房屋规格、质量都普遍较高。典型实例如山西晋中市祁县乔家大院福德祠（土地祠）壁面石雕"福鹿同禧"图，通体采用福州所产寿山石雕斫，黝黑沉穆，风格凝重淳朴，视觉效果颇佳。须知在清代这样庞然巨石从福州运至晋中并非易事，非钟鼎之家何以能为？

4-51　清代徽州民居勾栏板石雕。

石雕在民居庐舍中运用最普遍的，大致要数门框、门槛、漏窗、台阶、栏杆、望柱、梁柱、柱础、窗棂、井台、抱鼓石、八字墙、门前双狮及各类基座等处。使用范围和数量不及木雕和砖雕。

江西景德镇吉祥弄某宅大门入口，双扇板扉，外覆贴面青石围框，齐眼视界处至底部浅浮雕简约图案纹样，清新文雅，古朴端庄，强化了石框的稳定坚固感。广州陈氏书院檐枋构件石雕，融高浮雕与透雕为一体，每条檐枋、垫板的图案花纹构成严密精确、穿插自如：第一只垫板为菊花图案，额枋为穿龙石板；第二只垫板为双如意图案，额枋为双鸟石榴；第三只垫板为瓶花蝙蝠图案，额枋为瑞云蝙蝠；第四只垫板则是双狮滚绣球，额枋呈蔓枝葡萄状。外檐方形石柱直接支撑在檐

4-52　明代徽州歙县许国石坊（局部）。

桁上，柱间由雀替托起的平拱状额枋在此将实用与寓意、象征通过石雕艺术完美地融为一体。福建闽南民居窗台下外墙裙习用磨光大石板密缝拼砌，勒角和墙裙收头部分精刻细琢花鸟图案，简繁有度，对比明显。闽南民居墙体、窗扇上石雕多为装饰性很强的图案纹样，尤其青石雕刻最为常见和精致：有在石门框上刻联雕匾的，有大块青石浮雕透雕的，也有以条石浅浮雕镶嵌墙边窗沿的，形式多样，题材丰富。尤其是青白石质相互映衬，交替使用，在红砖墙面的衬托对比中愈显得华美精湛，与众不同。

福建省文物保护单位、泉州市江南乡亭店村杨阿苗宅，系旅菲华侨杨嘉种于清光绪年间建造，历时十三年，其精美的装饰艺术融闽南装饰技艺于一体，精美绝伦。住宅外正立面外墙为典型的满装饰形式。白石墙基、青石柱础、墙体镶嵌条饰，主入口"塔寿"和石门框、匾额、门楣以及门廊侧面石窗上部横带状镂空人物戏曲石雕，玲珑剔透，巧夺天工。其石雕应用之广，面积之大，雕工之精，难度之高，题材之全，在华夏

4-53　清代闽北邵武尚书第石柱础。

4-54　清代福建武夷山下梅石柱础。

4-55 明代湖北襄樊朱瞻塎王府影壁石雕（中垛右半部），腾龙飞舞于行云流水之间。

民居中堪称一绝！

在盛产石材的省区，比如福建、安徽等地的传统民居窗户中，多运用石雕作为窗棂构件。如西递桃李园、百可园、东园、西园等处漏窗石雕松石、竹梅、夔龙、琴棋书画、岁寒三友、黄山松石等，深浅结合，平圆一体，远近呼应，高低相生，虚实交错，个别图像雕镂竟有八个层次之多，令人叹为观止。

牌坊也是石雕重要的载体。全国重点文物保护单位歙县城内许国石坊，八根石柱，巍然耸立，梁枋、栏板、斗拱、雀替，均以巨石雕琢。上刻锦纹、云纹、珍禽怪兽、奇花异草。如梁枋两端饰以缠枝、如意、锦地开光，多为浅浮雕。楼层石框内深浮雕饰巨龙飞腾、凤穿牡丹、麟戏彩球、瑞鹤翔云、鱼跃龙门等。立柱四面共雕奔、驻、立、蹲等姿态各异的狮兽十二只，形态逼真，刻琢生动。上有明代书画家董其昌题字刻镌"恩荣"、"先学后臣"、"大学士"、"少保兼太子太保礼部尚书武英殿大学士许国"、"上台元老"等官衔和颂美之辞。

柱础是随着木结构体系产生的构造形式，木柱石础是传统民居中最常见的材质组合，因此，可以说石柱础是传统民居中最基本、最丰富和数量最多的石雕构件。

传统民居石柱础造型异常丰富，筒形、圆形、鼓形、瓜形、方形、瓶形、六边形、八边形、斗角、覆钵、覆莲、覆斗等等充分考虑了构造需要。至于雕琢的纹样、图案和图形，则更是千变万化，不胜枚举。从一般意义上言，柱子具有表现房屋主题的象征意义，又因为柱础在人的视线平行下端，视觉聚焦凸现之点，所以许多地区、众多民族的民居柱础均精美异常，各具风味。

4-56 清代福建武夷山下梅民居构件石雕。

4-57 明代徽州歙县许国石坊（局部）。

分布于赣、闽、粤崇山峻岭中的客家聚落，极富特色的土围子、围拢和土楼民居中，有许多雕刻精美的石柱础。客家柱础一般分为三段：上段初期放置木楂防潮，后期弃木抉石，但将上面依旧雕镂成木楂状；中段以八面勾栏和四面方形为主，每面边框浮雕勾栏，栏内图案以"寿"字、菊花、葵花、莲花、蕉叶、卷草、缠枝等植物纹样，以及麒麟、鹿、羊、狮、鹤等吉祥瑞兽为主，也有雕饰佛教中的壸门，内饰忍冬卷草等佛教图案。除八面勾栏、四面方形外，还有圆形、鼓形等；柱础下段则以六方形为主。

客家柱础注重束腰，尤其是二段式柱础，其中鼓形础最为常见，鼓上下两端有鼓钉，中部浮雕卷草、花卉或动物。

在客家聚居区，柱础设置位置颇有讲究：雕刻精美的，多安排于祠堂等公共厅堂中，覆盆式柱础多在公共厅堂内转角边缘处，素面柱础多用于民居等等，彰显出血缘宗族社会等级秩序的影响。

在石质柱础雕琢处理上，鉴于柱础所处的位置以及人的视域观照的差异，遂有看面和隐面的区别。通常从节省成本和适用的角度出发，雕琢装饰处理大多集中于看面上，隐面相对简素，体现了实用与艺术相结合的工艺设计原则。同时，对于四面凌空如檐廊、门厅、明间等处的柱础多予以重点关照，强化柱础的雄伟和庄重，其他如屏风柱、山墙柱、廊厢柱等则相机简略处理，样式也趋于统一。如此，则使民居建筑中凸现主从有序、寓变化于统一之中的艺术创作理念，功能与艺术融合成完美统一的境地。

通常情况下，普通庐舍民居中的柱础比例瘦小，造型简炼，础石与柱身紧密相连，造型完整，并无过多的镂雕剔琢。即便在体形略大、较为考究的墩形、鼓形等造型中，也以多种中心对称的几何形体互相组合拼接，创造了许多处理方式，构思灵巧，

4-58
清代福建泉州江南乡亭店村杨阿苗宅石雕花窗。

手法多变。

繁冗秾华的柱础大多集中于类如祠堂、会馆、琳宫梵宇以及贵胄商贾的府邸中，可谓不惜工本，精雕细琢，极尽装饰之能事。清代大型会馆建筑——河南社旗县山陕会馆中戏楼"悬鉴楼"，以二十四根巨柱撑起，柱础对称同型设置。南廊檐四柱础为下方上圆四角凸雕，圭脚浮雕兽足纹，下枋连接四角部位浮雕兽头，壸门雕饰海水牙子，枋面为"二龙拱寿"，束腰四面分别为高浮雕麒麟、群鹿、双狮、双虎、牧牛、骏马等动物图案。侧二础之方础四角高浮雕展翅蝙蝠，圆石鼓面浮雕夔龙；中二础方础四角以半圆雕技法刻镂牡丹，上部圆石鼓四角浮雕为变形团寿，四面浮雕分别为梅、兰、竹、菊、石榴和松鹤鹿图。

悬鉴楼北侧戏台四檐柱呈方状石柱，柱础随方为双层，四础同型：圭脚直面曲形折角，连下枋浮雕，下枭浮雕，束腰也为浮雕。

柱础雕琢装饰最为极端者，大率首推在础工雕琢神话传说、戏曲故事题材之类。如悬鉴楼明间西侧础东立面雕《白蛇传》中"水漫金山"的法海与白娘子、四金柱西侧柱础束腰四面的"申公豹拦姜子牙"、"麻姑献寿"、"二十四孝"之"杨香扼虎救父"、"杜康造酒"、"刘伶醉酒"；东侧柱础束腰相对应雕琢"八爱图"之"米芾爱石"、"陶潜爱菊"、"俞伯牙爱琴"、"周敦颐爱莲"及"东方朔献桃"等等[18]。

对柱础进行如此规模的雕琢在山西省襄汾县丁村明清村落及其他地区建筑也有体现。如果纯粹从人的居处环境来看，似无必要这样费工费财，况且实用又是中国的一种重要的文化现象。如此劳师动众仅仅满足于视觉的艺术享受？在这一点上似乎又是很不实用，并不划算。然而，众多民居建筑构件上的附属雕饰，始终贯穿了实用与审美相统一的主旨，即在这种"用"的日常起居及其他活动中，氤氲着浓郁的文化氛围，以实用为先导的石质建筑构件，抑或雕刻艺术作品，同时考虑到了装饰与审美的需要。又因为所刻琢的题材与内容大多渗有礼教或宗教色彩，带有鲜明的寓教育、寓娱性和崇尚于艺术与人文的目的。显然，传统民居建筑石雕构件的恣意刻凿，其用心并没有局限或囿于单纯的房屋牢固、防火等需求或功能上，它的价值取向是多元的。

在闽西北地区的南平、邵武、武夷山、

4－59 清代广州陈氏书院外墙砖雕局部。

4－60 清代徽州民居勾栏板石雕——鲤鱼吐水。

4-61　清代广州陈氏书院檐枋构件石雕。

建瓯、建阳、顺昌、浦城、光泽、政和等市县的规模略大一点的民居天井中，一般总会设置花台、花架和井台。而且对设置地点、位置、朝向有一定要求。天井中央正对敞口大厅屏壁中轴线处设置约50厘米高的井台，两旁（与屏壁并行同向）矗立高约1米左右的花架，上置盆花植栽。井台雕琢简素，四边雕以如意形或壶形，四角上下刻琢成竹节状，通体以阴刻和浅浮雕为主；花架简繁不一，华素多样。考究者阴刻、浮雕、隐刻、圆雕集于一体，几何纹样、莲花纹样、植物纹样、花卉纹样及动物纹样综合运用；既有四面对称统一者，更有一面一样式，并无雷同之虞，端为煞费苦心，美轮美奂！

除了天井中央的井台花架外，还有紧依墙垣、面向厅堂屏壁的花台，类似明式家具中的条桌，通常在左右两支撑的脚柱上也略事雕饰。

4-62　清代广州陈氏书院檐枋构件石雕。

除此民居建筑中的石雕构件尚有地漏构件、旗杆、台阶等处。正如黑格尔所说的那样："雕刻作品可以用来点缀厅堂、台阶、花园、公共场所、门楼、个别的石柱、凯旋门之类建筑，使气氛显得更活跃些。"[19]

从传统石作雕琢的工艺和技术层面看，明清时期的石雕已趋于成熟。这一点在清代李斗《工段营造录》中对石作雕工的内容、工艺程序中可见一斑：

4-63　清代广州陈氏书院檐枋构件石雕。

> 石匠职在做糙，谓之落坯工。出细则冲打、箍槽、打稻、钻取、掏眼、打眼、打边、退头、榫窬、起线、出线、剔凿、扁光、掏空当、细撕、洒砂子、带磨光、对缝、灌浆、构抿；旧石闪裂归坯、拴架、镶条、合角、落梓口、开旋螺纹诸役。[20]

书中还列举了石料建筑中诸如须弥座、龟兽座、莲花盆座等的装饰纹样，并对庐舍民居等建筑中的槛垫石、阶条石、悬山、硬山、挑山的山条石、斗板石、土衬石、踏垛石、燕窝石、象眼石、垂带石、如意石、角柱石、腰线石、挑檐石、压砖石、埋头柱脚石、分心石、滚墩石及门枕石等的工料、计算提出和总结了规范，体现了明清时期石作雕凿工艺技术的制度化与深入程度，对当时石雕工艺的发展具有直接的实践指导意义。

4-64　清代广州陈氏书院檐枋构件石雕。

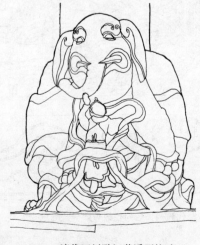

　4-65　清代云南大理州石鸟雕刻。　　4-66　清代福建晋江青石柱础。　　4-67　清代四川黔江黄溪石柱础。

4-68　清代广州陈家书院墀头砖雕。

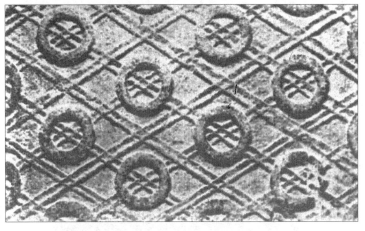

4-69　汉代画像砖几何纹(拓片)。

4-70　汉代画像砖规矩纹(拓片)。

二、砖雕陶塑

（一）砖雕

砖雕是具有中国特色的、附丽于建筑与墓葬上的一种雕塑门类，历史悠久，流传有绪。有关砖雕的渊源，历来聚讼不一。一种看法认为砖雕上溯、滥觞于汉代画像砖。古建筑专家陈从周教授于20世纪50年代撰文指出：

> 远溯砖刻的起源，在现存实物方面，当推汉代的画像砖，其次是在北魏、唐、宋、元、明诸砖塔及陵墓的砖材遗物中，也间有一些施雕刻的。[21]

另一种意见认为砖雕始于明中叶嘉靖年间，是继木雕石刻之后兴起的一种雕塑门类。正如清代乾隆年间金匮(无锡)人钱泳所说：

> 又吾乡造屋，大厅前必有门楼，砖上雕刻人马戏文，灵珑剔透。[22]

可见其时用砖雕装饰建筑已经蔚然成风。

两种议论的聚焦和角度不同。前者专注于砖的雕斫刻制，后者侧重与建筑直接生发的关联，暨在建筑装饰装修中的运用。总起来看，汉代画像砖主要作为墓室的围护体和装饰物，当时确乎与房屋建筑没有直接关联。但是从刻凿制作的工艺技术层面观照的话，两者却是一脉相承、流变有绪的。

从出土的汉墓画像砖看，其位置往往嵌在墓室的壁上，墓室构造与艺术装饰合二为一。汉代画像砖的制作刻凿，均为模制。表现方法分为两种：一种是用浅浮雕的方法，先将要表现的纹饰画像在平面上画出轮廓，将轮廓四周的平面剔去些许，再施以刻画、上颜料，使图像凸显；另一种是线条为主的方法，即在平面上以各种外凸的直线曲线，表现画面内容。

汉代画像砖一般分为方形砖、条形砖、纪年砖、字砖以及花砖几种类型。方形砖题材广泛，内容丰富。如"播种"、"农事"、"弋射·收获"、"采莲"、"采桐"、"拾芋"、"盐井"、"酿酒"、"舂米"、"宴饮"、"宴乐"、"观伎"、"軺车"、"辎车"、"軺车出行"、"伏羲·女娲"等；条形砖画面有"六博"、"车马临阙"、"乐舞"、"比翼鸟"、"双凤戏璧"、"联璧"等；纪年砖、字砖系在砖侧或顶端雕刻年号和文字，也有在文字周围以图案装饰；花砖的形状主要是装饰性的菱形纹、几何纹、方格纹、云纹、柿蒂纹、钱币纹等。

汉代画像砖纹饰刻画在窑场制作，工艺复杂，后逐渐以砖雕替代。在晋、南北朝、隋唐时期的砖刻墓志、动物、仿木构件、斗拱、柱、枋等均有实例㉓。宋代《营造法式》书中的"事造剜凿"指的就是砖雕，其加工工艺称为"斫事"。卷十五须弥座条所示的做法，系用十三砖叠砌而成，上施雕刻。南宋遗构、苏州观前街玄妙观三清殿须弥座砖雕为唯一存世最早的建筑类砖雕孤品。迨至元、明两代，砖雕从建筑基座部位跃上建筑的主体装饰层面，工艺上摹仿木雕石刻，使传统砖雕技术得到快速提高。

清代砖雕为全盛时期，范围广，数量多，技艺精，而且绝大部分集中于民居庐舍（宫殿建筑一律不用砖雕），遂与木雕、石雕一起，合为三雕，成为传统民居中艺术性、观赏性俱佳的艺术门类和形式。砖雕在清代亦自成行业，工匠称之"凿花匠"，砖雕谓之"花砖"㉔。

从砖雕的物理性能上看，青砖具有质地细腻、重量适中、防腐防水等优长。

既具有石雕般的坚固刚毅的材质感，又能像木雕般精琢细磨，雕、刻、塑、镂、凿、粘、磨、钻、锯、嵌等多种方法并用，并具有柔性较强的平面视觉艺术和触觉感强烈的立体造型艺术的特质，可谓刚柔相济，粗硕雅致并存，质朴而清秀。又因砖雕所用材料皆为青砖，因此在色调、施工技艺、民居建筑的整体与局部上比较容易取得既和谐又对比的突出效果。

砖雕构成手法分为三种：一种是烧制。在湿坯上以泥塑或模压成型，入窑烧制即成。烧制的砖雕，大多用于门面上楣顶相交处。这种砖雕，层次较简率，棱角圆浑，适宜远观，加工起来便捷。第二种是技烧，系烧制的深度加工，旨在棱口锋利，线条凸现，缝隙细微，强化砖雕的艺术观赏性，多安装于门楣四周。还有就是雕刻，通过精雕细镂，逐步完成。

传统砖雕技法大致有剔地、隐刻、浮雕、深雕、透雕和圆雕等。工作步骤与程序大体是：

（1）选择与准备：逐一选择质地绵实优良、砖泥均匀细洁、素面平整细腻、色泽锃亮和沙眼少的青方砖，按所需尺寸进行刨平、四周做直，旋即刨光和磨制。

（2）上浆贴样：先用石灰涂刷在青方砖上面，将画成的图画大样上浆，敷贴其上。

（3）描刻样稿：根据大样上的图案纹样，用小凿在砖上描刻，然后揭去样稿。

（4）雕凿刻琢：先将四周线脚刻好，然后进行主题的刻琢，待初步完成后，再行凿底；砖块四周护匝以湿布，以备加固、清洁、保护之用。

（5）刊光修补：刊光分两个步骤：先刊底，后刊面。在前面工序中发现需要调整处，同时进行修改；琢刻以后，或因砖质松疏漏有沙眼，宜用猪血砖灰混合后填补。

（6）装置刷浆：将雕刻和磨光后的砖雕，装置于预定处，石灰嵌缝，装置定当，并用砖灰加少许石灰，调匀成灰浆刷上即可。

大型砖雕通常俟局部砖雕完成后，先行洒水湿润，再以砖灰、少许石灰、糯米汁、红糖及乌烟墨调和的粘剂连接、拼装和

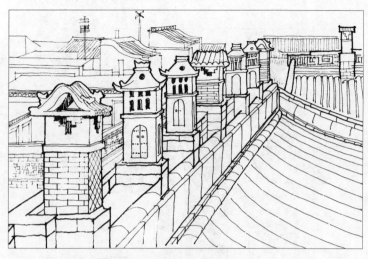

4－71　清代山西祁县乔家大院砖雕烟囱。

4－72　清代山西祁县乔家大院砖雕烟囱细部。

4－73　清代山西祁县乔家大院砖雕图案"猫蝶图"。

4－74　清代福建徐墩民居砖雕。

4-75　清代福建武夷山下梅民居砖雕。

4-76　清代福建武夷山下梅民居砖雕。

4-77　清代北京四合院砖雕。

4-78　清代甘肃兰州一台排厦墙龛砖雕细部。

4-79　清代北京四合院砖雕。

嵌砌，干后坚固，浑然一体。

明清时期的砖雕艺术，主要盛行于北京、河北、天津、山西、陕西、甘肃、江苏、上海、浙江、安徽、江西、福建、广东等省区，大多运用于民居建筑中的大门、门楼、屋脊、墀头、裙肩、墙楣、影壁、花窗等处。就艺术风格审视而言，北京、山西、陕西、天津、河北、河南、甘肃临夏等北方地区刀法概括，雕琢大气，质素朴茂，品相率真；江南苏浙沪地区砖雕，技巧熟谙，工艺流畅，图式壮丽清新，格调细腻、高雅；徽州砖雕，气势轩敞，格局宏博，丰繁挺秀，浑然天成；闽、粤部分地区砖雕，工艺上以透雕、层雕、深雕较有特色，立体感强，层次深峻，画面繁密，作风玲珑剔透。广东砖雕还与彩绘、灰塑、陶塑等装饰共处共荣，竞相争辉，所表现的题材内容也十分宽泛，花卉、人物、动物、图案等组合运用，风格华美富丽，秀丽生动。

1. 江南砖雕

江南的江苏省、浙江省和上海市，民居质量普遍较高，明清以来砖雕在此十分流行，具有数量众多、技艺精湛、刀法娴熟、风格文雅的总体特征，具有很高的艺术价值，也是我国明清砖雕艺术相对集中的核心地区之一。

苏州市吴县（今吴中区）是江苏省砖雕艺术的荟萃之地。如江苏省文物保护单位之一的吴县东山明善堂，其门楼和塞口墙，砖饰精致。左右兜肚分别圆雕"麒麟送子"、"独占鳌头"。上枋深雕"程潭老祖一觉困千年"和"彭祖活了八百零三岁"两个神仙故事。下枋深浮雕象征富贵的"凤穿牡丹"。门楼朝南一面，门楣正中浮雕"笔锭胜"纹样图案，"笔"喻意仕宦，"锭"象征富贵，"胜"为祥瑞辟邪之物，这组吉祥图案，俗称为"必定高升"。两端分别浅雕牡丹、秋菊。下枋砖雕"卐"嵌花几何图案。上枋则以竹、桃、梅砖雕装饰。塞口墙状似大屏，作仿木结构，通体做青砖斜方贴面，左壁十二只荷叶斗垫中分别雕有蟹、虾、鸳鸯、鱼、螺蛳、青蛙、蜻蜓七种动物。十二块垫拱板又分别透雕石榴、梅花、荷花、桃子、菊花、牡丹、迎春、竹叶等植物，万字和古钱等图案，抛方深浮雕"鲤鱼跳龙门"，抹角分别透雕"荷花游鱼"和"喜鹊登梅"；右壁十二只荷叶斗垫，四处雕鱼。十二块垫拱板上分别透雕石榴、牡丹、菊花、海赏、百眼、梅花、古钱、大小万字等图案，抛方深浮雕"五鹤捧寿"。抹角分别雕镂牡丹和梅雀。

中央天井的两垛边墙，亦作仿木结构，通体做砖细斜纹贴面。体量、纹饰相同对称。垫拱板中分别透雕花卉。抛方浅雕十字篆体"寿"字，含"百寿"之意。上方抹角雕镂盆菊和玉兰。

苏州近代砖雕艺术可以吴县东山春在楼为典型。春在楼门楼规模宏伟，结构紧固，单坡板瓦顶，花岗石库门，以水磨青砖拼贴镶嵌。大门朝外的砖刻字碑，阳文"天锡纯嘏"四字，取自《鲁颂》"天锡公纯嘏"。意为天恩赐福。面外门楼的上、中、下三坊分别平地浮雕灵芝、牡丹、菊花、兰花、石榴、蝙蝠、佛手、祥云等物，含有"长生、富贵、多子、福气、菩萨保佑"等意。

库门里面是一座单檐翼角，斗拱重昂，气宇轩昂的砖细门楼。正脊两端纹饰砖雕泥塑蝙蝠一对，中央置放豆青色的古瓷方盆，盆内植"万年青"，以收"洪福齐天，万年永昌"之愿。正脊向里的中部有泥塑"独占鳌头",以示文才出众。另有"招财利市",则示财源茂盛。门楼的中央正方刻有阳文楷书"聿修厥德"四个大字,表示这是主人修行积德所致,同门外的"天锡纯嘏"题额相互呼应。三根望柱上分别圆雕"福禄寿"三尊坐像,神态生动,含三星高照之意。门楼左侧兜肚圆雕"尧舜禅让",比喻为贤。右侧兜肚圆雕"文王访贤",借指为德。整幅砖雕层次丰富,深雕、透雕、镂雕达三层之多,主题显明,含意古雅隽永,人物形象生动。门楼上枋横向圆雕"八仙庆寿"图,两条垂脊,泥塑"天官赐福"一对,戗角的吞头作泥塑"鲤鱼跳龙门"。中枋横幅圆雕"鹿十景",喻指"禄"。下枋横幅圆雕戏文"郭子仪拜寿",以喻为"福"。五寸宕内,六口排科,作一斗三升丁字拱,斗拱突出,飘逸轻盈。垫拱板上透雕五个圆形图案纹饰,居中"双喜",双侧分别对称雕有如意、绳,合喻为"双喜临门,如意传代"。全部含喻"福、禄、寿、喜"之意。

门楼南、北侧砖雕为荷叶毛虫、凤穿牡丹。含喻挥金护邻、富贵双全。

春在楼门楼,造型雄伟而古雅,结构严密而精致,题材宽泛而谐调,砖雕精细而灵巧,堪称苏州民国时期砖雕中的精品杰作。1982年被列为江苏省文物保护单位,是东山历史文化名镇的一个重要组成部分。

上海地区现存最早的砖雕是建于明代洪武三年(1370年)松江府城隍庙前门门前的照壁,距今已有630多年,现已完好迁至松江方塔公园内。照壁尺度宏大,画面布局宏富,刻工细腻,技法以浮雕为主。画面以猿为主体,辅之鹿、猴、龙、麟、元宝、如意、玉杯、灵芝、蝙蝠、摇钱树等,寓有"封侯"(猴)、"莲(连)笙(升)三级"、"福禄(蝠、鹿)双全"等意。形象生动异常,整体遒劲精美。

上海地区民居砖雕始于明代,盛于清代和民国,艺术样式与风格与苏南浙北相似。清乾隆以前为上海初期的砖雕艺术阶段,多以历史人物、神像和神话传说为题材,讲究精雕细刻,人物造型生动逼真,环境描绘贴切自然。比如装饰于黄浦区天灯弄77号"书隐楼"古民居上的"八仙图"砖雕,八个仙人似各具个性。众人在山下松树旁聚首,似乎在议论,神态自然,眼神凝聚。砖雕背面,因地制宜相应刻凿了蝙蝠和云彩图案,成为罕见稀世的双面砖雕,充分显示了民间砖雕匠师的高超技艺。

清代同治年间是上海砖雕的中期,题材以飞禽走兽、花卉为主,间或也有戏文故事。艺术风格以浑厚遒劲、轮廓鲜明、立体实感强见长;如中山南路潮惠会馆内的"凤穿牡丹"、"狮子盘球"、"八骏图"及龙、蝙蝠、鹤和鹿等砖雕,可视为该时期的代表作品。如"牡丹花"砖雕寥寥数刀,有意识地把一朵叶子刻大,花蕾小且花瓣紧裹,一副含苞欲放之势;而另一朵则花大叶小,无疑是鲜花怒放的神采。两者在对比中更显得构图完美、相得益彰。

建于清光绪年间的民居砖雕属上海地区晚期作品,在艺术风格上,却反而接近早期砖雕特色,刀法细腻,着重刻画人物形象。

据史志载:"清光绪初,中医徐少甫在七浦路342号甲,开设痧痘专科",直至上世纪50年代。徐寓门楼高5.08米,宽2.94米,厚1.20米。雕饰部分单面朝北,上下四部分。顶端为

4-80　明代苏州网师园大门屋檐砖雕细部。

4-81　清代浙江民居中苏式砖雕细部。

4—82　清代徽州歙县民居檐枋砖雕"四季花鸟"（局部）。

4—83　清代徽州歙县民居檐枋砖雕"舞龙"（局部）。

4—84　清代徽州歙县民居檐枋砖雕"戏曲故事"（局部）。

灰瓦覆顶，挑檐下为仿木橡子、斗拱。上枋为一横列五出镂雕精刻古戏文，人物形态生动，场景逼真。两侧莲花垂柱头下，一对悬空倒挂狮子戏球。枋下字碑门额上书"珠树家珍"四字，嵌贝浮雕篆文，上下款楷书。字碑两侧的兜肚上，也有两方稍大镂刻戏文。再下面栏杆、挂落下的下枋上，在缠枝葫芦浮雕图案的中间，还有一方与上枋相近高下的镂雕戏文，再下面便为高宽为 2.81×1.54 米的门洞。门楼上下左右共计精雕细刻八出戏文，为同类中罕见。现因市政建设之故，已整体迁建至闸北宋园茶馆门前。

上海地区晚期砖雕在题材上，颇多反映现实生活片断。例如在义码头街的木商会馆大堂前墙头砖雕群中，一幅《官僚狎妓图》砖雕，刻有一长须官人紧搂一个妓女坐着、仆人送茶的情景，揭露了当时官场和妓院的黑暗。又如《洋人坐黄包车》砖雕，生动地刻着一趾高气扬的洋人坐在黄包车上，瘦弱的工人拼命向前拉车，洋人的两只哈巴狗在车边追逐的画面。

上海地区晚期砖雕题材的现实性，既反映了上海城市生活的部分内容，又凸现了上海砖雕着眼于现实的一大特色。

从总体上看，苏南、上海和浙北的旧嘉兴、湖州府属，刻工细腻，风格典雅，属同一系统；浙东的宁波等地，雕镂崚峋，刻琢遒劲，层次分明，风格深峻。与苏南、浙北及上海砖刻，同中存异，各具风采。

2. 徽州砖雕

徽州砖雕主要集中在徽州民居的门罩、门楼和窗孔三个部位上。

徽州民居门楼分独立式门楼和牌楼式大门两类，做法相似，分为上中下三段，中高旁低，鳌鱼翘脊，檐下额枋，两侧倒悬莲花柱，与砖雕花篮等浑然一体。牌楼式又有八字墙牌楼与四柱牌楼等形式，高低参差，错落有致。翼角微翘，斗拱分层出跳，节奏鲜明；四柱巍然屹立，以小见大；罩式大门为披檐屋面，额枋砖刻图案，工艺精细；砖雕漏窗形式多样，或几何图形，或珍禽异兽自然图形等。

徽州砖雕的特征首先是与民居建筑紧密结合。砖雕依附于房屋上，建筑离不开砖雕，两者合二为一。从整体上看，徽州民居外观的素白与门面的砖青、墙体大面积的虚白和门头、漏窗等处的实在雕琢、房屋整体的"空疏"与雕刻部分的密匝和精密构成了强烈的对比，而对比中产生的和谐之美当应归功于建造施工艺匠和砖雕艺人。正如黑格尔所说：

　　艺术家不应该先把雕刻作品完全雕好，然后再考虑把它摆到什么地方，而是在构思时就要联系到一定的外在世界和它的空间形式和地方部位。在这一点上雕刻仍应经常联系到建筑的空间。㉕

这就要求民间艺匠应当具有建筑学家的眼光，把握雕刻与建筑、雕刻与环境气氛之间的关系。当然，徽州民居暨砖雕业已程式化，工匠早已驾轻就熟。

徽州砖雕的特征其次是风格多样。或粗硕古拙，或洗炼简朴，或疏朗隽永，或精致细腻，其雕刻刀法技巧也是异彩纷呈，简言之：明代浮雕多，透雕少；清代透雕多，浮雕少。及至晚清，砖雕技艺日趋精进，深浅浮透，圆润犀利，层次与立体感凸现，凡亭台楼阁、草木虫鱼、日月星辰、春夏秋冬、飞禽走兽、人物仙子，均可雕于砖上且栩栩如生，维妙维肖。

徽州砖雕的第三个特征是题材广泛。徽州人杰地灵，历史悠久，文化蕴藉深厚，蜚声中外。徽商腰缠万贯，满腹经纶，是其现实目标；进身仕途，光宗耀祖，是其理想标志。他们或贾而好儒，或儒而好贾，两者相渗，凝成一体，遂外化、物化于民居暨砖雕上，投射在朝久相处的居住环境中，尤其是系列组雕，如戏曲人物、民间传统、地方掌故、风情民俗等，无不浸润徽派文化的风尚，具有一定的认知价值和审美意义。

徽州砖雕技艺精湛，尤其是巨商豪贾、缙绅贵胄府邸，更是不惜工本，精雕细镂。为了突出户主的身份和社会地位，门坊上除刻有进士第、大夫第等楷书大字外，门楼上还镂空雕琢"文王访贤"、"连中三元"、"五子夺魁"、"八骏图"、"龙凤呈祥"等栩栩如生的历史人物、亭台楼阁，能工巧匠运用高浮雕、透雕和镂空等技艺，甚至有的图案反复镂透雕琢四五个层次的造型，画面生动，图形逼真，层次分明，刻镂工整，与房屋整体十分和谐。

4-85　清代甘肃临夏市台子拱北砖雕"博古"。

3. 临夏砖雕

我国少数民族中，以甘肃西南部的临夏地区回族最为擅长砖雕。

临夏旧称河州，为古丝绸之路的南道重镇。历史悠久，文化发达。临夏砖雕（也称河州砖雕）就是极富特色的少数民族及浓郁地域色彩的装饰艺术品种之一。

临夏砖雕源远流长。1980年在临夏回族自治州南龙发掘出一座距今800多年的金代砖墓，墓室形制为仿木结构券顶式砖雕单室，平面呈正方形，砖雕斗拱、滴水、方椽、门窗、四壁均刻有花卉走兽、仕女童子、二十四孝故事等。此外，在红园路金墓、铜匠庄金墓、邓家庄宋墓等一系列砖墓中均见雕刻墓砖。雕刻题材内容约略分为两大类：一类衍续汉代墓室画像砖之遗风，彰显孝悌，譬如"仕女启门图"、"二十四孝图"等。另一类以牡丹、荷花、飞龙、麒麟、奔鹿等花卉、动物题材为主要内容[25]。值得注意的是，临夏宋金古墓砖雕

4-86　民国初期甘肃临夏张宅砖雕。

4-87 晚清民初甘肃临夏回族民居廊心墙砖雕。

与其他地区（如山西大同、侯马、孝义，河南偃师）同时代墓室画像砖或砖雕不同的是：临夏宋金古墓砖雕中的人物情景、物事似为生活中的普遍景象，世俗化气息浓郁，并无仙云缭绕之象；发展至清及近代，临夏回族砖雕中却不见人物形象出现。即便如表现八仙过海之类的神话题材，也是以暗喻的手法，通过八仙使用的八件宝物器具来象征指代八仙。可能与晚近如火如荼、炽热高温的伊斯兰教义的普及、虔诚有着密切的关联。伊斯兰教文化中禁止偶像崇拜，真主独一。如此，笃信谨守教义的回民在砖雕创作中自然会体现出来。

临夏回族聚居区一方面具有浓郁的伊斯兰文化和独特的回族风情，另一方面又融入与其他民族的共存互融和文化交流中，砖雕艺术受宋代以来中原文化和汉民族雕刻的影响，形成了既有民族和地域特色，又具有多样性、多元化的基本特征。从装饰部位看，临夏砖雕主要集中在建筑物的山墙、影壁、券门、山花、墀头、屋脊等处，以作点睛画龙之功。从装饰题材和内容看，临夏砖雕主要表现中国传统的祈福纳祥图案、山水花鸟以及卷草纹、祥云纹、几何纹等装饰纹样。

现存于世且保护较为完好的砖雕代表作品有：临夏市八坊三道桥、修建于20世纪30年代的马步青东公馆、红园一字厅、俞巴巴寺、蝴蝶楼、万寿观、八坊北寺影壁等。

临夏市八坊北寺清代砖雕影壁，高6米，宽13米，仿木结构飞檐斗拱为壁顶，下部雕花台座，通体雕花青砖装饰。采用三联画形式，居中"没龙三显"，左边"丹凤朝阳"，右面"彩凤望月"，同雕共刻于一壁之上，四周均以对称的几何纹、花卉纹装饰。砖雕构图完整，疏密有序，雕刻生动，精湛娴熟，为临夏大型砖雕艺术的精品。

马步青东公馆建筑群多用砖雕装饰。进入一字门，便见砖雕拱门。艺匠采取雕刻与镂空相结合的灵活处理手法，在拱门的门楣与拱边上，雕刻牡丹、经文图案。逼真的花瓣玲珑剔透，层次分明；硕大的花朵典雅雍容，枝叶扶疏，生机盎然。门楣采用仿木四层结构营造，以花卉蔬果、行云流水等题材，雕镂刻饰于各层，构成精美繁冗的洞门。

在迎门的影壁上，巨幅《江山图》砖雕气势恢宏：旭日高升，山势峥嵘，广袤的天空云彩朵朵，波光粼粼的江河环绕岛屿，天水之际，小岛点缀，楼阁掩隐其间；远处水面，船帆点点，依稀可辨；千里江山，尽收眼帘。画面左上行草书题曰："闲摘柳条编太极，细分花瓣点河山。"《江山图》四周运用深浮雕和透雕技法，浅刻深雕一组博古图案，精致而玲珑。洞门的正前方墙壁上，砖雕《松月图》颇见真意：明月当空，古松盘郁，群岩隙间，清泉湍急，山花烂漫。概括传神地演绎了唐代诗人王维"明月松间照，清泉石上流"的神韵和意境。

在正院南边两侧坎墙上，左有《红日牡丹图》砖雕，右有《荷花玉立图》砖雕，观其大处，则落幅严谨，层次分明；观其细部，则运线流畅，质感凸现；观其工艺，则精雕细刻，

4-88 民国时期甘肃临夏马宅砖雕。　　4-89 晚清山西芮城县范宅砖雕土地祠。

舒展微妙，具有较高的艺术价值和技术含量。在砖木结构的三楼两侧，也各有一幅精致的砖雕：左为《茂林中秋图》，右为《芭蕉秀石图》，皆为佳构。

此外，在东公馆的回廊上，砖雕连绵，其题材多样，山水、花鸟、虫鱼、竹石，一应俱全，真可谓琳琅满目，不胜枚举。因此，东公馆素有甘肃"砖雕集锦"之美誉。

临夏红园砖雕受内地影响较为明显。一字厅南侧照壁上的《泰山日照图》，运用类似中国山水画荷叶皴的技法，手法丰繁，立体感强：两峰挺秀，中部岩石峻出，透迤盘曲；宝峰流泉蜿蜒于峰峦之间；楼阁朝阳，轩窗临风，观之心绪恬然而神怡。北侧照壁上的《多子双喜图》，枝繁叶茂，果实累累，石榴喜鹊，动静相生。此外尚有《碧波荷花图》、《泰山五大夫松》等砖雕，皆各具特色。

甘肃临夏回族砖雕，工艺上有"捏活"、"刻活"之分。捏活就是先将配制的黏土泥块，用手、模具捏塑成各种造型、图案，然后入窑焙制成砖；刻活系直接在青砖上刻雕塑镂，然后组接配整，遂构成画面，题材多见山、水、日、月、花、鸟、兽、竹、鱼、博古、楼阁之类。

西北民间民居装饰装修业中广泛流传"若要俏，河州雕"之谚语，一语概括了临夏砖雕的功能、地位和影响。

回族砖雕工匠技艺高超，除临夏回族砖雕外，天津回族砖雕也别具意味：在吸收民间传统图案纹样的基础之上，山水、动物大量运用，变化丰富，层次多样。

天津回族砖雕作品，比较注重图案的立体感，尤其透雕技艺，精美绝伦。例如砖面上所雕绣球，球体外凸，球心镂空，玲珑剔透；狮子戏绣球砖雕，融透雕、浮雕和线刻为一体，无论是飘逸的彩带，抑或戏耍的狮子，均细腻灵巧，动感十足。

（二）陶塑

民居建筑中的陶塑，"是用陶土塑成所需形状后，进行烧制而成的建筑装饰原构件，然后用糯米、红糖水作为粘接材料，把原构件粘接在预定的部位"。[27]

陶塑历史悠久，作品丰富。汉代的陶塑建筑模型有厨房、磨房、碓房、仓库、猪圈、羊圈、城堡、楼房、水阁、重楼等，形象生动简练，装饰性很强。主要是用作明器。

明清及民国时期的陶塑，主要用于寺庙、祠堂、会馆等大型宗教和公共建筑中的脊饰和众多民居和庭院中的漏窗、花墙、栏杆和花坛等处，这部分陶塑以绿较为常见。工艺上多采用圆雕、通雕或几何图案纹样构件拼接组装两种。

陶塑分两类：一类是素色烧制；另一类是挂釉烧制，后者也称之釉陶。优点是防水防晒，色泽艳丽，经久耐用。多为富豪绅商及殷实之户采用。广州陈氏书院的陶塑以工艺复杂、内容繁冗、题材广泛、形象逼真、人物生动、色彩鲜艳、数量集中、华美精致和技艺精湛而享誉海内外。

4-90　清代北京四合院——以花草为题材的门头砖雕。

4-91　清代天津民居砖雕构件"龙凤呈祥"。

4-92　清代北京四合院砖雕"延年益寿"。

4-93　清初山西襄汾丁村民居门垛砖雕。

4-94　晚清北京东城区民居拱形砖雕门楼。

4-95　清代北京四合院墀头砖雕。

4-96 清代蓝田书院墙壁彩塑。

4-97 清代福建惠安民居屋角嵌瓷彩雕。

三、灰塑金属

(一) 灰塑

灰塑，"是以白灰或贝灰为原料做成灰羔，加上色彩，然后在建筑物上描绘或塑造成型的一种装饰类别"，[23]在南方广大民居中比较常见。

灰塑的原料有白灰、贝灰、纸筋灰、灰羔及矿物颜料等。每种原料的加工各不相同，如灰羔便是精选灰料后，经过筛选、调稀、漂洗、过滤和沉淀等工艺步骤后，置陈数月，便可使用。

从施工工艺上看，灰塑与泥塑等几无二致。其法一为直接批塑，边批边塑，最后染色涂髹；另一法为粘贴完成，一般多用于要求比较高、内容比较复杂的活计。

(二) 嵌瓷

嵌瓷装饰是一种地域性特征十分鲜明的装饰手段和手法，虽然很难谈及技巧和意匠，但毕竟是一种装饰现象。主要流行传布于东南沿海地区的福建（漳州、莆田、惠安、泉州、石狮、龙海）、广东（潮州、澄海）一带。当地工匠善用破碎的瓷片装饰屋脊、翼角、照壁和墙壁。例如福建莆田县江口镇港后村佘宅，在红砖顺砌、花岗石丁砌的红白相间的墙体上，内院墙壁上装饰嵌瓷，构成壁饰。色彩浓丽，视觉强烈而醒目，具有经久耐用、防腐蚀防日晒的功效，颇受当地群众喜爱。唯有繁冗琐碎之感。

(三) 金属雕铸

中国的金属工艺，具有悠久的历史和优良的艺术传统。商周的青铜器、战国的金银错、汉唐的铜镜、唐宋的金银器以及明代的宣德炉、明清的景泰蓝等，都是我国古代的著名的金属工艺品。体现在传统民居装饰装修方面的金属工艺，在数量及工艺上虽不及宫室寺庙，却也具有民间金属工艺率真、朴实和多样化的特征。

大门上的铺首门环首先是十分普及化了的金属制品（参

见门窗部分）。如果说铺首门环具备了相当的程式化的话，那么，铺首门环旁的各种千家万色的金属装饰就显示更多的个人化的色彩。如山西沁水柳氏民居大门铺首门环左右两旁各有一条动态感极强的游鱼，既给人以方向、进深的导向，又含有年年有鱼、家丁兴旺的愿望寄托和寓意。

浮沤钉，大门上的金属环纽，因形似水面上的浮沤而得名。宋代程大昌《演繁露》载："今门上排立面突起者，公输班所饰之蠡也。"古时一般较为讲究的民居门上均具浮沤钉。山西襄汾丁村清代民居中浮沤钉密布，结合贴脸、看叶、角饰等，运用拐子纹、团纹等图案纹样，将大门装饰成森严中存生机、厚实中见灵动的、极具审美意味的图形和形式。

清代李斗在《扬州画舫录》第十七卷《工段营造录》中谈到浮沤钉时说到："门钉九路、七路、五路之分。铊锬兽面，每件带仰月、千年钓；门锬带钮头圈子。包门叶有正面铊锬、大蟒龙；背面流云做法：寿山福海，钩搭钉钓，门楣同科。"可见，古代大门上浮沤钉的做法、工艺技术是有一定程式的。总体上看，一般贵胄官宦之家的大门上包门叶和浮沤钉比较普遍，有的甚至"全副武装"，如山西襄汾丁村清乾隆十九年捐职州同丁先登府邸拱形大门即是；北方民居府邸比南方屋宇庐舍大门包门叶和浮沤钉要普遍得多。

传统金属工艺运用还有门窗铰具、铰链之类配件。元末陶宗仪说到："今人家窗户设铰具，或铁或铜，名曰环纽，即古金铺之遗意。北方谓之屈戌，其称甚古。梁简文诗：'织成屏风金屈戌'，李商隐诗：'锁香金屈戌'，李贺诗：'屈膝铜铺锁阿甄'。屈膝，当是屈戌。"[29] 李斗在谈到门窗五金件工艺时也谈到："槅扇有云寿铊锬、双拐角叶、双人字叶、看叶诸式。看叶带钩花钮头圈子，若云头梭叶、素梭叶，则宜单用；其他菱花钉、小泡钉、殿角风玲、琉璃吻、合角吻、琉璃兽、八样铜瓦帽、大小黄米条、铜丝网；物料重轻有差。"[30]

《工段营造录》中列举了诸类建筑用金属构件的类别，颇为详细，可见古代金属材料运用的普及和深入：

什件为大二门锬、云头裹叶拴环、搭钮槅板云头、合扇支窗云头、葵花齐头诸合扇、板门摘卸合扇、墙窗仔边合扇、槅扇屏门槛窗鹅拐轴鹅项、碧纱厨鹅项、槛斗海窝拴斗、起边凹面鹅项、帘架掐子、回头钩子、丝瓜钩子、西洋钩子、八宝环、八字云头叶、支窗云头、齐头里叶、有无楼子、西洋拨浪、各色挺钩掐子、各色直子钓边、钉钓、折叠钉钓、各色钩搭、过河钩搭、圆掐子、纱帽掐子、扫黄掐子索子、大小冒钉、单双拨浪、各色挺钩、鹤嘴挺钩、寿山福海、人字面叶、大小抱柱叶子、万字式箍、双云头面叶、钮头钓牌、云头角叶、大样掐判门圈子、一二三寸圈子、五寸靶圈诸件……[31]

对于专司从业于上述以及金属制品加工、安装的工匠，《工段营造录》中称为"锭铰匠"，列于雕銮匠、包镶匠、镟匠、水磨茜色匠、雕匠、攒竹匠之后。同时，列举、叙述了工作的主要内容：

锭铰匠职在铁箍拉扯、大铁叶、角梁、由戗、宝瓶桩钉、剐锭枋梁、钓搭、双瓜铀锁提捎、挺钩、钻三四寸钉椽眼连檐、博缝、山花、过木、沿边木、诸锅签锭、

4-98　清代山西襄汾丁村民居如意富贵铺首衔环。

4-99　清代山西襄汾丁村民居铁手握环铺首。

4-100　清代山西襄汾丁村民居如意福寿纹大门。

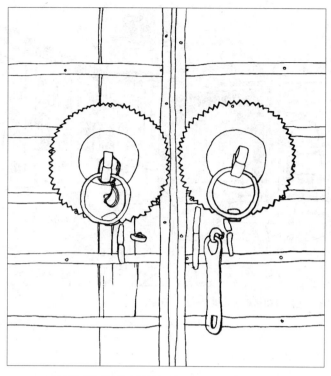

4－101 民国初期四川秀山民居门环。

4－102 新疆维族民居石膏纹饰。

斗科升耳包昂嘴、门叶锭、门泡钉、门钹、门桥、铁叶、雨点钉、梭叶、铅钹、双卓拐角叶、双人字叶、看叶、兽面带仰月千年钩、寿山福海、钉钧、菱花钉、风铃、吻锅、檐网、剪叶、天花钉、大小黄米条、铜铁丝网、挂网剪碗口……"[32]等等，可谓职责分明，内容清晰，配套有序。

贵胄王公府邸、钟鼎之家大门院门两旁，除了通常惯见的石狮以外，也有部分金属雕铸制品，这些铜狮铁狮，从造型上看，与石狮并无二致，只是金属雕铸制品比石质更具韧性和狞厉之感，许多细部如鬃毛、爪牙等处比石料更能凸现其质感。

金属雕铸栏杆栏板运用实例以清代广州陈氏书院最具艺术性和典型性。陈氏书院聚贤堂的月台栏板部分全部铁雕。栏板透雕出凤凰、孔雀、麒麟、鹿、金鱼等灵禽异兽，松竹花卉和博古图案，着力于树干、花枝、云气和动物的腿、尾、翼连接成网状，构图聚中见散，一气呵成。铁质深沉幽暗的色泽和铮铮质感与白石栏杆的寻杖、望柱、地栿等取得了对立统一的整合效果。

除了房屋建筑、室内装饰装修方面大量运用金属材料和构件以外，传统家具中以铜铁片叶在柜、箱、橱、椅、交杌做包裹及面叶、拉手、合页的各种饰件也十分普遍。《中国花梨家具图考》的作者德国古斯塔夫·艾克说："五金配件的分布对增添大衣橱、柜橱和五屉橱的美观起很大的作用。布置这些配件，有时看来是利用了'黄金分割'知识。"明清家具上的白铜五金件属铜、镍、锌的合金，相当于西方冶金术中的"德国银"，说明中国至少于明代已懂得镍合金，而欧洲在1751年才将纯镍分离出来。

明清家具铜饰件主要有：合页、抢角、面叶、提手、钮头、吊牌、环扣等。这些金属饰件不仅起到了保护家具的功效，如箱子的抢角和桌案的脚、橱、柜、箱、闷户橱的面叶、合页、提手、环扣等，而且增强了家具功能，发挥了良好的装饰意趣。

家具中金属材料和构件的样式也是千变万化，丰富多彩。有圆形、长方形、如意形、海棠形、环形、桃形、葫芦形、蝙蝠形等，也有部分以形状和边缘轮廓的丰富变化作为主要的装饰手段，更有在铜片上镂刻细致精巧的吉祥纹样，与外形轮廓融为一体，珠联璧合，进一步增强了金属饰件的艺术感染力。这些处理手法同材料的质素、性质紧密结合，因而使金属饰件具有很强的生命力。

金属材料的较高热传导系数和电导率和不透明特征，可以进行打磨和抛光并且具有一定光泽、重量和易于变形，传统金属工匠正是充分利用了这些特点，不断摸索、实践，形成了似散实精、具有自身鲜明特色的工艺技术部类，产生了一整套金属工艺如锻炼、浇铸成型、锻打、退火、淬火、镶嵌、金银错、錾花、鎏金银的技术与艺术方法。当然，我们也应注意到，传统金属材料和工艺的运用和认识局限于经验范畴，没有定性定量的科学界定，缺乏使用材料的科学性，这种缺乏科学分析的材料工艺和运用，其精熟之际极有可能生成"奇技淫巧"的畸形温床，丧失艺术性，这在明清时期众多金属雕铸构件物品中显露无遗。

（四）石膏花饰

新疆维吾尔族的建筑装饰艺术在长期的发展过程中，形成了具有独特风格的风貌特色和鲜明的民族风格。民间流传"房屋没有装饰，就等于房屋没有建造"的话语，生动地反映了维吾尔族人民热爱生活、美化环境的意愿和行为。

石膏花饰是维吾尔民居装饰装修艺术领域中的一朵奇葩。新疆地区盛产石膏，应用石膏花饰历史悠久，十分普遍。维吾尔民居中龛壁四周用龛形适合纹样；藻井中部用圆形适合纹样，配以角隅纹，边框则多以二方连续图案装饰；内外墙壁则以二方或四方连续图案为主。通常以浅蓝、深蓝、米黄和墨绿色为底色，衬托洁白的石膏花饰，宁静而淡雅，也有少量石膏花饰辅以彩绘，强化富丽典雅的味道。

石膏花饰工艺分抹面饰和花饰两种：

石膏抹面比较简单，草泥浆找平，石膏黄土浆抹平，最后以纯粹石膏浆压平。若需彩色效果，只需在石膏中加工彩色涂料，干后就呈现出来。

石膏花饰工艺既有借助预制模具成型的，也有直接在构件即刻雕琢的。现刻雕琢的石膏花饰构图完整，饰面突出，棱角鲜明，无拼装衔接之虞，艺术表现力显明。但比较费工，技术难度也高，所以较少采用。

4－103　民国时期新疆喀什维吾尔族民居室内。

（五）琉璃

色彩绚丽灿烂的琉璃，光泽耀眼，具有不透水、防腐蚀的独特功能，早在北魏时期就运用于都城平城（现山西大同）的宫殿中。宋代李诫主持编纂的《营造法式》中对琉璃的烧制作了详细的记述。

中国古代建筑中琉璃的运用，主要集中于宫殿建筑、坛庙宗教建筑、衙署建筑及其他公共建筑（如会馆）以及贵胄府邸中，一般普通民居庐舍是不得运用琉璃装饰（如屋顶等处）的。

一般来说，屋顶及其脊饰是建筑琉璃运用的主要部位和对象。河南省社旗县山陕会馆各建筑的屋顶均饰以琉璃构件，或布瓦顶饰以琉璃剪边；或以布板瓦为地，间以琉璃筒瓦及琉璃脊饰；或咸为琉璃瓦顶及脊饰。色彩处理上也颇有特色：绿色琉璃滴水，黄、土黄、橙、赭、赭紫五色为琉璃勾头迎面。所有屋顶均饰以大小数量不等、黄绿相间的菱形琉璃心，将大屋面顶装饰得绚丽多彩。

4－104　晚清民初广东澄海民居侧巷道中的琉璃构件。

清代遗构社旗县山陕会馆的脊饰大多采用仿金、元建筑风格的人物、垂兽及武士形象，或将垂兽、戗兽塑造成动态感十足的行龙、奔麟、狮、龙首等形象。脊之两侧以高浮雕或透雕，表现诸如二龙戏珠、丹凤朝阳、缠枝牡丹、莲荷及卷草图案。各脊顶另饰以狴鱼、什行、天马等小兽，丰富了建筑屋顶的轮廓线，使会馆建筑的屋顶显得十分秾华、壮丽。

明清时期，中国房屋建筑琉璃作比较发达，除了通常用于屋顶及其脊饰以外，还有专门用琉璃构件拼装的建筑。以河南社旗县山陕会馆清代琉璃照壁为例，整体由数百块琉璃构件镶嵌而成。琉璃照壁位于会馆中轴线最南端，坐南朝北。上覆琉璃硬山顶，下为石须弥座，两侧青砖砌筑夹墙，造型庄重。壁身分上下两部，下部居中镶嵌"鲤鱼跳龙门"及"三龙戏珠"，东镶"四狮斗宝"，西饰"麒狮戏斗"与"渔樵耕读"图案。壁身上部之中嵌横批"义冠古今"，下雕一獬豸，凸现于壁面呈俯视状。横批左右分嵌福、寿文字及牡丹、荷花图案，越上为二龙戏珠与缠枝牡丹。檐下斗拱变形处理，如翼展开，富有装饰意味。照

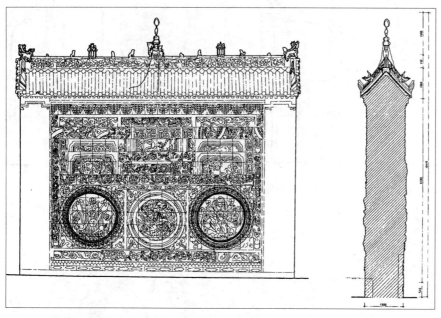

4-105 清代河南社旗县山陕会馆琉璃影壁。

4-106 清代河南社旗县山陕会馆琉璃影壁细部。

壁顶部琉璃正脊为行龙与缠枝牡丹，两端各立一狮为吻，居中、两侧设立狮驮宝瓶与楼阁。檐部钉帽以白灰塑工艺塑就寿桃形。琉璃照壁匠心独运的构图、质地细腻、色泽艳丽的琉璃砖件、细密精湛的嵌砌工艺以及层次分明、内容丰富的造型，使社旗县山陕会馆的琉璃照壁在众多遗存的古建琉璃艺术中具有独特的艺术风采㉝。

元明清时期的琉璃产地主要集中在山西、河北、北京、河南、山东等地。上述河南省社旗县山陕会馆的琉璃构件即由主其事者从山西订购烧制、运至河南的。

作者曾于20世纪80年代考察新疆民居，自乌鲁木齐至南疆喀什一线的清真寺建筑上的琉璃面砖在灼热的阳光照映下，五彩缤纷，熠熠生辉。与内地琉璃运用场所部位不同的是，伊斯兰式建筑多用琉璃铺敷墙面，图案装饰以植物花草、方形、长方形和内何纹样等为主，变化多端、疏密有序、华丽灿烂而蔚然整体，展示了与内地琉璃迥异的装饰意蕴和风采。

4—107　蒙古毡包上的彩绘图案。

四、彩绘壁画

（一）彩绘

画栋雕梁，沥粉彩绘，是中国古代建筑及其装饰的基本特征之一，其有鲜明的中华特色。在中国木结构建筑上进行装饰和美化处理，除却木雕，就是彩绘了。可以说，彩绘的成因与目的大致是一致的，即一在于减弱日洒雨淋的侵蚀，二在于防止木材自身的腐朽，三在于增加美观，强化装饰效果。前两者因素为中国彩绘的缘起，旨在延长建筑的寿命；后者庶几为增加建筑规格档次的一种装饰现象、装饰手段和方法。

中国彩绘艺术，源远而流长。在《论语·公冶长》中就有"山节藻棁"的记载，证明至迟在春秋时，建筑上已有彩绘髹漆的现象和做法。在"山节"上"藻棁"，说明三代时"五材并举"的混合结构形制中，百工艺匠们是经过一番考察和思考的：木材、泥土瓦件、石材等本身就体现着色彩，《汉书》中的"中庭彤采"、《西京杂记》中的"华榱壁珰"、唐李华《含元殿赋》中"丹墀夜明"等记载和描述，指出了红色的铺地材料和榱子墙壁上的色彩处理。这些文献记载似乎隐约透泄着这样一个信息，即唐宋以前的彩绘与绘画的差异十分含混，畛域难清，互涵互摄。无论是《西京杂记》中"橡榱皆绘龙蛇萦绕其间"，"木柱皆壁画云气花萌"的描述，还是汉代张衡《西京赋》中的"采饰纤缛，裛以藻绣，文以朱绿"，张璠《汉记》的"文井莲华，壁柱彩画"的记载，表明秦汉时期的建筑构件上都饰以"绘画"。估计从春秋的"山节藻棁"到汉代的"壁柱彩画"，运用的材料应是油漆。《韩非子·十过篇》记载了尧、舜、禹都曾以漆来作食器和祭器，并说明"墨染其外，朱画其内"的设色技术。其时的墨粘着力微弱，故"染其外"，而漆就不同了，所以"朱画其内"；从湖北江陵楚墓中出土的彩绘木雕小屏来看，五十一个动物图案竟施以黑、朱、灰绿和金银彩漆㉞。再者，既然周代的车马饰物都予以"髹饰"，那么，宫殿建筑的构件上为何不用性能更好的油漆髹饰。无论从漆树的种植面积，还是漆的色彩品种，抑或是髹漆的工艺技术上看，当时似无比漆饰更适合于装饰和彩绘于建筑构件上的替代物了。

导致彩绘与绘画"分离"的原因有许多，其中绘制材料的区别应是一个不容忽视的因素。宋代李诫说：

4－108　清代云南大理州民居门楣上彩绘图案。

4－109　清代北京四合院垂花门内木构架上彩绘图案。

4－110　四川彝族民居檐下。

4－111　内蒙毡包门上的彩绘图案。

4－112　湖北利川县悬山山墙面彩绘图案。

4－113　四川凉山彝族民居檐下。

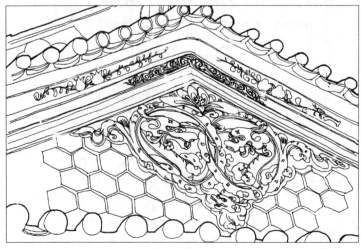

4－114　晚清民初云南大理州白族民居山墙彩绘图案。

施以于缣素之类者谓之画，布彩于梁栋斗栱或素像杂物之类者谓之装銮，以粉朱丹三色为屋宇门窗之饰者谓之刷染。⑤

可见在北宋，彩绘与绘画分家还未完全彻底，它们的区别之一，在于缣素、梁栋斗栱和屋宇门窗等载体的不同。依据李诚的身份和专长（李时为将作监，类似今日国家建设部长，又是一位书画名家），相信应该言之有据，具有一定可信度。

认识和甄别古代建筑彩绘和绘画（壁画、卷轴画等）的同源共性和性质的区别，并非是闲情逸致。事实上是，一般有关中国古代美术史，尤其是中国绘画史的各类著述中，是没有彩绘的章节和文字的。建筑彩绘从来没有进入过正统的美术史研究的范域中，与绘画史基本上没有什么关联；在中国古代建筑史的各类版本中，彩绘却总是稳居其间，从不缺少，毕竟彩绘对建筑及其构件的"包装"艺术处理是明摆着的，如何能闭口不谈？在建筑学家们的著述中，彩绘作为对建筑及构件的装饰处理与艺术美化，大都归纳为美术行为范围，一种绘制上的艺术形式与技巧特征。所以，大都以附属部分或从属局部的视野审视之。显然，建筑彩绘一直处于一个十分微妙的状态情境中。

一方面高规格建筑需要大量彩绘，少不了彩绘的装饰和美化，另一方面彩绘在艺术文化上的认同又是如此的模糊，建筑及其构件载体的制约应该是个原因，其实也不尽然。宗教题材的绘画不也大多是绘制在墙壁上的吗？从绘制人员队伍的构成上分析，彩绘与壁画绝大多数洵为"无名"的民间画工，为何高低上下如此悬殊。看来，彩绘的程式化、图案化太多固定是其中一个重要的原因，尽管中国历代的宗教题材壁画也不乏图案化（如新疆库车克孜尔千佛洞壁画）和程式化；其次，彩绘缺乏一定的思想内容和主题，尽管如苏式彩绘的画心（俗称包袱）中也有山水、人物、翎毛、花卉等题材的绘画表现，但是毕竟是点缀"应景"类的绘画，画心的相对独立性和艺术审美的感染力毕竟有限；再次，彩绘尤其画心的绘制缺乏一种主体创造的精神情采，无论是内涵还是形式上，很少像卷轴画之类强调画家的心灵感受和生命意兴的表达，缺乏传统艺术追求的"天人之合"、"合天之技"的艺术精神和审美理想，包括情与气偕、气韵生动、境皆独得、意自天成等讲意境、重表现、究传神的艺术精神与创作方法上的基本特征，自然也就很难形成和建构起艺术理论体系。在文人画一统天下的时代（宋以后），看来从事彩绘的民间画工比油漆匠的地位也高不到哪里。

从传统彩绘的艺术形式上看，每个历史时期具有相对固定的样式和特征；而在同一历史时期内，又因建筑类型、性质、规格等的差异而存在多种不同的形式和特点；此外，建筑部位与构件的不同也会有不同的处理手法。从传统彩绘的艺术成就来看，中国清代的彩绘，无论是形式方面，还是技法方面，抑或是使用的普及化方面，均达到历史上的成熟期，也是传统彩绘艺术发展的黄金时期。

清代的彩绘大致有和玺彩绘、旋子彩绘和苏式彩绘三大类。前两类彩绘只用于宫殿建筑上，民居庐舍等仅限于苏式彩绘。因此，这里叙述和探讨的也就是苏式彩绘和民间的部分彩绘。

苏式彩绘从江南的包袱彩画演变而来，布局与和玺彩绘、旋子彩绘不同之处是在"檩、垫板、枋三构件上相当于枋心处，统一画一很大的画心，称'包袱'。包袱内涂浅色底子，上画山水、人物、翎毛、花卉等图画。两端的箍头也三件连在一起画。但箍头内相当于藻头外端的位置又三件分开，各画对称的花纹，称卡子。画曲线的花纹称软卡子，画折线的花纹称硬卡子。包袱外缘由多折曲线组成，画多层退晕"。[36]

苏州明代住宅凝德堂，彩绘装饰集苏式之大成。现存彩绘集中在正厅、仪门和门厅等处，共计88幅。正厅上的彩绘，分别施于梁、枋、檩、山垫板处，连斗拱亦以色勾边上彩。正厅三架梁上绘"正搭包袱式"彩画，五架梁上绘"枋心上搭反包袱式"彩画。脊檩锦袱中画三个菱形方块，组成"三胜"。"三胜"中央又绘有笔锭，喻为"必定高升"。堂内所施画题，以花卉为主，杂以锦纹。包头部分亦绘有宝相莲花，秀丽雅致。

苏式彩绘由图案纹样和绘画两部分组成。图案有"聚锦、花锦、博古、云秋木、寿山福海、五福庆寿、福如东海、锦上添花、百蝠流云、年年如意、福缘善庆、福禄绵绵、群仙捧寿、花草方心、春光明媚、地搭锦袱、海墁天花聚会诸式。其余则西番草、三宝珠、三退晕、石碾玉、流云仙鹤、海墁葡萄、冰裂梅、百蝶梅、夔龙宋锦、书意锦、垛鲜花卉、流云飞蝠、袱子喳笔草、拉木纹、寿字团、古色螭虎、活盒子、炉瓶三色、岁岁青、瓶灵芝、茶花团、宝石草、黄金龙、正面龙、升泽龙、圆光、六字正言、云鹤、宝仙、金莲水草、天花、鲜花、龙眼、宝珠、金井玉栏干、万字、栀子花、十瓣莲花、柿子花、菱杆、宝祥花、金扇面、江洋海水诸式……"。[37]绘画题材包括人物故事、山水花卉、虫鱼鸟兽。

清代李斗认为，彩绘色彩应"以墨金为主，诸色辅之，次论地仗[38]、方心、线路、岔口、箍头[39]诸花色"。当然，"墨有金、琢烟、琢细、雅五墨之用，金有大小点之用；地仗、方心沥粉及各色花样之用。线路、岔口、箍头贴金及诸彩色，随其花式所宣称"。

苏式彩绘的用料，也是多样而丰富。如"水胶、广胶、白矾、桐油、白面、土子面、夏布、苎布、白丝、丝棉、山西绢、潮脑、陀僧、牛尾、香油、白剪油、贴金油、砖灰、木明、鸡蛋、松香、硼砂、酸梅、栀子、黄丹、土黄、油黄、藤黄、赭石、雄黄、石黄、黄滑石、彩黄、广靛花、青粉、沥青、梅花青、南梅花青、天大二青、干大碌、石大二三碌、净大碌、锅巴碌、松花石碌、朱砂、红标朱、黄标朱、川二朱、银朱片、红土、苏木、胭脂、红花、香墨、烟子、南烟子、土粉、定粉、水银、光明漆、点生漆、生熟黑漆、西生漆、黄严生漆、退光漆、笼罩漆、漆朱、连四退光漆、血漆、见方红黄金、鱼子金、红黄泥金诸料物"[40]等等，具有成熟的配制工艺和设色程序，达到了较高的艺术高度。

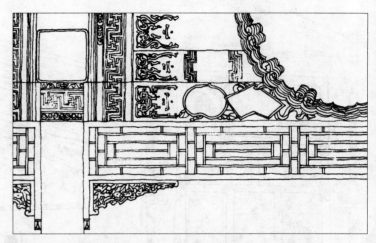

4－115　金线苏式彩绘。

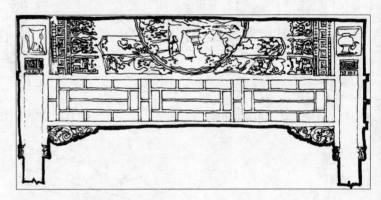

4－116　金线苏式彩绘。

4－117　清代北京四合院垂花门苏式彩绘。

4—118 清代北京四合院花厅檐下苏式彩绘,包袱心内绘制历史故事"三顾茅庐"。

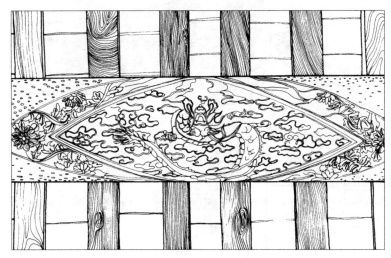

4—119 清代帝师翁同龢常熟故居"彩衣堂"梁架包袱彩绘。

4—120 陕西三原县孟店村民居槅扇门裙板彩绘。

与苏式彩绘同中有异、百花竞艳的中国各地的祠堂、会馆、民居等各类建筑中的彩绘,并未完全依照《营造法式》和《工程做法则例》的做法制度,而是根据本地区、本民族的特点和喜爱进行彩绘装饰艺术活动,虽然在构图和敷色上不乏相同和近似之处。例如创建于清光绪十一年(1885年)、历时15年的永安市槐南乡安贞堡池宅,堡内彩绘多与泥塑、木构相结合。除图案纹样外,框内独幅画甚众,意笔、工笔、粉彩、双勾、单线等技法丰富,题材多为山水花卉、历史人物、神话故事、戏曲故事等。由于是外立面檐下墙楣,为墙面和屋面的过渡部分,因此大多为条状,高度一般在30~60厘米之间,鉴于屋面瓦顶的坡度,条状墙楣彩绘呈梯状界分若干画面,极大地丰富了建筑外观和空间深度。

明清时期徽州地区的祠堂建筑中的月梁上,居中处用硕大包袱彩绘与木梁材质形成华素对比,方形包袱上或满铺卐字纹,或敷设锦字纹,上面等距离、规则地绘大小不一、不同色彩的小团花饰,四周以各类花草纹饰收边。文绮而妍秀,具有丝绸等高级纺织品纹饰的效果。整体风格繁而不缛,丽而不俗。

众多偏远地区、少数民族地区的民居私宅制度的约束力相对淡化而模糊,遂使部分少数民族地区的民居彩绘,别开生面,民族特色浓郁,至今依然熠熠生辉,长传不衰。

四川凉山彝族自治州的彝族民居私宅,结构承重体系为木穿斗构架,有三柱、四柱、多柱落地等。其上部从两边向内多层出挑,层层抬高;多檐部分也用多层出挑。

彝族民居彩绘多施于外观,一般用黑漆作底,鼓腹足边多用素漆;在檐部挑枋及垂柱上,雕刻彩绘并用,雕刻内容为桃、南瓜、花叶、牛角、羊头及日月星辰;彩绘则以各类图案及黑、黄、红三色组成。在凉山彝族,黑色象征庄重纯净,黄色代表光明,红色显示热烈勇敢。与其他地方彩绘材料不同的是,凉山彝族基本上采用的是漆绘,以桐油作媒介。与他们的众多生活漆艺用品一样,朴素、强烈、大方而富有视觉震撼力。

云南大理白族自治州的白族民居,自古即有装饰装修、美化房屋的传统。彩绘是白族民居中很有特色的装饰工艺。总体上看,主要落脚于木作和泥作泥塑两个方面彩绘组成:木作上的彩画以顶棚天花为代表,也包括部分房屋木构件,如房檐、柱头、斗拱等;泥作泥塑上的彩绘,主要在檐下(院墙、门楼两边垛墙、照壁、门楼)、门头、窗头、花池、砌体、面砖勾缝以及走马转角等部位。

白族大型民居私宅的有厦出角式门头,尖长翼角翘起,檐下斗拱(木质、泥塑均有)极富装饰性,棕色、素色、青绿色均有,也有施縩彩色贴金油漆,更显得色彩斑斓,清新秀丽,富丽辉煌。

新疆维吾尔族民居彩绘多用二方连续、四方连续纹样,层次略多的彩绘则分别以单线平涂,来强化色彩的对比和鲜明度。色彩有红白和蓝白两类,前者热烈醒目,后者素净雅洁。

维吾尔族建筑图案纹样不仅丰富多彩,往往各类互相搭配,几

何形状与花卉状交错使用,而且在长期的实践过程中,工匠艺人们
根据不同的材料和建筑部位的不同需要,分别予以整体处理。例如
在墙面、洞龛、天花、屏门、拱门等上面,彩绘与石膏花饰结合,彩绘
作底色,石膏贴面外凸,立体感较强,富丽而典雅,使之民族性与地
方性的特色更为显著。就艺术技巧而言,整体上较为平泛一般。

从彩绘饰施的民居部位来看,首先
当然是檐内外各种木构件,例如檩、垫、
枋、斗拱、角梁、椽头、椽身、望板等处。
其次是民居内外立面檐下的墙楣。就数
量而言,外檐墙楣彩绘远胜于室内墙
楣。如福建、广东一带的民居,墙面与屋
面过渡部分多用彩绘。云南白族有厦出
角式门头斗拱下的花枋和八字墙面的
格框内彩绘等等,与这些"浓妆艳抹"相
映成趣的是苏南、浙江、安徽、江西、福
建等地的部分民居私宅,其山墙上部或
门面上部,仅用黑色勾勒程式化极强的
草尾纹样组合,形成一种有规律的、抽
象化的组合,在白墙素壁上黑白映衬,
产生一种简朴的艺术效果。

此外,民居门窗框边也是彩绘比较
重要的部位。福建永安市槐南乡安贞堡
池宅第二道素平大门上彩绘二门神,手
持金花雀斧、身披官服,形象逼真,动态
自然。门扇上彩绘髹漆人物并保护完好
者,已属罕见。

4-121 河南淅川县荆紫关镇民居墀头彩绘。

陕西三原县孟店某宅院内格扇门,
在绦环板和裙板处集木雕、彩绘于一
体。浓郁而饱满,清俊而富丽,虽人工斧
凿痕迹味较浓,但浅刻与彩画、髹漆结
合自然,如出一手,具有鲜明的地方特色。其他如大理剑川等地格
扇,则全部髹漆彩绘。

除民居私宅彩绘外,民间部分环境构筑设施上也有部分彩
绘。例如位于湖南、贵州、广西一带的侗族鼓楼、风雨桥,内中多有
接近于传统工笔青绿山水的山水、人物、神话传说及鸟兽图案,其
笔触之细,构图之整,刻画之深,装饰效果之丰富,色彩层次之分
明,实属难能可贵,从而使侗族的鼓楼、风雨桥更具独特的民族文
化内涵。

(二)壁画

谈起中国古代壁画,人们马上会想起宫殿石窟、琳宫梵宇等
处,至若民居庐舍,似乎与壁画从无关联,其实,这是一种误解或者
说是偏见,至少是不全面的认识。

一般来说,壁画是对墙面最高级的装饰。蔡元培先生认为:"装
饰者,最普通之美术也……宫室之装饰,或檐楣柱头,多有刻纹;承
尘及壁或施绘画。"[41]

4－122　苏州东山镇民居硬山山花彩绘。

4－123　清代福建永安县槐南乡"安贞堡"墙面彩绘。

4－124　清代福建永安县槐南乡"安贞堡"墙面彩绘。

据史载，古代壁画滥觞、肇始于商周宫室"宫墙文画"。20世纪70年代初，考古工作者在咸阳秦宫遗址发现了大批壁画。"壁画五彩缤纷，鲜艳夺目，规整而又多样化，风格雄健，具有相当高的造诣，显示了秦文化的艺术特色。壁画颜色有黑、赭、黄、大红、朱红、石青、石绿等。以黑色比例为大"[42]。壁画中亭台楼榭、车马冠盖、乐舞宴饮等尽纳其间，内容极为丰盈。

汉代壁画，从宫廷、陵墓、神庙拓展至庐舍民居。其题材"图画天地、品类群生、杂物奇怪，山神海灵"[43]。在官僚府邸，也"皆有雕饰，画出神海灵，奇禽异兽，以炫耀之"[44]。观照汉画，"古往今来的，天际人间的，无不一气浑融，尽历目前。在这里没有什么范围之限，更不存在什么雅俗之别，生活中的一切内容几乎就是艺术中的内容，艺术中的充盈之美也完全就是生活中的丰沛之趣"[45]。

美学家李泽厚先生认为汉代人们的意识观念和艺术世界中，应是"一个想象混沌而丰富、情感热烈而粗豪的浪漫世界"，是神话——历史——现实三混合真正五彩浪漫的艺术世界。其艺术表现"由于不以自身形象为自足目的，就反而显得开放而不封闭。它由于以简化的轮廓为形象，就使粗犷的气势不受束缚而更带有非写实的浪漫风味。它是因为气势与古拙的结合，充满了整体性的运动、力量感而具有浪漫风貌的，并不同于后世艺术中个人情感的浪漫抒发"。基于上述，李氏进一步总结道："汉代艺术那种蓬勃旺盛的生命，那种整体性的力量和气势，是后代艺术难以企及的。"[46]

魏晋以降，画风开始转向装饰性和富有生活气息。据文献记载，画家宗炳，好山水，喜远足，栖丘饮谷三十余年。值老之将至，"唯当澄怀观道，卧以游之。凡所游履，皆图之于室"他在自己的居所四壁上绘满山水云岚，神牵梦绕，玄心寄托，边看边语："抚琴动操，欲令众山皆响。"自此，此风既开，如墨渍点化，駸駸然漫漶渗透开来。

宗炳足不出户，身居室内，由于"山川咫尺千里"，可慰泉石膏肓之癖。难怪同时期的山水画家王微说道："望秋云，神飞扬，临春风，思浩荡。虽有金石之乐，珪璋之深，岂能仿佛之哉！"

至于唐代民居壁画，清代文士李渔曾记叙唐代画家张璪壁画事："昔僧元览往荆州陟屺寺，张璪画古松于斋壁，符载赞之，卫象诗之，亦一时三绝，览悉加垩焉……。"[47]

唐宋时期民居庐舍壁画未见实例，止有诗句可见："粉壁画仙鹤"（宋之问）、"粉墙时画数茎看"（林逋）、"曼卿醉题红粉壁"（欧阳修）。当时，五代工笔画圣手黄筌常在宫廷和寺观等处的墙壁上作画。据《益州名画记》载："蜀主命筌写鹤于偏殿之侧……精彩体态，更愈于生，往往生鹤立于画侧，蜀主叹赏"。

明末清初的戏曲家、装饰家李渔曾请四位画家在自己住宅里绘制壁画"着色花树而绕以云烟"，画中树枝以铜干装成立体状，放禽鸟于厅堂，栖止于外突之虹枝之上，"画止空迹，鸟有实形"[48]，如此虚实相生，别具情趣。

明清及民国时期完整的民居庐舍壁画实例十分鲜见，现发见于山西省晋中市祁县清代某宅，位处大门内过道墙壁上。从题材内容方面看，无疑是"文人聚会，名士雅集"。

"文人聚会，名士雅集"是中国绘画史上的一个穷年累代的画之不厌的重要母题。晋永和九年（公元353年）三月初三，王羲之、谢安、谢万、孙绰、支遁以及王献之、王徽之等42人在山阴兰亭修禊事时，王羲之在聚会上倚马立就，写下了《兰亭集序》这篇在传统文化史上脍炙人口的杰作佳构。兰亭，因之成了文人聚会的圣地，名士雅集的符号。

王羲之的《兰亭集序》，记下了聚会盛况和观感。文章通篇着眼死生二字，在一定程度上对当时盛行的"一生死"、"齐彭殇"的老庄哲学观点进行了批判，在悲伤感慨中透露出对生活的热爱眷恋之情：

> ……此地有崇山峻岭，茂林修竹，又有清流激湍，映带左右，引以为流觞曲水。列坐其次，虽无丝竹管弦之盛，一觞一咏，亦足以畅叙幽情。……仰观宇宙之大，俯察品类之盛，所以游目骋怀，足以极视听之娱，信可乐也。
>
> 夫人之相与，俯仰一世，或取诸怀抱，晤言一室之内；或因寄所托，放浪形骸之外。虽取舍万殊，静躁不同，当其欣于所遇，暂得于己，快然自足，曾不知老之将至。及其所之既倦，情随事迁，感慨系之矣。向之所欣，俯仰之间，已为陈迹，犹不能不以之兴怀。况修短随化⑭，终期于尽。古人云："死生亦大矣。"岂不痛哉！
>
> 每览昔人兴感之由，若合一契，未尝不临文嗟悼，不能喻之于怀。固知一死生为虚诞，齐彭殇⑮为妄作。后之视今，亦犹今之视昔，悲夫！故列叙时人，录其所述。虽世殊事异，所以兴怀，其致一也。后之览者，亦将有感于斯文。⑯

《兰亭集序》既出，极大地鼓荡、刺激了源于帝王贵胄文士雅集、广交声气的书画品赏风气的盛行。例如描绘北宋文士雅集的《西园雅集图》，经历代著录考证，至少不低于七八十幅。描绘的是元祐年间苏轼、黄庭坚、秦观、米芾、李公麟、晁补之、张文潜、王洗等16位"重量级"的文士，在驸马王洗的"西园"庭院中聚会雅集，与会的这些文士"自东坡而下，凡十有六人，以文章议论、博学辨识、英辞妙墨、好古多闻、雄豪绝俗之资，高僧羽流之杰，卓然高致，名动四夷"。他们或援琴雅歌，挥麈筋咏，樽俎灯烛，觥筹交错，或辨识、鉴赏钟鼎古器，摩挲披览古今名画，抑或吟诗作书画，声气互洽。此样风气，历元、明、清、民国各时期，虽意旨多已曲折，但却衍绪不断。

祁县清代民居中的这幅表现文士雅集题材和内容的壁画，十分完整。画面中央六人围聚方桌四周，动作、神态各异，似乎在披览、观摩、辨识和交流书画作品：左侧一人端坐鼓墩之上，似在伏案疾书；旁边两人一坐一立，专心致志悉心观摩；方桌对面两人或侧身斜视，或引颈细窥，将画面中央人物形态、神态及表情变化拉开距离，并形成高潮。右座一花白长髯长者则端庄扶手椅上，屏息观看，安详宁静。

画面中共十人。左侧直棂栏杆旁尚有一人，估计是主人书童类在相机伺候。左上角厅堂槅扇门内一人，形象模糊不详。壁画右上部圆洞门内外两仆人似乎在传送文士所需的物品，动作一送一接，空间一内一外，构图一高一低，无不显示作者高妙的人物塑造能力和刻画概括功力。

从壁画的艺术形象和表现技巧方面看，画家尽力以写实的技法，谨严勾绘，无论人物、建筑、家具、树木、山石均简率精密，笔力老健，线条洒脱而重顿挫，颇有宋画遗风。壁画中的人物造型，比例准确，结构清晰，具有较高的提炼形象的能力。反映了作者对文士生活状况的熟谙，将古代文人雅士的聚会唱酬、隐逸闲淡的生活特质刻画得维妙维肖，入木三分。

整个壁画在构图落幅上颇有特色，作者巧妙地利用空间的效果，给人物以正、背、转、侧、俯、坐、立、行的描绘刻画，使画面左顾右盼，相互呼应，虚实相应，疏密有度。藉助栏杆、台阶、树木、山

4-125　清代福建永安县槐南乡"安贞堡"墙面彩绘。

4-126　清代徽州民居窗栏木雕"曲水流觞"之兰亭雅集（局部）。

4－127　山西祁县清代民居墙壁画"文士雅集"。

石、墙垣等元素将人物布置在合宜的位置上，使画面显得丰富而有变化。

从画面中的满堂红灯烛、开光鼓墩等家具形状来看，应是明式家具的造型，直棂栏杆颇具古意。壁画整体艺术风格，与元代山西洪洞县广胜寺明应王殿壁画"卖鱼图"等十分近似，其中是否存在一定的渊源关系，尚待考证。

元明清时期，文人学士画家们大多致力于"院体画"或"文人画"，以卷轴、扇面、手卷、横披、册页为主要的欣赏品，认为壁画是"众工之事"，画院里也再没有"大高待诏"的画师。因此壁画作者皆为"众工"。三晋大地是中华文明的发源直根系之一，辽金以前地面文物竟占据全国的百分之七十之巨。从遗存的元明清宗教壁画来看，山西遗存尤其丰富：例如永济县永乐宫、稷山青龙寺、新绛东岳稷益庙、汾阳田村圣母庙、兴屯寺、洪洞广胜寺、稷山兴化寺等等。并从中发现了诸如"禽昌朱好古门人李弘宜、王士彦"（永济县永乐宫）、"襄陵县绘画待诏朱好古门徒张伯渊"（稷山县兴化寺）等画工的题记。可见当时山西民间画工队伍的规模，"师傅带徒弟"的风尚也比较普遍。因此，笔者认为，祁县民居壁画出自此类画工传人之手是比较可信的。

长期以来，民居内檐下、通道上端墙楣处的绘画一般均归属彩绘范畴。笔者以为，其中部分画面无论从题材、内容，还是表现形式、手法、技巧和特点的视角观照，似应归纳为壁画领域。从福建建瓯徐墩清代民居内檐墙楣的画面看，兼工带写，线条著色相宜，甚至带有文人画的韵味。其壁画的构图、绘画笔墨的趣味和技巧远远超越了彩绘的工艺性、装饰性的特征和属性。

4－128　清代福建建瓯民居廊道门楣上壁画。

中国历代民居庐舍壁画之所以十分稀少，依笔者之见，约略具有以下四个原因：① 历代壁画的重点历来集中于宫室、宫衙、祠庙、寺观、石窟、陵阙墓室，尤其是宗教类壁画，无论在数量，还是在质量上，都具有压倒优势。历史上凡参与过绘制壁画的高手名家无一不在上述场所留墨遗迹，而民居庐舍往往是被忽略的场所和空间；② 文人雅士心仪"文人画"而不屑与"匠气十足"的壁画为伍。如此一来，元明清时期的壁画作者队伍，实际上是以民间画工为主的群体，历史上民间画工社会地位微妙低贱，人均不知其所为，所作壁画影响自然也十分有限；加上民间画工通常将绘制壁画作为谋生、糊口养家的主要手段，与清末文士鬻画行市、笔墨草率可谓异质同构，部分艺术质量不尽如人意，确实不如院画家和文人画家；此外，民间画工目力、见识有限，师资偏窄，对壁画本体艺术的创造力和主动性构成了桎梏和局限。虽说五代、北宋之前道释题材的兴盛，文人士大夫画壁的风尚，使当时的画坛高手辄有墨迹彩痕遗于寺观宅邸，为当时和后世画工提供了一定的师资和范本。例如刘道醇所记位处"神品第一位"的画师王瓘，虽"家甚穷匮，无以资游学"，但能够时常趋往道观观摩吴生亲迹，"有为尘滓涂渍处，必拂拭磨刮以寻其迹，由是得其遗法，又能变通不滞……"。③ 传统建筑中彩绘与壁画概念界限模糊，畛域不清。传统民居庐舍中部分绘画因缺乏相应的主题性，而一并归属于彩绘范畴；④ 壁画在相当程度上当作"成教化、助人伦"的辅助之物，既难发挥自身"状物"的功能，又很难按绘画的要求去图解文字著述。因此，历代文人中反对壁画之声不断：汉代王充就反对绘制壁画：圣贤们的道理，书上已记得十分清楚，还用得着在墙上画画吗？明代文震亨在《长物志》里就明确地提出："忌墙角画各色花鸟。古人最重题壁，今即使顾陆点染，锺王濡笔，俱不如素壁为佳。"㉜等等。他们当然不会反对在宫殿、寺观、墓室等处绘制壁画，所指之处也只能是民居庐舍了。

以上四点是导致中国古代民居壁画异常稀少的直接因素。明乎此，概览汗牛充栋的美术典籍著述中，鲜有述及民居壁画的缘由也就昭然若揭了。极少数庐舍民居中的壁画，由于战祸兵燹，迁徙变易、年久失修、自然风化等因素，自然也就"灰飞烟灭"，难觅真迹了。

4－129
爬高架，相粉墙。君壁不毁，画仍在而色难褪矣。全赖赭石、朱砂、花青、藤黄等色。壁中风云，架工色相，画工胸中丘壑，手底法度皆精熟。

4－130　民国时期江南水镇民居灶间壁画。

4－131
清代河南社旗县山陕会馆梁枋雀替彩绘。

注 释

① 揣：量度。

② 檃括：一种矫正木头弯曲的工具。

③④ 清·李斗：《工段营造录》，上海科学技术出版社 1984 年版。

⑤ 李砚祖著：《工艺美术概论》，中国轻工业出版社 1999 年版，第 87 页。

⑥ 混作：指圆雕。规定有望柱头上用的六种人物、鸟兽及角神、缠柱和藻井上用的龙等。

雕插写生华：指镂雕。将雕出的整枝花束，贴在拱眼壁上。

剔地起突卷叶花：指高浮雕。花形四周地子减低，花瓣、花叶翻卷处和枝梗穿插交接处都雕镂成立体状。

剔地洼叶华：指不突出地子之上的浮雕。花、叶翻卷，枝梗交搭，其地子只沿花形四周用斜刀压下，突出花形但又不整个减低。

平雕透突诸花：在平板上镂去花形间空隙，旋用剔地起突或压地隐起雕法雕出的浅浮雕。通常用于梁架、阑额、槅扇门、牌带、勾阑、椽头、平基等处的饰构件上。

实雕：在构件上随形赋势，以斜刀压雕，隐出花形，用于勾阑、搏风（缝）板上的垂鱼、惹草上的花饰。

参阅《中国大百科全书·〈建筑·园林·城市规划〉》卷，中国大百科全书出版社 1988 年版，第 113 页。

⑦⑧⑨⑩⑪ 清·李斗：《工段营造录》，上海科学技术出版社 1984 年版。

⑫ 周君言著：《明清民居木雕精粹》，上海古籍出版社 1988 年版，第 17 页。

⑬ 周君言著：《明清民居木雕精粹》，上海古籍出版社 1988 年版，第 18 页。

⑭ 周君言著：《明清民居木雕精粹》，上海古籍出版社 1988 年版，第 15 页。

⑮ 云南省设计院《云南民居》编写组：《云南民居》，中国建筑工业出版社 1986 年版，第 55 页。

⑰ 大房子，是佤族民居中最考究的类型，为佤族头人或富裕之户所独有。

⑰ 李允鉌著：《华夏意匠》，香港广角镜出版社 1984 年版，中国建筑工业出版社 1985 年 4 月重印，第 210 页。

⑱ 上述材料参考自《山陕会馆的建筑装饰》，载河南省古代建筑保护研究所、社旗县文化局编著：《社旗山陕会馆》，文物出版社 1999 年版，第 49 页。

⑲ （德）黑格尔著：《美学》，朱光潜译，第三卷上册，商务印书馆 1986 年版，第 111 页。

⑳ 清·李斗：《工段营造录》，上海科学技术出版社 1984 年版。

㉑ 陈从周：“《江浙砖刻选集》自序”，载《世缘集》，同济大学出版社 1993 年版，第 87 页。

㉒ 清·钱泳：《履园丛话》。

㉓ 两汉后的砖刻珍品有：1959 年南京江宁西善桥出土、1968 年丹阳胡桥吴家村出土和丹阳建山金家村出土的南朝时期砖刻：“竹林七贤画像砖”，河南邓县出土的南北朝时期画像砖，甘肃敦煌佛爷庙唐墓出土的唐代载物骆驼画像砖，以及现藏中国历史博物馆的北宋结发画像砖、北宋涤器画像砖、北宋斫鲙画像砖、丁都赛画像砖、辽代牡丹纹花砖、山西侯马的金代董玘金墓砖雕等等。

㉔ 花砖：唐时内阁北厅前阶有花砖道，冬季日至五砖，为学士入值之后。唐李肇：《国史补》下：“御史故事，大朝会则监察押班，……紫宸最近，用六品，殿中得立五花砖。”白居易：《待漏入阁书事奉赠元九学士阁老》诗：“衙排宣政仗，门启紫辰关。彩笔停书命，花砖趁立班。”陕西、甘肃等地都有花砖出土。后人俗称刻花纹砖为“花砖”。

㉕ 黑格尔：《美学》卷三上册，朱光潜译，商务印书馆 1986 年版，第 111 页。

㉖ 参见隋建明、黄丽珉文：《甘肃临夏砖雕的艺术特色》，载《装饰》2003 年第 5 期，第 48 页。

㉗ 陆元鼎、陆琦：《中国民居装饰装修艺术》，上海科学技术出版社 1992 年版，第 24 页。

㉘ 陆元鼎、陆琦：《中国民居装饰装修艺术》，上海科学技术出版社 1992 年版，第 22 页。

㉙ 元·陶宗仪：《南村辍耕录》。

㉚㉛㉜ 清·李斗：《工段营造录》，上海科学技术出版社 1984 年版。

㉝ 参阅《山陕会馆建筑的特色》，载河南省古代建筑保护研究所、社旗县文化局编著：《社旗山陕会馆》，文物出版社 1999 年版，第 38 页。

㉞ 参阅张光福编著：《中国美术史》，知识出版社 1982 年版，第 54 页。

㉟ 宋·李诫：《营造法式》，卷十四“五彩偏装”条。

㊱《中国大百科全书·〈建筑·园林·城市规划〉》，中国大百科全书出版社 1988 年版，第 34 页。

㊲ 清·李斗：《工段营造录》，上海科学技术出版社 1984 年版，第 14 页。

㊳ 地仗：古建筑木基层。

㊴ 方心、线路、岔口、箍头：分别指梁枋彩画的各个部分。方心，梁枋彩绘的中心部分；线路，彩绘枋心外的一周；岔口，枋心两侧的折线部分；箍头，彩绘梁枋左右两段的外端部分。

㊵ 清·李斗：《工段营造录》，上海科学技术出版社 1984 年版，第 14 页。

㊶ 奚传绩编著:《设计艺术经典论著选读》,东南大学出版社 2002 年版,第 256 页。
㊷《秦都咸阳第一号宫殿建筑遗址简报》,载《文物》1976 年第 11 期。
㊸《鲁灵光殿赋》。
㊹《后汉书・西南夷列传》。
㊺ 王毅:"开拓与自信",载《读书》,生活・学习・新知三联书店出版,1987 年第 9 期。
㊻ 李泽厚著:《美的历程》,中国社会科学出版社 1984 年版,第 88、97、100 页。
㊼ 王毅:"开拓与自信",载《读书》,生活・读书・新知三联书店出版,1987 年第 9 期。
㊽ 清・李渔:《闲情偶寄》卷四,时代文艺出版社 2001 年版,第 313 页。
㊾ 化:造化,自然规律。
㊿ 彭:彭祖,传说尧时人,寿长八百岁。殇:夭折的儿童。
(51) 清・吴楚材、吴调侯编选:《古文观止》卷七,长城出版社 1999 年版,第 333 页。
(52) 明・文震亨:《长物志・卷一室庐》"海论"。

参 考 文 献

一、文献著作

① 宋·李诚:《营造法式》。

② 宋·沈括:《梦溪笔谈》。

③ 明·计成:《园冶》。

④ 明·文震亨:《长物志》。

⑤ 清·李渔:《闲情偶寄》卷四。

⑥ 清·李斗:《工段营造录》。

⑦ 清·钱泳:《履园丛话》。

⑧ 清·沈复:《浮生六记》。

⑨ 清·陈梦雷:《古今图书集成·经济汇编·考工典》。

⑩ 任继愈主编:《中国哲学史简编》,人民出版社 1984 年版。

⑪ 李泽厚著:《中国古代思想史论》,人民出版社 1986 年版。

⑫ 冯天瑜、何晓明、周积明著:《中华文化史》,上海人民出版社 1990 年版。

⑬ 李泽厚、刘纲纪主编:《中国美学史》(1、2 卷),中国社会科学出版社 1987 年版。

⑭ 赵国华著:《生殖崇拜文化论》,中国社会科学出版社 1990 年版。

⑮ 中国大百科全书总编辑委员会:《中国大百科全书·〈建筑·园林·城市规划〉》卷,中国大百科全书出版社 1988 年版。

⑯ 刘敦桢主编:《中国古代建筑史》,中国建筑工业出版社 1984 年版。

⑰ 李允鉌著:《华夏意匠》,香港广角镜出版社 1984 年版,中国建筑工业出版社 1985 年 4 月重印。

⑱ 王鲁民著:《中国古典建筑探源》,同济大学出版社 1997 年版。

⑲ 王振复著:《中国建筑的文化历程》,上海人民出版社 2000 年版。

⑳ 程建军、孔尚朴著:《风水与建筑》,江西科技出版社 1992 年版。

㉑ 罗汉田著:《庇荫——中国少数民族住居文化》,北京出版社 2000 年版。

㉒ 中国建筑技术中心、建筑历史研究所:《浙江民居》,中国建筑出版社 1984 年版。

㉓ 王木林、王明居:《徽派建筑艺术》,安徽科学技术出版社 2000 年版。

㉔ 张良皋著:《匠学七说》,中国建筑工业出版社 2002 年版。

㉕ 楼庆西著:《中国传统建筑装饰》,中国建筑工业出版社 1999 年版。

㉖ 陆元鼎、陆琦著:《中国民居装饰装修艺术》,上海科学技术出版社 1992 年版。

㉗ 沈福煦、沈鸿明著:《中国建筑装饰艺术文化源流》,湖北教育出版社 2002 年版。

㉘ 王振铎主编:《工巧篇》——"中华文化集粹丛书",中国青年出版社 1991 年版。

㉙ 扬力民编著:《中国古代瓦当艺术》,上海人民美术出版社 1986 年版。

㉚ 林声主编:《中国名匾》,辽宁人民出版社 1992 年版。

㉛ 吴山主编:《中国工艺美术大辞典》,江苏美术出版社 1989 年版。

㉜ 田自秉著:《中国工艺美术史》,知识出版社 1985 年版。

㉝ 李砚祖著:《工艺美术概论》,中国轻工业出版社 1999 年版。

㉞ 倪建林、张抒编著:《中国工艺文献选编》,山东教育出版社 2002 年版。

㉟ (美)拉普普著:《住屋形式与文化》,台湾境与象出版社 1991 年版。

㊱ (英)贡布里希著:《秩序感——装饰艺术的心理学研究》,范景中等译,湖南科学技术出版社 2000 年版。

㊲ (英)戴维·方坦纳著:《象征世界的语言》,何盼盼译,中国青年出版社 2001 年版。

㊳ (美)阿恩海姆著:《艺术与视知觉》,腾守尧、朱疆源译,中国社会科学出版社 1984 年版。

二、论　　文

① 缪朴:《传统的本质——中国传统建筑的十三个特点》,载《建筑师》第 36 期,中国建筑工业出版社 1989 年版。

② 许亦农:《中国传统复合空间概念——从南方六省民居探讨传统内外空间关系及其文化基础》,载《建筑师》第 36 期,中国建筑工业出版社 1989 年版。

③ 孙任先：《垂花门初探》，载《建筑师》第 36 期，中国建筑工业出版社 1989 年版。

④ 荣斌：《屏障与传统建筑》，载《建筑师》第 36 期，中国建筑工业出版社 1989 年版。

⑤ 章采烈：《中国园林的标题风景》，载《中国园林》2002 年第 2 期。

⑥ 黄汉民：《福建民居》，载《老房子·福建民居》，江苏美术出版社 1994 年版。

⑦ 王其钧：《山西民居导论》，载《老房子·山西民居》，江苏美术出版社出版。

⑧ 俞宏理：《中国传统民间建筑的精彩华章——徽派民居》，载《老房子·徽派民居》，江苏美术出版社出版。

⑨ 陈从周：《苏州旧住宅》，载《世缘集》，同济大学出版社 1993 年版。

⑩ 刘森林：《古代民居建筑等级制度》，载《上海大学学报（社科版）》2002 年第 1 期。

⑪（奥）李格尔：《几何学装饰风格》，王伟译，载《美术译丛》1988 年第 1 期。

⑫ 李泽厚：《禅意盎然》，载李泽厚著：《走我自己的路》，三联书店 1986 年版。

⑬ 顾延培：《嵌在门楼上的砖雕》，载《艺术世界》丛刊 1980 年第二辑，上海文艺出版社出版，第 50、51 页。

⑭ 刘森林：《中国传统民居装饰中的整体意匠》，载《家具与室内装饰》2004 年第 4 期。

参 考 图 像

① 陆元鼎、杨谷生主编：《中国美术全集·建筑艺术编5》民居建筑,中国建筑工业出版社1988年版。

② 王伯扬编：《中国历代艺术·建筑艺术编》,中国建筑工业出版社1994年版。

③ 陈绶祥主编：《中国民间美术全集·起居编》(民居卷),山东教育出版社、山东友谊出版社1993年版。

④ 汪之力主编：《中国传统民居建筑》,山东科学技术出版社1994年版。

⑤ 陈从周、潘洪萱、路秉杰著：《中国民居》,学林出版社1993年版。

⑥ 杨慎初著：《中国建筑艺术全集·书院建筑》,中国建筑工业出版社2001年版。

⑦ 汪观清主编：《黄山大观——徽派雕刻艺术》,上海人民美术出版社1989年版。

⑧ 马炳坚编著：《北京四合院》,北京美术摄影出版社1995年版。

⑨ 河南省古代建筑保护研究所、社旗县文化局编著：《社旗山陕会馆》,文物出版社1999年版。

⑩ 陆元鼎、陆琦：《中国民居装饰装修艺术》,上海科学技术出版社1992年版。

⑪ 俞宏理、李玉祥编：《老房子·皖南徽派民居》(下册),江苏美术出版社1993年版。

⑫ 李玉祥编：《老房子·山西民居》(上册),江苏美术出版社1995年版。

⑬ 李玉祥编：《老房子·西藏寺庙和民居》,江苏美术出版社2002年版。

⑭ 黄汉民、李玉祥编著：《老房子·福建民居》,江苏美术出版社1996年版。

⑮ 张成德等编著：《丁村明清民宅及其文化》,山西人民出版社2000年。

⑯ 马未都编著：《中国古代门窗》,中国建筑工业出版社2002年版。

⑰ 中国建筑技术发展中心、建筑历史研究所：《浙江民居》,中国建筑工业出版社1984年版。

⑱ 陈从周主编,邹宫伍、路秉杰副主编：《中国厅堂·江南篇》,上海画报出版社、三联书店(香港)有限公司联合出版,1994年版。

⑲ 周君言著：《明清民居木雕精粹》,上海古籍出版社1988年版。

注：本书一部分线图系在上述影像图片中进行二度创作而成。

后　记

本书历经三年写成。值此付梓之际,聊缀数语,以道其详。

1998年,我写了有关中国古代民居建筑的长文,以"木构雅砌、艺苑掇英——华堂夏屋散步"为题,交与中南林学院环艺学院院长、《家具与室内装饰》杂志社社长兼总编辑胡景初教授,自1999年5月至2001年12月共12期,历时两年连载发表。

与此同时,我对原文的体例与结构进行了大幅度的颠覆和改造,经过数月时间的反复权衡斟酌,决定聚处士之绵薄、鼓愚公之蛮拗、发书生之微渺,以约十年时间,仗一己之力,撰著一套"中华传统人居环境文化"研究书系,总数约为130万字、4 000幅图例的总体分量。时在2001年春节。

尽管已经做了充分的思想准备和必要的基础工作,但是棘手难题还是接踵而至。如:传统居住文化内容中的相异性和重叠性、不平衡性以及相对独立性。显然,上述问题是不容许回避的,这些个问号使我曾经一度怀疑,究竟能否或应否作如此这般的撰著,这种宽泛和横断渗透式的切入和展开,极有可能因众多难于平衡和调适而陷入"剪不断、理还乱"的两难窘态困境,失足于织网复补网的黑洞中。

经过思考,决定先从《中华装饰》入手,做到成熟一部,撰写一部。不计时间,不计精力。为此,也婉拒和谢绝了部分国内院校和机构的讲学授课,以及意义不甚显明的设计项目。

自上世纪80年代中期以来,我利用写生、参观、设计、会议、授课、度假等外出机会,越敦煌,出西域,登长城,访三晋,涉关中,翻康藏,游楚湘,达蜀中,至滇黔,走齐鲁,观燕赵,宿岭南,行苏浙,入皖赣,转八闽,屐痕处处,遍及华夏东西南北中。每访一处,或水粉写生,或线描速写,或摄影记录,或索隐问史。虽行色匆匆,过眼烟云,却目识心追,强记博闻。经年累月,积稿盈箧,为本书撰述和插图奠定了必要的基础和准备。

本书仅为忧而勤书之,知而浅识之,行而偶得之。钩沉剔抉,冀能探骊得珠,实为鼎尝一脔;复清寂沉潜,一以贯之。寒风辣辣,个中三昧,如鱼饮水,冷暖自知。长期的教学与设计生涯,使我尽力发挥人格与知识结构的特性,面向教学、设计和理论诸方向不断深入,在三向之间保持足够的张力,锲入于个体化的自律和自足的艺术状态,努力超越自觉或非自觉的个人趣味及短暂利益,始终坚守对人居文化及其存在价值的终极关怀,尤其是商业文化普泛化和普遍主义盛行的当下,当代文士们精神家园的渐趋平面化和无主体化,精英文化层面的思想贫血和精神萎缩的今天,保持敏锐的目力、坚强的学术品格、意志和优游超然于物外的从艺和治学之旅,无疑是一种奢侈和幸福。

书成,感谢上海大学美术学院夜大学暨许承兴校长,自1988年始至今聘请我担任夜大设计史论课程的教席(限于时间和精力,从今年起将不再担任设计史论课程的讲授),使我在美院从事着设计与史论"两栖"的教学研究工作:设计教学使设计作品尚质重品,史论教学使设计趋向纯粹和涵泳人文内涵;工程项目设计实践又使设计教学与理论研究言之有物,而不致"骨肉分离"。

美术理论家潘耀昌教授,诚邀本书忝列"上海市教育委员会重点科研项目·第四期",学长戎国辉,同事项浚、敖国新提供或协拍部分图像,学生吴旻、刘敏、吴蒙迪、黄全顺协助绘制约三分之一的线描图例,节省了我许多时间和精力。

感谢中国建筑学会室内设计分会副会长、同济大学博士生导师来增祥教授在百忙万机之中,审阅书稿,慨然赐序。

书稿几经删润,仍觉欠醇失厚。绵力不逮,今不辞粗陋,愿祈方家匡正教之。知我罪我,惟任诸君。

爰为记。

刘森林
2004年春节

作 者 简 介

刘森林,1961 年 11 月出生,上海人。上海大学美术学院设计系副教授,研究生导师,国家高级室内建筑师,上海工业美协环境艺术委员会副主任,中国居室文化促进会常务理事。

主要设计作品:

河北省人民代表大会大厦议事厅(联合设计·室内设计,1999 年)
上海市文化花园住宅小区(环境景观设计,1998 年)
太原西矿宾馆(室内设计,1996 年)
崇明电信局大厦"浦江韵"大型水晶浮雕(壁饰设计,2002 年)
张充仁纪念馆(展示设计·方案第一名,2003 年)

主要著作:

从洞穴到摩天楼——建筑,21 世纪出版社,1994 年。
中国家具,上海古籍出版社,1998 年。
世界室内设计史略,上海书店出版社,2001 年。
公共艺术设计,上海大学出版社,2002 年(第六届华东地区高校出版社优秀教材、专著二等奖)。